化学工业出版社"十四五"普通高等教育规划教材

海洋环境化学

王栋　张蕾　主编
刘长发　主审

HAIYANG
HUANJING
HUAXUE

·北京·

内容简介

《海洋环境化学》以海洋及其各相关介质的相互作用关系和污染物的迁移转化等为主线,较全面地阐明了海洋科学、环境科学等相关交叉学科的知识,同时适当介绍了相关领域的研究进展。本书共 7 章内容,包括绪论、海洋环境、海洋环境污染、海洋大气环境化学、海洋水环境化学、海洋沉积物环境化学和海洋生物环境化学。

本书可作为高等院校海洋科学及相关专业的教材或参考书,也适于从事海洋环境保护和科学研究工作的专业人员阅读。

图书在版编目(CIP)数据

海洋环境化学 / 王栋,张蕾主编. —北京:化学工业出版社,2022.11
化学工业出版社"十四五"普通高等教育规划教材
ISBN 978-7-122-42113-5

Ⅰ.①海… Ⅱ.①王… ②张… Ⅲ.①海洋化学-环境化学-高等学校-教材 Ⅳ.①X145

中国版本图书馆 CIP 数据核字(2022)第 162467 号

责任编辑:李建丽　　　　　　　　　　文字编辑:朱雪蕊
责任校对:宋　玮　　　　　　　　　　装帧设计:李子姮

出版发行:化学工业出版社(北京市东城区青年湖南街 13 号　邮政编码 100011)
印　　装:大厂回族自治县聚鑫印刷有限责任公司
787mm×1092mm　1/16　印张 13　字数 309 千字　2023 年 2 月北京第 1 版第 1 次印刷

购书咨询:010-64518888　　　　　　　售后服务:010-64518899
网　　址:http://www.cip.com.cn
凡购买本书,如有缺损质量问题,本社销售中心负责调换。

定　　价:49.00 元　　　　　　　　　　　　　　　　　版权所有　违者必究

《海洋环境化学》编者名单

主　编：王　栋　张　蕾

副主编：王国文　葛黄敏　张玉凤

参　编（按姓氏笔画排序）：

　　　　王　栋　王国文　肖景霓　张　蕾　张玉凤　张俊新

　　　　葛黄敏　谭成玉

主　审：刘长发

前　言

随着工农业生产的发展、城镇化进程的推进、世界人口的增加和生活水平的提高，越来越多的污染物不断排放到自然环境中。海洋作为一个巨大的污物、废物聚积处，面临着日趋严重的污染。海洋环境问题不断影响全球经济和社会的可持续发展。随着全球化脚步的加快，当今的海洋环境也向全世界人类提出了挑战。联合国及国际组织、各国政府与群众团体，都在付出巨大的努力以保护包括海洋环境在内的全球环境。认真分析海洋环境的特点，明确海洋及其相关介质的相互作用关系，研究污染物在海洋环境中的迁移转化过程，可以为制订相应的海洋环境防治和保护对策提供专业性的支撑，这对海洋资源和环境保护、海洋事业科学发展等具有十分重要的意义。

本书以海洋学和环境化学的相关知识为基础，从海洋环境的基本知识、海洋环境问题、海洋生态系统、海洋大气环境化学、海洋水环境化学、海洋沉积物环境化学以及海洋生物环境化学等方面介绍海洋环境情况及污染物的迁移转化过程，同时，还介绍了海洋科学和环境科学相关领域的部分研究进展等。

与此同时，海洋环境化学也是目前部分涉海高校海洋科学及相关专业的学科基础课或特色课。本书可以作为高校海洋环境化学及相关课程的教材和参考书，还可供海洋环境保护等领域的科研人员、管理人员参考。

本书由王栋和张蕾任主编，其中王栋负责1.1、第3章、4.3、4.4、4.5和7.6的编写，张蕾负责4.1、4.2和第5章的编写，谭成玉、肖景霓分别负责1.2和1.3的编写，张玉凤负责第2章的编写，葛黄敏负责第6章的编写，王国文负责7.1~7.5的编写，刘长发负责全书的审查，张俊新负责专业性核校，研究生刘浩、李振亚、王秀文、牟英东、孙宏佶负责全书的文字、公式修改，王栋、张蕾负责全书的统稿和定稿。在编写过程中得到了大连海洋大学、大连工业大学和上海海洋大学等单位的支持和配合，在此表示感谢。同时，还要感谢化学工业出版社的大力支持。本书在编写过程中还参考了一些相关领域的著作、论文和教材，在此也向相关作者致以谢忱。

因时间和编者水平有限，书中难免有不足之处，欢迎广大读者批评指正。

编　者

目 录

第1章 绪论 ··· 1

1.1 海洋概述 ··· 1
1.1.1 海洋分布 ··· 1
1.1.2 海洋划分 ··· 1
1.2 海洋环境科学概述 ··· 2
1.2.1 海洋环境概述 ··· 2
1.2.2 海洋环境科学的形成与发展 ··· 3
1.2.3 海洋环境科学的理论与方法 ··· 5
1.2.4 海洋环境化学概述 ··· 6
1.3 海洋教育发展概述 ··· 7
1.3.1 国外海洋教育发展 ··· 7
1.3.2 国内海洋教育发展 ··· 8

第2章 海洋环境 ··· 9

2.1 海洋环境及其特点 ··· 9
2.1.1 海洋环境的基本特征 ··· 9
2.1.2 海洋环境的主要分区 ··· 9
2.1.3 海洋沉积物 ··· 10
2.1.4 海洋环境的特点 ··· 11
2.2 海洋环境中的非生物要素 ··· 12
2.2.1 太阳辐射 ··· 12
2.2.2 海水环境要素 ··· 14
2.2.3 海洋水团 ··· 19
2.3 海洋环境中的生物要素 ··· 20
2.3.1 海洋生物生态类群 ··· 20
2.3.2 生物群落的种间关系 ··· 23

2.4 海洋环境的主要生态过程 ··· 24
  2.4.1 海洋环境的主要化学过程 ·· 24
  2.4.2 海洋环境中的物质生产、循环和能量流动 ····························· 34

第3章 海洋环境污染 ··· 40

3.1 海洋环境问题 ·· 40
  3.1.1 海洋环境污染概述 ··· 40
  3.1.2 海洋生态破坏 ··· 40
  3.1.3 全球环境变化 ··· 41
  3.1.4 海洋环境问题的特殊性 ··· 41
3.2 海洋环境影响因素 ·· 42
  3.2.1 人类活动影响 ··· 43
  3.2.2 气候变化影响 ··· 44
3.3 海洋环境污染生态效应 ···································· 45
  3.3.1 海洋污染生态效应的概念 ······································· 45
  3.3.2 海洋污染生态效应的机制 ······································· 46
  3.3.3 海洋污染生态效应的类型 ······································· 48
  3.3.4 污染物海洋生态效应的案例 ····································· 50
3.4 海洋环境自净能力 ·· 52
  3.4.1 物理净化 ··· 52
  3.4.2 化学净化 ··· 53
  3.4.3 生物净化 ··· 55
  3.4.4 海洋环境容量 ··· 56

第4章 海洋大气环境化学 ··· 58

4.1 海洋大气状态 ·· 58
  4.1.1 大气层的结构和主要成分 ······································· 58
  4.1.2 海洋气象要素 ··· 61
  4.1.3 大尺度大气运动的基本特征 ····································· 65
  4.1.4 平均大气环流 ··· 67
  4.1.5 季风 ··· 71
4.2 大气污染物及污染物的迁移 ································ 72
  4.2.1 大气中的主要污染物 ··· 73
  4.2.2 影响大气污染物迁移的因素 ····································· 80
4.3 大气中污染物的转化 ······································ 82
  4.3.1 自由基化学基础 ··· 82
  4.3.2 光化学反应基础 ··· 84

    4.3.3 大气中重要吸光物质的光解 84
    4.3.4 大气中重要自由基的来源 87
    4.3.5 氮氧化物的转化 88
    4.3.6 碳氢化合物的转化 90
  4.4 海洋与大气的相互作用 91
    4.4.1 海洋对大气子系统的供给与调节作用 91
    4.4.2 大气对海洋子系统的供给与调节作用 91
    4.4.3 海上天气系统发展中的海-气相互作用 92
  4.5 海洋大气环境污染 93
    4.5.1 光化学烟雾 93
    4.5.2 硫酸型烟雾 94
    4.5.3 酸性降水 95
    4.5.4 大气颗粒物 98
    4.5.5 温室效应 101
    4.5.6 臭氧层损耗 102

第5章 海洋水环境化学 105

  5.1 海水的基本化学特性 105
    5.1.1 海水的化学组成 105
    5.1.2 海水的盐度 107
    5.1.3 海水的氯度 107
  5.2 海水中的主要污染物 108
    5.2.1 合成有机物 109
    5.2.2 营养物 111
    5.2.3 重金属 112
    5.2.4 放射性物质 114
    5.2.5 热污染 115
  5.3 海水中无机污染物的迁移转化 116
    5.3.1 吸附与解吸 116
    5.3.2 凝聚和絮凝 123
    5.3.3 溶解和沉淀 125
    5.3.4 氧化还原 137
    5.3.5 配合与螯合 140
  5.4 海水中有机污染物的迁移转化 146
    5.4.1 分配作用 146
    5.4.2 挥发作用 149
    5.4.3 水解作用 150

5.4.4　光解作用 ··· 152
　　5.4.5　生物降解作用 ··· 157

第6章　海洋沉积物环境化学 ·· 159

6.1　海洋沉积物的组成与性质 ··· 159
　　6.1.1　海洋沉积物的概念和来源 ··· 159
　　6.1.2　海洋沉积分选作用和海洋沉积环境 ··· 162
　　6.1.3　深海沉积物的来源、分类及搬运沉积作用 ·· 164
　　6.1.4　大洋沉积物的分类及各自特征 ··· 166
　　6.1.5　海洋沉积作用及对物质的迁移转化 ··· 169
6.2　海洋沉积物污染 ·· 171
　　6.2.1　石油污染 ·· 171
　　6.2.2　重金属污染 ··· 172
　　6.2.3　有机化合物污染 ··· 174
　　6.2.4　放射性污染 ··· 175

第7章　海洋生物环境化学 ·· 177

7.1　海洋生物多样性 ·· 177
　　7.1.1　生物多样性 ··· 177
　　7.1.2　海洋生物多样性 ··· 178
7.2　海洋环境与海洋生物的相互作用 ·· 181
　　7.2.1　海洋环境分区与海洋生物的相互关系 ·· 181
　　7.2.2　海洋环境要素与海洋生物的相互作用 ·· 181
7.3　生物膜的结构与物质通过生物膜的方式 ··· 184
　　7.3.1　生物膜的结构 ·· 184
　　7.3.2　物质通过生物膜的方式 ·· 184
7.4　污染物在机体内的转运 ··· 185
　　7.4.1　吸收 ··· 186
　　7.4.2　分布 ··· 186
　　7.4.3　排泄 ··· 187
　　7.4.4　蓄积 ··· 187
7.5　污染物在机体内的生物富集、放大与积累 ······································ 188
　　7.5.1　生物富集 ·· 188
　　7.5.2　生物放大 ·· 189
　　7.5.3　生物积累 ·· 190
7.6　污染物在机体内的转化 ··· 190

  7.6.1 生物转化中的酶 191
  7.6.2 生物氧化 191
  7.6.3 生物降解 192
  7.6.4 生物转化类型 192
  7.6.5 毒物及其生物化学机制 193

参考文献 196

第1章 绪论

1.1 海洋概述

1.1.1 海洋分布

海洋,地球上最广阔的水体总称,其中心部分称作洋,边缘部分称作海,二者相连组成了统一的水体。地球上海洋的总面积约为 $3.6×10^8 km^2$,占地球总表面积的 70.8%,其余约 29.2% 的面积属于陆地。地球上的海洋是相互连接的,从而构成了统一的世界大洋,但是陆地是相互分离的,并没有统一的世界大陆,因此,在地球表面,海洋包围并分割了所有的陆地。海洋平均水深约 3795m,其含有 $1.37×10^9 km^3$ 的水,约占地球总水量的 97%,其余 3% 为淡水资源。

海洋分布的特征主要包括:第一,世界海洋面积广大且相互连通,各个大洋之间都是由宽阔的水域或狭窄的水道相连接,即使是比较封闭的内陆海和陆间海,也都是由海峡和其他的海或洋相连。但是,世界大陆却被海洋包围和分割,相互之间分隔较远。第二,海洋和陆地在地球表面的分布很不均匀。地球上 57% 的海洋集中分布在南半球,占南半球海陆总面积的 81%,而地球上 67% 的陆地集中分布在北半球,因此,南半球常常被称作水半球,而北半球常常被称作陆半球。

1.1.2 海洋划分

海洋距离陆地的位置远近有差异,因此海底地貌和地质状况各不相同,同时,海水各层尤其是表层水的温度、盐度、气体组成以及生物分布等也不尽相同,所以,海洋各部分实际上存在着区域差异,在海洋环境上表现出不同的生态特点。根据这些差异,可以将海洋划分为主要部分和附属部分,主要部分称作洋(ocean),附属部分称作海(sea)、海湾(bay)和海峡(strait)。

洋,是海洋的中心主体,一般远离大陆,面积宽广,大部分以陆地和海底地形线为界。世界大洋的总面积,约占海洋总面积的 89%,水深一般在 3000m 以上。世界大洋可以划分为 5 个,即太平洋、大西洋、印度洋、北冰洋和南冰洋。因为大洋距离陆地比较遥远,因此受陆地的影响较小,其水温、盐度和透明度等海洋要素的变化不大。但是,每个大洋都有自己特殊的潮汐系统和洋流系统。洋的沉积物多为海相沉积。

海,在洋的边缘,可以看作是洋的附属区域。海的总面积约占海洋总面积的 11%,平均深度从几米到几千米不等。因为海与大陆相连,距离较近,因此受大陆的影响较大,比如陆源水、四季变化以及人类的生活生产活动等，其温度、盐度和透明度等海洋要素都有明显区别和变化。海没有自己独立的潮汐与海流。海又可以划分为陆间海、内陆海和边缘海。陆间海位于相邻两个大陆之间，深度大，由海峡和相邻的海洋沟通，其海盆既分割大陆上部，又分割大陆基部，比如欧洲和非洲之间的地中海、南北美洲之间的加勒比海。内陆海深入大陆内部，虽然与大洋有不同程度的联系，但是受大陆的影响更大，其深度一般不大。边缘海指的是海洋的边缘，又是临近大陆的前端，这一类海与大洋广泛联系，一般由群岛把它与大洋分开。

此外，海洋因其封闭形态的不同还可以分为海湾和海峡。海湾是海洋深入陆地且深度和宽度逐渐减小的水域，如渤海湾、北部湾等。与大洋区的海洋环境相比，海湾有着截然不同的水动力学机制，同时，海湾又是陆海作用剧烈的区域，尤其是受人为因素的影响较大，因此，海湾的生态环境也是海洋环境中的重要研究内容。海峡是指两侧被陆地或岛屿封闭且沟通海洋的狭窄水道。海峡最主要的特征是流急，特别是潮流速度大，部分海流上、下分层流入或流出，比如直布罗陀海峡，部分海流左、右侧流入或流出，比如渤海海峡。海峡常常受不同海区水团和环流的影响，因此海峡的海洋环境状况比较复杂。

1.2　海洋环境科学概述

海洋环境科学是研究基于人类活动造成的海洋环境的变化及其影响，并研究如何合理利用海洋资源、保护海洋环境的学科，它是综合应用海洋科学各分支学科知识，结合社会、法律、经济因素，实现保护海洋环境及其资源的一门综合性新兴学科。

1.2.1　海洋环境概述

（1）海洋环境的定义

海洋是大气、海水、生物及岩石圈彼此联系、相互作用的场所，是全球生态系统的重要组成部分。按海水深度及地形可进一步划分为滨海、浅海、半深海和深海四种环境。所谓海洋环境是指影响人类生存和发展的各种海洋因素的总和。这里的海洋因素包括天然的，也包括经过人工改造的。

对海洋环境的定义，目前国内外还未统一。国外倾向于的解释是"海洋环境是一种主要包括海底地形、地貌，海洋水体化学、物理运动及海洋上空大气运动的整体海洋现象"。在我国，海洋环境广义上讲主要是指地球上广大连续的海和洋的总水域，包括海水、溶解和悬浮于海水中的物质、海底沉积物和海洋中生存的生物。总体来说，各学科领域对海洋环境的定义根据其研究需要会存在一定的差异。

中国作为世界海洋大国，海洋资源十分丰富。1983年3月，《中华人民共和国海洋环境保护法》正式生效，标志着中国海洋环境保护工作进入法制化轨道。该法适用于中华人民共和国内水、领海、毗连区、专属经济区、大陆架以及中华人民共和国管辖的其他海域。这也明确了我国海洋环境的范畴，旨在保护和改善海洋环境，保护海洋资源，防治污染损害，维护生态平衡，保障人体健康，促进经济和社会的可持续发展。

(2) 海洋环境的特点

海洋环境是海水体、大气层、生物链和岩石圈的综合作用体，作为全球生态系统的重要组成部分，海洋环境具有自身的独特性。主要体现在：①系统性与区域性的结合。海洋环境各要素之间彼此有机联系，任何海域人为或自然要素的变化，都会对邻近海域或其他要素产生影响。②变动性与稳定性的融合。海洋环境内外部状态受到人为或自然要素的影响，处于不断变化的过程，当变化过程未超出环境自净能力时，海洋环境可以自我调节，恢复原来的结构和功能。③庞大的海洋环境容量。世界海洋容量约为 $1.37 \times 10^9 km^3$，海洋污染物通过海水运动或波动输运，排入海洋的污染物通过海水运动和海洋环境自身的物理、化学、生物净化作用，最大限度地降低污染物的浓度或使其消失。但海洋自净能力并非是无限的，如果入海的污染物超过其环境容量，必然造成海洋生态系统的破坏。

(3) 海洋环境的影响因素

海洋环境的影响因素众多，但其中自然因素、经济因素、社会因素和科技因素尤为重要。

① 自然因素。海洋上空的大气环境、海洋水体、海洋生物等成为海洋环境最基本的自然要素，组成要素的变化会对海洋环境产生重大影响。人类频繁的各类活动，排放大量温室气体，导致气候对海洋环境的影响越来越凸显。因此，人类在开发与利用海洋的同时，应建立人与自然的和谐关系，避免海洋资源过度开发利用，实现人与海洋环境的和谐统一与可持续发展。

② 社会因素。对海洋环境产生影响的社会因素主要与人口发展和社会制度有关。人口数量的增加加大了对海洋资源的需求以及加大产生并排放到海洋环境中的污染物的量。当环境污染物的量超过海洋的自净能力时，毫无疑问会对海洋环境产生污染。另外，人口素质（对资源、环境的理解和观念）又直接影响人类的活动。

③ 经济因素。海洋在为人类提供丰富资源的同时，也受人类经济活动的影响。来自生产生活中的大量陆源污染物直接或间接进入海洋环境，导致海洋生态环境失衡。如大量氮磷污染物进入海洋，海水水质恶化，海洋富营养化加剧，导致近岸频发赤潮等海洋灾害。另外，石油化工类、炼钢、冶金类等企业不断向沿海地区发展，对近海带来极大的污染风险，重金属污染成为不可忽视的污染源。

此外，政治制度、经济制度等社会制度的确立也会制约着人类的行为。如海洋排污权交易制度通过对海洋产权明晰化，从而实现对企业对外排污行为的管理。通过制度规范，可以保障人类合理用海，实现和谐海洋的局面。

1.2.2 海洋环境科学的形成与发展

(1) 海洋环境问题

自工业革命以来，科学技术迅猛发展，社会生产力急剧提高，人类频繁开发利用海洋资源，大量废水、废物排入海洋，对海洋环境带来巨大影响，导致海洋环境问题频发，致使海洋环境退化、海洋生态系统遭到破坏。这不仅仅影响海洋生态环境的持续发展，甚至对人类健康造成更大伤害。目前海洋环境面临的主要问题包括：

① 海洋经济的发展

联合国专家组（1982）对海洋污染的定义指直接或间接由人类向大洋和河口排放的各种废物或废热，引起对人类生存环境和健康的危害，或者危及海洋生命（如鱼类）的现象。20世纪90年代以来，海洋在沿海各国和地区经济增长中的作用越来越明显。我国是海洋大国，《2020年中国海洋经济统计公报》显示，2020年全国海洋生产总值80010亿元，比上年下降5.3%，占沿海地区生产总值的比重为14.9%，比上年下降1.3个百分点。2020年，面对新冠肺炎疫情和严峻复杂的国际环境，但是我国主要的海洋产业依然在稳步恢复，全年增加值29641亿元。除滨海旅游业和海洋盐业外，其他海洋产业均实现正增长，展现了海洋经济发展的韧性和活力。

② 海洋生态环境的破坏

人类活动造成世界近岸海域的生态结构和功能发生了不同程度的变化。人为的活动，如围海造地、采挖砂石、海水养殖、红树林/珊瑚礁资源的滥砍滥用、随意处置废弃物等，严重影响了海洋自然景观和生态平衡，造成大面积海岸线被侵蚀和淤积，导致海洋资源锐减，加剧了海洋灾难的暴发。

③ 海洋资源衰减，导致海洋荒漠化

海洋荒漠化也可以称之为海洋生态系统的贫瘠化，是指在人为作用下海洋生产力衰退的过程，即海洋环境向着不利于人类的方向发展。其主要原因是海域环境承载能力的下降，具体体现在海域生产力的降低，海水水质的恶化以及赤潮等生物灾害频繁暴发。联合国粮农组织的一份报告中显示，目前200种海产鱼中，过度捕捞或资源量下降的有60%，珊瑚礁、红树林、湿地等处于退化或危险之中，海洋渔业资源减少。

④ 全球环境变化影响海洋环境

全球气候变暖和温室效应引起海平面上升，造成沿海地区海岸侵蚀，良田、工程设施等损害；温室效应造成气候异常及海洋自然灾害；酸雨、臭氧层的破坏，导致浮游植物生产力下降、附近生物锐减。种种问题都对整个人类生存带来巨大威胁。

（2）海洋环境科学的形成与发展

人类社会在不同历史时期有着不同的海洋环境问题，海洋环境保护工作的目标、内容、任务也不尽相同。对海洋环境保护的认识，会随着全球环境保护认识的提高而不断变化。海洋环境科学学科就是在这些需求中逐渐诞生的。

世界各国，特别是发达国家的海洋环境保护工作大致经历了三个发展阶段：

第一阶段为限制和治理排污阶段，20世纪50~60年代，工业污染物排入海洋，造成海洋经济的巨大损失及严重的污染公害，一些国家不得不限制排污，并进行相应治理以达到减少污染的目的。

第二阶段为综合防治阶段，1972年6月人类环境会议的召开及《人类环境宣言》的通过，成为人类环境保护工作的历史转折点，把环境与人口、资源和发展联系起来，整体上解决环境问题，从单项治理环境发展到综合防治。会后成立了联合国环境规划署（UNEP）。在海洋环境保护方面，通过建立"海洋与海岸带规划行动中心（OCA/PAC）"带动一大批海洋环境保护机构建立，在全世界范围内形成海洋环境保护网络系统。海洋环境质量评价、海洋环境自净能力及环境容量等相关理论与研究方法迅速发展起来。

第三阶段为规划管理阶段，20世纪80年代，发达国家为了协调和解决发展、就业与环境之间的关系,将工作重点转为制定经济增长、合理开发利用自然资源与环境保护相适应的政策,在追求经济效益的同时又要求环境效益,不断改善和提高环境质量。1992年联合国环境与发展大会召开,以求不断探求环境与人类的协调发展,实现人类与环境的可持续发展,"和平、发展与环境保护相互依存、不可分割""环境与发展成为全球环保工作的主题"。

我国海洋环境保护工作的开展与其他国家差距不大。20世纪70年代,我国开展了大规模海洋污染调查与质量调查,随后政府为建立和完善海洋环境监测、保护制度,制定了一系列海洋环境管理政策与法规,开展了一些污染调查与防治项目。我国的海洋环境保护工作正逐步与世界接轨。

海洋环境保护研究的主要目的是应用科学技术手段,合理开发利用海洋资源,深入认识并掌握海洋污染及破坏海洋生态系统的源头,以避免和减轻海洋环境破坏与质量恶化,促进海洋经济与海洋环境的协调发展,造福人类。

二战之后,海洋环境问题层出不穷,海洋环境保护工作深入进行,海洋环境科学学科随着人们对海洋环境问题认识的深入逐步形成,至20世纪70年代基本确定海洋环境科学的地位。

海洋环境科学是研究海洋自然环境与人类相互作用规律的科学。其所研究的环境问题是人为因素引起的海洋环境污染与生态破坏问题,不包括海洋自然灾害,如风暴潮、巨浪等。

尽管海洋环境科学的定义与富含的意义还在不断完善与丰富中,海洋环境科学在以"人类-环境"为对象的研究中逐渐发展成为独立的学科体系,其目的是通过调整人类活动去保护、发展和建设海洋环境关系,维护海洋生态平衡,造福子孙后代。

1.2.3 海洋环境科学的理论与方法

随着现代海洋事业的迅速发展,海洋经济产值递增的同时,沿岸、河口、海湾等区域污染严重,海洋环境污染问题越来越突出,生态平衡被破坏,人类在过度获取海洋资源的同时必然受到海洋的惩罚。为了认识、了解海洋环境污染的规律,找到防治海洋环境污染的应对办法,海洋环境科学应运而生。海洋环境科学隶属于现代环境科学体系,但它因海洋环境的独特性而成为海洋科学中新的分支学科。海洋科学原有的分支学科,如海洋化学、化学海洋学、海洋地球化学、海洋生物学、海洋生态学、海洋物理学、物理海洋学、海洋沉积学等,都在应用自身的理论与方法研究相应的海洋环境问题。随着研究的深入,一些学科经过分化,重新形成一些新的分支学科,如海洋环境物理学、海洋环境化学、海洋环境生物学等,这些新学科在原有学科理论基础上逐渐形成一定的新的理论与方法。

海洋环境物理学主要运用海洋水动力学的理论与方法,研究和预测污染物稀释扩散和宏观迁移的过程、区域水环境自净能力和环境容量,计算污染物的入海通量,建立污染物海洋运移模型等,最终为海洋环境影响评价、海洋环境功能区划分和污染物入海控制提供理论依据。

海洋环境生物学应用海洋生物学、海洋生态学、生态毒理学等理论方法研究海洋生物与海洋环境之间的相互作用机理与规律。包括两个方面:宏观上研究海洋环境中污染物在海洋生态系统中的迁移、转化、富集与归宿及对海洋生态系统结构功能的影响;微观上研究污染物对生物毒性作用和遗传变异影响的机理。这两方面即形成污染生态学和海洋生态毒理学,可为保护海洋生态系统、海洋生物多样性、海洋生物资源的可持续发展提供理论参考。

海洋环境化学应用海洋化学、海洋地球化学的理论与方法,研究海洋及相关环境中和环境质量密切关系的物质,尤其是化学污染物的来源、分布、迁移、转化、反应、效应、归宿以及由污染物质所引起的海洋环境质量变化及其对人类的影响,建立确定海洋环境质量评定的基准和方法,研究运用化学方法防治海洋污染和改善海洋环境质量的理论与方法。

1.2.4 海洋环境化学概述

海洋环境化学是海洋环境科学的一个重要组成部分,海洋环境化学作为海洋化学的一个分支学科,又是环境科学及海洋环境科学的重要组成部分。

海洋环境化学研究的主要内容有:

(1) 海洋环境污染物的分析与监测

自工业革命以来,科学技术迅猛发展,人口激增,资源过度开发,人类在不断的生存与发展过程中也带给地球生态环境各种各样的污染与破坏,从陆地到海洋开发,人类带给海洋的污染物越来越多,海洋环境污染事件频频暴发,使得海洋生态环境愈发脆弱。

海洋中的化学污染物主要包括无机污染物、有机污染物、放射性污染物等。其中汞、镉、铅等有色金属污染是海洋中主要的无机污染物;石油及人工合成的化肥、农药等是海洋中有机污染的重要来源。

对海洋环境污染物进行分析与监测,是控制海洋污染、保护海洋环境和资源的重要手段。可进行近海和远海的水质、底质、大气、生物等方面的监测。海洋环境污染的调查、监测与研究是海洋环境保护的三个重要组成部分,通过常规监测、调查性监测、研究性监测及应急监测,可以为海洋污染防治提供有效的参考资料。

海洋环境监测技术在不断发展,如海洋监测传感器在向网络化、智能化、模块化、多功能化、小型化方向发展,并逐渐实现自动、实时监测。海洋遥感技术中遥感飞机具有全球性、连续性、费用低、大尺度、环境影响小等优势,在海洋环境监测中发挥了重要作用。地波雷达监测技术借助地波雷达利用短波在导电海洋表面绕射损耗小、覆盖面广、持续性强等优点,在海洋环境监测、海洋开发、气象预报、防灾减灾中具有广阔的应用前景。

(2) 海洋环境污染的作用机理

海洋经济不断增长的同时,海洋环境污染问题日益凸显。对于海洋环境污染作用机理的研究目前集中在自然科学和社会科学两大领域。自然科学领域一般进行海洋环境污染的源头和污染物作用机理的研究。其中污染物来源主要集中于陆源污染、海源污染、大气污染等,如通过河口、沿岸及排污口流入海洋的氨氮化合物、磷酸盐、石油、生活污水、工业废水等成为海洋污染的重要来源。而社会科学领域的研究则侧重于政府管理体制、法律制度、社会制度、经济制度等方面。海洋环境的整体性与目前政府海洋管理体制分割之间的矛盾是造成海洋环境污染的突出原因。

(3) 海洋环境污染的防治方法与措施

海洋环境污染防治是指用加强立法、司法、执法等方法,通过多种渠道、多种手段采取强有力措施，坚持海陆同防同治，加强海洋环境保护，提高海洋环境保护水平，保证海洋健康。主要的防治措施有：①强化对海上石油开采和沿海大型油库的管理与监控；②加强海洋环境监测与管理，提高监测水平；③健全海洋环境保护法律体系与管理体制；④优化海洋产业结构，对新兴海洋产业加以大力扶植；⑤科学合理开发海洋资源；⑥加强海洋环境教育，增强人民的海洋环保意识；⑦建立高效的海上执法队伍，切实履行好海上执法职责。

1.3 海洋教育发展概述

浩瀚的海洋中蕴藏着丰富的资源，具有巨大的开发价值与潜力，如何在保护海洋生态的前提下对海洋进行开发利用，是海洋经济发展不可避免的问题。海洋经济发展中最基础的一环便是海洋教育，海洋资源的重要地位令海洋教育问题不容忽视。海洋专家陆儒德指出，海洋教育是打造海洋人才的基础工程，是提高民族素质的系统工程。从宏观上来说，海洋教育的重点在于培养人们树立正确的海洋价值观，教人们正确感受、认识、利用及保护海洋，培育海洋发展的永续意识，从而达到人与海洋的关系平衡。

海洋的发展不仅关乎一个国家与民族的兴衰，而且在一定程度上影响着国家地位和经济实力。从当前和未来的发展来看，海洋在国家战略中的地位越来越重要。作为未来国家发展战略的重要一环，加强全民海洋意识教育，储备未来海洋行业人才势在必行。

1.3.1 国外海洋教育发展

联合国教科文组织在 1988 年将海洋教育区分为专门性海洋科学课程与普通海洋科学教育，前者偏重海洋科学研究与专门的海事教育，后者是国民应具备的基本海洋素养能力，可了解海洋资源保护与管理，并落实于中、小学教育当中。1994 年，《联合国海洋法公约》正式生效后，很多国家和地区重新制定了海洋发展战略。各国政府充分肯定了海洋教育对海洋经济的促进作用，并提出了一些实施海洋教育的具体规划。

美国早在 20 世纪 60 年代就开始实施海洋补助金计划，美国政府资助海洋教育的目的是吸引科研人员开展海洋科学研究，从事海洋咨询和服务活动等。

韩国不断推动和开展海洋教育活动，其活动方式和内容呈现多样化的形态，形成了较为全面的海洋教育体系。20 世纪 80 年代以来，韩国颁布了一系列海洋教育基本政策以促进海洋教育的开展。

而英国在 2000 年，其海洋技术委员会就提出了此后 5~10 年的海洋科学技术发展战略，其中包括海洋资源可持续利用和海洋环境预报两个方面的科技计划。

日本也于 2005 年，经团联发表了《关于推进海洋开发的重要课题》，向日本政府建议将产业界、学术界和政府联合起来，在小学、初中和高中开设海洋教育课程等。

纵观世界各国对海洋教育的规划与措施，可以看出，进入 21 世纪后，海洋教育已经成为很多国家和地区海洋发展战略的一个重要组成部分。

1.3.2　国内海洋教育发展

《中国海洋21世纪议程》指出，合理开发海洋资源，保护海洋生态环境，保证海洋的可持续利用，单靠政府职能部门的力量是不够的，还必须有公众的广泛参与，其中教育界、大众传媒界、科技界、企业界、沿海居民及流动人口的参与……

从中共十八大报告首次提出"建设海洋强国"到十九大再次明确"坚持陆海统筹，加快建设海洋强国"，突显了海洋强国建设的紧迫性和重要性。海洋强国是面向未来的国家战略，海洋教育则是重中之重。

目前我国海洋教育的实践主要从以下三个方面开展。

一是以海洋教育基地建设为纽带的海洋教育实践。2000年国家海洋局与青岛海洋大学联合共建"全国海洋观教育基地"，对青少年学生、全军部队指战员及全国人民开展广泛的海洋观教育和宣传。2002年"中国海洋学会长沙海洋科普教育基地"在长沙海底世界设立；2004年"中国海洋学会太原海洋科普教育基地"在太原迎泽公园海底世界设立；2006年"宁波市海洋科普教育基地"由宁波高科海洋开发有限公司设立；2007年清华大学举办了首届"海洋观教育活动日"；2011年广东海洋大学建立了"全国海洋科普教育基地——广东海洋大学卫星遥感地面站"和"全国海洋科普教育基地——广东海洋大学水生生物博物馆"；2012年福建省在省海洋文化中心设立"全国海洋意识教育基地"。

二是以海洋教育集中活动为纽带的海洋教育实践。2008年由海洋局开始举办，有近20个省（区、市），30多所学校近700多名学生参加的"全国海洋知识夏令营"。2011年中国海洋大学在青岛举办的"2011海洋教育国际研讨会"，讨论了海洋人才培养、全国全民海洋教育的开展等议题。2014年在北京举办了北京市青少年海洋知识竞赛，开展海洋知识的宣传教育。

三是以海洋特色学校建设为纽带的海洋教育实践。如作为海洋特色学校的青岛同安路小学，开展以"蓝色的海洋我们的家"为主题的海洋社团活动，通过绘画、手工制作等展示海洋知识。浙江台州桔园小学开展了海洋教育进课堂活动，编写校本教材《走进海洋》，并开展了如海洋社团、海洋书画比赛、海洋知识广播等各种活动。大连海洋大学在海洋知识传播方面，开展了"我身边的海洋——海洋科普工程""红·绿·蓝——海洋先锋工程"等特色学生活动，通过海洋科普精品活动向全国民众传播蓝色海洋文化，践行海洋强国战略。

第 2 章 海洋环境

2.1 海洋环境及其特点

2.1.1 海洋环境的基本特征

海洋具有三大环境梯度（environmental gradient），即从赤道到两极的纬度梯度、从海面到深海海底的深度梯度以及从沿岸到开阔大洋的水平梯度，它们对海洋生物的生活、生产力时空分布等都有重要影响。纬度梯度主要表现为赤道向两极的太阳辐射强度逐渐减弱，季节差异逐渐增大，每日光照持续时间不同，从而直接影响光合作用的季节差异和不同纬度海区的温跃层模式。深度梯度主要由于光照只能透入海水的表层，其下方只有微弱的光或是无光世界。同时，温度也有明显的垂直变化，表层因太阳辐射而温度较高，底层温度很低且较恒定，压力也随深度而不断增加，有机食物在深层很稀少。在水平方向上，从沿海向外延伸到开阔大洋的梯度主要涉及深度、营养物含量和海水混合作用的变化，也包括其他环境因素（如温度、盐度）的波动呈现从沿岸向外洋减弱的变化。

2.1.2 海洋环境的主要分区

尽管从总体来看，海洋是一个连续整体，但在海洋的不同区域，其环境要素仍有很大的区别，海洋分为水层部分（pelagic division）和海底部分（benthic division），前者指海洋的整个水体，后者指整个海底，它们各自又可分成不同的环境区域。

（1）水层部分

水层部分在水平方向分为浅海区（neritic province）和大洋区（oceanic province）。

浅海区。大陆架上的水体，平均深度一般不超过 200m，宽度变化很大，平均约为 80km。本区由于受大陆影响，水文、物理、化学等要素相对来说是比较复杂多变的。

大洋区。大陆缘以外的水体，这是海洋的主体，其理化环境条件比浅海区较为稳定。大洋区的不同深度，其环境条件也有很大不同，从垂直方向看，把大洋水体分为以下几层。①上层（epipelagic zone）：从海面至 150~200m 深，这里不仅光照强度随深度增加而呈指数式下降，有的海区温度也有明显的昼夜和季节差异。很多海域温度出现所谓不连续面或温跃层。②中层（mesopelagic zone）：从上层的下限至约 800~1000m 深的水层，这里光线极为微弱或几乎没有光线透入，温度梯度不明显，且没有明显的季节变化。因为不能进行有效的光合作用，加之上方下沉的有机物不断分解，所以是常出现氧最小值和硝酸盐、磷酸盐最大值的层次。③深海（bathypelagic zone）：1000～4000m 深水层，这里除了生物发光以外，几乎是黑暗的环境，水温低而恒定，水压大。④深渊（abyssopelagic zone）：超过 4000m 的深海区，这里是又黑暗、又寒冷、压力最大、食物最少的世界。

（2）海底部分

海底部分可划分为大陆边缘和大洋底两大部分。具体包括以下几个方面。

海岸带：包括潮间带（intertidal zone）和高潮时浪花可溅到的岸线，是海洋与陆地之间一个狭窄的过渡带，潮间带交替地受到干露和海水淹没的影响。在低潮线以下约 10～20m 深的海底称为潮下带（subtidal zone）。

大陆架和大陆边缘：①大陆架（continental shelf）是从潮下带至大陆边缘的海底，地形较为平缓，坡度小，水深平均约 200m。大陆边缘（陆架坡折）是其外界。②大陆坡（continental slope）和大陆隆（continental rise）。大陆坡是大陆边缘外坡度较大的海底，深度变化较大。大陆隆（也称大陆裾）是大陆坡下方缓缓趋向洋底的扇形地，水深约 2000～5000m，主要是由沉积物堆积的海底。

大洋底：①深海平原（abyssal plain）。这是大洋海底的主体，平均水深 3800m。②洋中脊（mid-oceanic ridge）。深海平原中贯穿世界大洋的绵长海底山脉，它们可向上延伸至水面以下 2000m 左右（有时以洋中岛的形式露出水面）。洋中脊的轴部有断裂的中央裂谷，是海底扩张中心，常有火山活动。③深海沟（abyssal trench）。最深处超过 10000m。

2.1.3 海洋沉积物

海洋底部覆盖着各种来源和性质不同的物质，通过物理、化学和生物的沉积作用构成海洋沉积物（marine sediment）。海洋沉积物按其来源可分为陆源沉积和远洋沉积两大类。

（1）大陆边缘沉积（陆源沉积）

大陆边缘沉积是经河流、风、冰川等作用从大陆或邻近岛屿携带入海的陆源碎屑。①岸滨及陆架沉积：分布于潮间带和大陆架上的沉积物，大部分是已经分解的各种矿物，主要有石英、长石、黏土矿物，也包括一些生物遗体。其粒度组成变化很大，但以砂及泥为主。这部分海底沉积物由于受底部地貌形态以及海浪、潮汐和海流的影响，又可细分成很多类型，如河口及三角洲沉积、海湾沉积、海峡沉积、火山沉积、造礁珊瑚沉积等。在一些沉积盆地，其沉积物类型多、厚度大、有机质含量较高。②陆坡及陆裾沉积（半深海沉积）：分布于大陆斜坡及其陡坡下的平缓地带的沉积物，除局部以生物或火山物质为主外，绝大多数海区也是由陆源碎屑组成，包括各种类型的砂、粉砂、泥等。在热带和亚热带海洋中，还出现珊瑚沉积，它是由珊瑚的破坏产物（如珊瑚砾及其他石灰质生物残骸）组成的。此外，还存在由流速很大的浊流所形成的浊流沉积，当浊流到达坡度平缓的海底（如大陆裾）时，将所带的泥沙大量沉积下来。浊流沉积的特点是分选性好、粒度较粗，往往含有一些浅海生物遗骸。

（2）远洋沉积（深海沉积）

① 红黏土软泥：红黏土软泥是从大陆带来的红色（褐色）黏土矿物以及部分火山物质在海底风化形成的沉积物。红黏土软泥沉积物主要分布在大洋的低生产力区，在太平洋洋底沉积

物中约占一半面积,在大西洋、印度洋中各占 1/4 面积。北冰洋属冰川海洋沉积类型,主要是陆源性的黏土软泥沉积。黏土沉积物中有机质含量比较少。

② 钙质软泥:主要由有孔虫类的抱球虫以及浮游软体动物的翼足类和异足类的介壳组成,分别称为抱球虫软泥和翼足类软泥。钙质软泥广泛分布于太平洋、大西洋和印度洋,覆盖世界洋底面积的 47%左右(其中抱球虫软泥的面积比翼足类软泥的大得多)。因为碳酸钙的溶解度随温度升高而下降,随着压力增加而升高,所以钙质软泥一般分布在热带和亚热带、水深不超过 4700m 的深海底,更深处为黏土或硅质软泥所取代。

③ 硅质软泥:主要是由硅藻的细胞壁和放射虫骨针所组成的硅质沉积,分别称为硅藻软泥和放射虫软泥。前者在洋底的覆盖面比后者大,但比上述钙质沉积物的面积小得多。

2.1.4 海洋环境的特点

海洋环境是一个非常复杂的系统。海洋环境作为环境的一种特殊类型,除了具有一般环境的一些基本特性之外,还具有自身的一些特殊性。世界海洋中所发生的各种自然现象和变化过程有其自身的特点,从环境的自然属性和功能考虑,海洋环境至少具有以下三大特性。

(1)整体性与区域性

海洋环境的整体性指的是环境的各个组成部分或要素构成一个完整的系统,故又称系统性,系统内的各个环境要素是相互联系、相互影响的。海洋环境的区域性或称区域环境指的是环境特性的区域差异,不同地理位置的区域环境各有其不同的整体特性。海洋环境的整体性和区域性特点,可以使人类选择一条包括改变、开发、破坏在内的利用自然资源和保护环境的道路。海洋生态环境是海洋生物生存和发展的基本条件,生态环境的任何改变都有可能导致生态系统和生物资源的变化。海洋环境各要素之间的有机联系,使得海洋环境的整体性、完整性和组成要素之间密切相关,任何海域某一要素的变化(包括自然的和人为的)都不可能仅仅局限在产生的具体地点上,都有可能对邻近海域或者其他要素产生直接或间接的影响和作用。生物依赖于环境,环境影响生物的生存和繁衍。当外界环境变化量超过生物群落的忍受限度,就会直接影响生态系统的良性循环,从而造成生态系统的破坏。

(2)变动性和稳定性

海洋环境的变动性是指在自然和人为因素的作用下,环境的内部结构和外在状态始终处于不断变化之中。而稳定性是指海洋环境系统具有一定的自我调节能力,只要人类活动对环境的影响不超过环境的净化能力,环境可以借助自身的调节能力使这些影响逐渐消失,令其结构和功能得以恢复。

(3)海洋环境容量大

海洋作为一个环境系统,其中发生着各种不同类型和不同尺度的海水运动和过程。海水运动或波动是海洋污染物输运的重要动力因素,任何排入海洋的污染物通过海洋环境自身的物理、化学和生物的净化作用,能使污染物的浓度自然地逐渐降低乃至消失。但海洋的这种净化作用也是有限度的,超过海洋生态系统的自净能力必然引起海洋生态系统的退化。

2.2 海洋环境中的非生物要素

2.2.1 太阳辐射

太阳辐射（solar radiation），即光照，被认为是海洋环境中最重要的生态因素之一。光是海洋植物进行光合作用的能源，因而它直接影响着海洋中有机物质的产生。由于光在海洋中的分布特点和各种周期性的变化，它又直接或间接地影响着海洋生物的分布、体色和行为等。此外，太阳辐射是海洋中热量的主要来源，不仅对海洋生物生活具有重要影响，而且由于它与其他环境因子的相互影响，对整个地球上的生命活动都具有直接或间接的重要意义。

太阳辐射能量的99.9%集中在200~1000nm的波段内，其中可见光（400~760nm）部分的能量占44%（其中波长为476nm的短波，太阳辐射能最强），红外（>760nm）部分占47%，紫外（<400nm）部分占9%。

(1) 太阳辐射在海洋中的传播过程

入射到海水表面的太阳光，一部分被反射回空中，一部分折射进入海洋。光进入传播过程中，受到海水的作用将衰减。引起衰减的物理过程有两个：吸收和散射。

光能量在水中损失的过程就是吸收。吸收也存在不同的物理过程：有些光子是在能量变为热能时损失了，有些光子被吸收后由一种波长的光变为另一种波长的光。吸收发生时，光子没有消失，只是光子的前进方向发生了变化。除了海水对太阳辐射的吸收外，海水的散射也导致水中准直光束能量的衰减。海水中引起光散射的因素很多，主要有水分子和各种粒子，包括悬移质（suspended load）粒子、浮游植物（phytoplankton）及可溶有机物（DOM）粒子等。散射的机制主要有两种：瑞利散射和米氏散射。水分子散射遵从瑞利散射规律，粒子的散射则遵从米氏散射规律。清洁大洋水主要是水分子散射，沿岸混浊水主要是大粒子散射。

由于光在海水中衰减迅速，在研究太阳辐射（光照）条件与海洋生物各种生命活动的关系时，通常根据光照强度将海洋环境垂直划分为三层。

① 透光层，也称真光层（euphotic zone 或 photic zone）：在这一层光照量能够充分满足植物的生长和繁殖的需要，光合作用的能量超过呼吸作用的消耗。通常以光强为1%海面光强的深度表示透光层的深度。在混浊的近岸水域，真光层的深度只有几米，而在大洋水域，真光层的深度可达150m。

② 弱光层（disphotic zone）：这一水层的光照较弱，植物不能有效地生长和繁殖，24h植物呼吸作用所消耗的能量超过了光合作用所产生的能量，光照能够满足该水层内动物对其产生反应。深度由80~100m向下延伸至200m左右或更深。

③ 无光层（aphotic zone）：这一水层位于从弱光层下限直至海底，所以深度很大。在这一水层内没有从海面透入的具有生物学意义的光照，植物不能生存。

必须指出，以上各层的深度在不同海区将随纬度、季节和水体透明度等具体情况而具有一定变化。由于太阳辐射光在海水中的衰减，光线能够到达的海水深度在不同海区是不同的，人们能够看到的海水深度,即海水的透明度是不一样的。

(2)太阳辐射对海洋水体结构和物质循环的影响

在透过海面的光辐射中,由于大约有 50%是由波长大于 780nm 的红外辐射所组成的,这些大量的红外辐射在水表层几米处就很快地被吸收并转换成热,其他波段的太阳辐射也有不同程度地被海水吸收而转化为热。因此,太阳辐射为海洋表层水体提供了大量的热量,使该水层水温上升,所以说太阳辐射是海洋的热源。

太阳辐射的变化直接导致了海水温度的变化,而海水的温度也是海洋环境的要素之一,它可以导致海洋水体的运动,影响海洋生物的生命活动,影响海洋生态系统的物质循环。光照时间和输入总热量的纬度梯度的变化,使不同海区形成了不同的温跃层模式,产生了不同的水体结构。进入海水表面的太阳辐射不仅可以直接对海水中的物质循环产生作用,同时还通过影响海水温度等海洋环境要素,对海洋环境中的物质循环产生间接影响。

(3)太阳辐射对海洋生物的影响

① 太阳辐射对海洋浮游植物光合作用的影响

由于海洋植物光合作用依赖于太阳辐射,太阳辐射能的强度直接影响到浮游植物的光合作用速率。而每种海洋植物进行光合作用时,有一个最适的光照强度(或饱和光照强度)。光合作用速率在一定范围内与光照强度成正比,即随着光照强度的增加,植物光合作用速率会逐渐增大。当达到最适光照强度时,光合作用速率即达到最大值,这一光照强度即称为最适光照强度。超过最适光照强度时,就会出现光照过强的光抑制作用,光合作用速率则会降低。当光照强度低于最适光照强度时,又会产生光照强度不足的限制作用。同时,海洋浮游植物的光合作用还受到紫外线的抑制。基于上述原因,在自然海区光合作用最强烈的地方不是在海洋表层,而是发生在表层之下的某一深度。

由于海洋中光照强度随深度增加而减弱,在海洋某一深度,浮游植物 24h 光合作用产生的有机物质全部为维持其生命代谢所消耗,没有净生产量,这一深度即为补偿深度(compensation depth),补偿深度处的光照强度即为补偿光强(compensation light intensity)或补偿点(compensation point)。在补偿深度上方,光合作用超过呼吸作用,所以有净初级生产发生,而在补偿深度下方,则没有净初级生产发生。因此,一般来说,补偿深度也为真光层的下限。

由于风等因素的作用,海水存在垂直方向的对流(convection),即垂直混合,这种混合有时可以向下延伸到透光层的下方。垂直混合可以将透光层内的浮游植物带到无光区,导致净光合作用的改变。这样,由于垂直混合效应,在某个深度的上方,整个水柱内浮游植物的光合作用总量等于其呼吸消耗的总量,这个深度,即为临界深度。

② 太阳辐射对海洋生物垂直分布的影响

各种浮游植物和营底栖生活的海洋植物在海洋中的垂直分布都与光照条件有着密切的关系,底栖植物垂直分布受光照影响的表现尤为明显。一般生活在浅海的底栖植物有以下特点,由沿岸浅海向下依次为绿藻、褐藻和红藻。其具体分布深度则与地理位置、海水的透明度以及遮阴等条件有关。

很多海洋动物的垂直分布和昼夜垂直迁移与光有直接关系。这种现象在浮游动物方面最为普遍,浮游动物的垂直分布区除了因种类不同以外,即使是同种生物处于不同发育阶段也有垂直分布上的差异。很多海洋动物特别是浮游动物具有昼夜垂直移动的现象,它们在夜晚升到表层,随着黎明的来临又重新下降。上述的垂直移动与昼夜交替有密切关系,因此,一般认为光是影响动物昼夜垂直移动的最重要的生态因子。一般认为，昼夜垂直移动是生物在长期进化过程中形成的一种很重要的适应机制。a. 逃避捕食者：浮游动物夜间到表层来摄食浮游植物，可以避开那些依靠视觉捕获食物的捕食者。b. 能量代谢上的好处：夜间在食物丰富的表层摄食后向下迁移到温度较低的下层度过白天，可以减少代谢消耗，所摄取的食物营养可以较多地用于生长和繁殖。c. 有利于遗传交换：由于表层和深层水运动速度和方向不同，进行垂直移动的个体间又有洄游速度和范围的差别，这种情况可增加个体间遗传物质的交换和重新组合的机会。d. 集群习性可减少被捕食的机会。e. 避免紫外线的伤害。

③ 太阳辐射对海洋生物体色的影响

不同类群的海洋植物具有各种各样的颜色，海洋植物的颜色是其细胞内部所含色素的体现，而所含的色素又与光合作用密切相关。因此太阳辐射对海洋植物的颜色有重要影响。所有的藻类都含有叶绿素a和β-胡萝卜素，但不同的藻类还有各自特有的色素，使不同藻类呈现不同的颜色。

海洋动物的体色也表现出对光照的适应性。主要表现为动物体色与生活背景的一致性和在光照条件或生活（环境）背景改变时动物的变色现象。

2.2.2 海水环境要素

海水的溶解性、透光性、流动性、浮力、缓冲性能、温度、盐度、压力、密度等特性具有重要的生态学意义，这些海水特性为各种海洋生物提供了特定的生存条件。其中，海水的温度、盐度、密度是海洋环境中极为重要的三个物理量，可以说海洋中的一切现象几乎都与它们有密切的关系。

（1）海水温度

① 海水温度的概念

海水温度是与海水热力学研究有关的物理量。海洋与大气之间热交换，总是要通过海洋表层温度来实现的，甚至生物化学、生态的研究，也离不开海水温度。海水不断地从各个方面获得热量，使水温升高；同时以各种形式向外散发热量，使水温降低，这种热量的收支情况叫做海洋的热量平衡。海水温度实际上是度量海水热量的重要指标，是海洋环境中最为重要的物理特性之一。海水的温度是海水温度计上表示海水冷、热的物理量，以℃表示。水温升高或降低，标志着海水内部分子热运动平均动能的增强或减弱。海水温度升高1K（或1℃）时所吸收的热量称为热容，单位是J/K或J/℃。海水温度的高低取决于太阳辐射过程、大气与海水之间的热交换、蒸发、海底地球活动、海洋内部放射性物质裂变以及一些生物化学过程等因素。太阳辐射中的红外波长是海洋中热量的主要来源，红外辐射能很快地转换成热量被海水吸收使海水的温度升高。大气与海水的热交换（长波辐射）是双向的，当空气温度高于海水温度时，空气中的热量向海水中辐射扩散，而空气温度低于海水温度时，海水中的热量就会向空气中辐射扩散；同时，因大气与海洋温度不同，热量还可以通过二者之间的热传导进行热量交换，所以海洋好像大气温度的一个天然调节器。海水还在时刻发生着蒸发现象，海水的蒸发潜热是所有物质中最高的，海水蒸发时从水体中吸收了大量的热量，海洋能量以潜热的形式被带入大气，结果使海水温度降低。

② 海水温度的分布

a．表层水温变化

海洋表层温度呈现明显的自低纬度到高纬度递减的梯度，与太阳辐射及海流有密切关系。在热带海区，表层水温经常保持在26～30℃，而在高纬度海区，表层水温降至0～2℃左右（盐度为35时海水的冰点为-1.91℃）。海洋表层水等温线分布大致与纬度平行，特别是在40°S以南的南大洋更为明显，在两半球的亚热带和温带海区，等温线与纬度线存在偏离现象。

由于海流不断运动以及海水有巨大的热容量（有很高的比热，在吸收或散发大量的热量的过程中，水温变化并不大），海洋水温的变化范围比陆地的小得多。尽管某些低纬度局部封闭海区的夏季水温可能达到35℃，潮间带小水坑的水温可能超过50℃，海底热泉附近的温度更高，但从海洋整体来说，最高和最低温度之间的变化幅度不超过30℃。对于每一个特定海区来说，温度变化幅度比这小得多。

从温度的日变化看，开阔大洋表层昼夜水温变化通常小于0.3℃，且仅在海面至10m层以内波动，即使在浅海区，表层水温的日变化也小于2℃，海洋表层水温的周年变动范围也是不大的。特别是高纬度和热带海区，表层水温周年变化并没有明显的生物学意义。温带和亚热带海区表层水温周年变化较明显，处于纬度30°～40°的大洋区年最高和最低温差约6～7℃。另外，受大陆气候影响的近岸浅水区的水温周年变化也较大。

与海洋水温变化有关的厄尔尼诺现象是指赤道太平洋东部表层水温异常升高（有时竟比常年高5～6℃）的现象。厄尔尼诺每隔2～10年发生一次，但间隔时间和每次出现的持续时间都不确定。它可引发全球气候的异常变化。

b．水温的垂直分布

在低纬度海区，表层海水吸收热量，产生一温度较高、密度较小的表层水，其下方出现温跃层（thermocline），通常位于100～500m，温度随深度增加而急剧下降，这一水层即所谓不连续层（discontinuity layer），其上方海水由于混合作用而形成相当均匀的高温水层，称为热成层（thermosphere）。温跃层的下方水温低，并且直到底层，温度变化不明显。低纬度海区太阳辐射强度常年变化不大，因此其形成的温跃层属恒定温跃层（permanent thermocline）。

在中纬度海区，夏季水温增高，接近表层（通常在15～40m深）形成一个暂时的季节性温跃层（seasonal thermocline）。到了冬季，表层水温下降，上述温跃层消失，对流混合可延伸至几百米深。在对流混合下限的下方（500～1500m）有一永久性的但温度变化较不明显的温跃层。

在高纬度海区，热量从海水散发至大气，表层水冷却加上结冰过程引起密度增大产生对流混合，从而与下层水温略有不同。从表层到底层的温度范围约为-1.8～1.8℃。在1000m以内深海处，通常有一不规则的温度梯度，这是由于从较低纬度流入温度略高的水层。超过1000m直到底层，温度几乎是一致的，仅随深度增加而稍微下降。

（2）海水盐度

盐度是海洋的一个重要的物理、化学参量，也是决定海水基本性质的重要因素之一。海水盐度不仅是探索热盐环流、全球海平面变化等海洋现象中必不可少的环境变量，而且也为水团分析以及全球海洋模式等研究提供了参数依据。它与温度结合，几乎可以描述大洋中所有水团和定常流的运动特征。但是，盐度观测要求精度很高，对仪器的使用和保管都要求格外小心。

① 海水盐度的定义和演变

绝对盐度是指海水中溶解物质质量与海水质量的比值。因绝对盐度不能直接测量，所以，随着盐度测定方法的变化和改进，在实际应用中引入了相应的盐度定义。

a．克纽森盐度公式

20 世纪初前后，丹麦海洋学家克纽森（M.H.C.Knudsen）等建立了海水氯度和海水盐度的定义。当时的海水盐度定义是指在 1kg 海水中，当碳酸盐全部变为氧化物，溴和碘全部被当量的氯置换，且所有的碳酸盐全部氧化之后所含无机盐的质量（g），以符号"$S‰$"表示。用上述的称量方法测量海水盐度，操作十分复杂，测一个样品要花费几天的时间，不适用于海洋调查。因此，在实践中都是测定海水的氯度（$Cl‰$），根据海水主要成分恒比定律，来间接计算盐度。氯度与盐度的关系式（克纽森盐度公式）如下：

$$S‰=0.030+1.8050Cl‰ \tag{2-1}$$

b．1969 年电导盐度定义

20 世纪 60 年代初期，英国国家海洋研究所考克思（R.A.Cox）等从各大洋及波罗的海、黑海、地中海和红海采集了 200m 层以浅的 135 个海水样品，首先应用标准海水准确地测定了水样的氯度值，然后测定具有不同盐度的水样与盐度为 35.000‰、温度为 15℃的标准海水，在一个标准大气压下的电导比（R_{15}），从而得到了盐度-氯度新的关系式和盐度-相对电导率的关系式，又称为 1969 年电导盐度定义：

$$S‰=1.80655Cl‰ \tag{2-2}$$

$$S‰ = -0.08996 + 28.29720R_{15} + 12.80832R_{15}^2 - 10.67869R_{15}^3 + 5.98624R_{15}^4 - 1.32311R_{15}^5 \tag{2-3}$$

电导测盐度的方法准确度高、速度快、操作简便，适于海上现场观测。但在实际运用中，仍存在一些问题。首先，电导盐度定义的上述盐度公式仍然是建立在海水组成恒定的基础上的，它是近似的。在电导测盐度中，校正盐度计使用的标准海水表的氯度值，当标准海水发生某些变化时，氯度值可能保持不变，但电导值将会发生变化。其次，电导盐度定义中所用的水样均为表层（200m 以浅），不能反映大洋深处因海水的成分变化而引起电导值变化的情况。最后，《国际海洋用表》中的温度范围为 10～31℃，而当温度低于 10℃时，电导值要用其他的方法校正，从而造成了资料的误差和混乱。

为了克服盐度标准受到海水成分影响的问题，进而建立了 1978 年实用盐标（Practical Salinity Units, PSU78）。

c．1978 年实用盐标

海洋常用表和标准联合专家小组（JPOTS）于 1977 年 5 月在美国伍兹霍尔海洋研究所和 1978 年 9 月在法国巴黎召开会议，通过并推荐了 1978 年实用盐标（PSU78）。

1978 年实用盐标依然是用电导的方法测定海水盐度。与 1969 年电导盐度定义的不同之处是，它克服了海水盐度标准受海水成分变化的影响问题，在实用盐标中采用了高纯度的 KCl，用标准的称量法制备成一定浓度（32.4357‰）的溶液，作为盐度的准确参考标准，而与海水样品的氯度无关，并且定义了盐度：在一个标准大气压下，15℃的环境温度中，海水样品与标准 KCl 溶液的电导比：

$$K_{15} = \frac{C(35,15,0)}{C(32.4357,15,0)} = 1 \tag{2-4}$$

式中，C 为电导值。该样品的实用盐度值精确地等于35。若 $K_{15} \neq 1$，则实用盐度的表达式为：

$$S = \sum_{i=0}^{5} a_i K_{15}^{i/2} \tag{2-5}$$

式中，$a_0=0.0080$；$a_1=-0.1692$；$a_2=25.3851$；$a_3=14.094$；$a_4=-7.0261$；$a_5=2.7081$；$\sum_{i=0}^{5} a_i = 35.0000$；当 $2 \leqslant S \leqslant 42$ 时有效。S 为实用盐度符号，是无量纲量，如海水的盐度值为35，实用盐度记为35。K_{15} 可用 R_{15} 代替。R_{15} 是在一个标准大气压下，温度为15℃时，海水样品与实用盐度为35的标准海水的电导比。对于任意温度下海水样品的电导比的盐度表达式为：

$$S = \sum_{i=0}^{5} a_i R_T^{i/2} + \frac{T-15}{1+K(T-15)} \sum_{i=0}^{5} b_i R_T^{i/2} \tag{2-6}$$

式中，等式右边第二项为温度修正项；系数 a_i 与式（2-5）中的相同；系数 b_i 分别为：$b_0=0.0005$，$b_1=-0.0056$，$b_2=-0.0066$，$b_3=-0.0375$，$b_4=0.0636$，$b_5=-0.0144$，$\sum_{i=0}^{5} b_i = 0.0000$；$K=0.0162$；$-2℃ \leqslant T \leqslant 35℃$。

② 海水盐度的分布及变化

海水可以看成是纯水中溶解一系列物质的溶液。海水的溶解物质包括无机物、有机物和溶解气体。

尽管大洋海水盐度会因各海区蒸发和降水的不平衡而有差异，但其主要离子组分之间的含量比例却几乎是恒定的，称为"海水组分恒定性规律"或称"Marcet原则"。因此，过去通常以海水中含量最高的氯含量测定值来换算成盐度值（$S‰$）。由于海水是一种电解质，现在已采用其电导率代替氯度滴定来换算成盐度值，称为实用盐度值，并且不再沿用"‰"符号。

大洋表层盐度变化范围为 34～36，主要与不同纬度海区的降水量与蒸发量比例有关。赤道海区因为降水量大而蒸发量少（风速小），所以盐度较低（约34.5）。副热带海区（两半球纬度20°～30°的海区）盐度最高（约36），随之向温带海区逐渐下降（至与赤道海区的盐度值相当）。两极海区盐度最低（约34），与极地融冰过程有关。

大洋表层以下的海水是从不同纬度表层水辐聚下沉、扩展而形成的。除了与其上方表层水的盐度有关外，也与温度（因而也与密度）有关，因此大洋表层下方的盐度分布具有与上述因素相关的分层特征。

大洋表层以下盐度的垂直分层大体为：a. 大洋次表层（高盐）水，从南北两半球副热带高盐表层水下沉后向赤道方向扩展。b. 大洋中层（低盐）水，从南北两半球中高纬度表层水下沉并向低纬度方向扩展。在中、低纬度高盐次表层水与低盐中层水之间等密度线特别密集，形成垂直方向上的明显的盐跃层（halocline），与温跃层相对应。c. 大洋深层水和底层水，它们分别是从高纬度和极地海区的低盐低温上层水下沉后向大洋底扩散。深层水盐度约35，温度约3℃；底层水的盐度约34.6，温度约-1.9℃，均比深层水低。

应当指出以上仅是大洋盐度垂直分层的大体情况，各大洋的不同盐度层的深度与分布范围是有差别的。

浅海区受大陆淡水影响，盐度较大洋的盐度低，且波动范围也较大（27～30），而半封闭海区（如波罗的海）盐度则低于 25。河口区受淡水影响更为明显，盐度变化更大（0~30）。以上这些因海水和淡水混合而盐度下降的海水称为半咸水或咸淡水（brackish water）。另外，有的海区（如红海、热带近岸潟湖）盐度可超过 40，称为超盐水（hyperhaline water）。

（3）海水密度

① 海水密度的定义及变化

海水密度是指单位体积中海水的质量，用符号 ρ 表示，单位为 g/m^3 或 kg/m^3。海水密度的倒数称为海水的比容，即单位质量海水的体积，用符号 α 表示，单位为 m^3/kg。

由于海水的密度是温度、盐度和压力的函数，凡是能影响温度、盐度、压力变化的因子都会影响到海水密度的变化。一般来说，密度随盐度的增加而增大，随压力的增加而增大，随温度的增高而减小，或者是温度、盐度、压力三者的综合效应。因此，凡足以影响水温、盐度、压力的因子，都会对密度造成影响。由此可见，影响海水密度状况的因子比较复杂，并随海区和季节的不同而异。

在受沿岸及江河淡水影响的海域和水层，密度的分布与变化主要取决于盐度的状况；在外海或大洋，盐度变化较小，密度状况主要取决于温度。密度的时间变化，主要视温度、盐度随时间的变化值的大小而定。温度和盐度的垂直分布类型，也相应地决定了密度的垂直分布类型。由于温度、盐度在表层变化最大，因而密度的变化也以表层最显著。在温度、盐度出现跃层的附近，也相应地出现密度跃层。

赤道区温度最高，盐度也较低，因而表层海水密度最小。由此向两极方向，密度逐渐增大。在副热带海域，虽然盐度最大，但因温度下降不大，仍然很高，所以密度虽有增大，但没有相应地出现最大值。随着纬度的增高，盐度剧降，但因水温降低引起的增密效应比降盐减密效应更大，所以密度继续增大。最大密度出现在寒冷的极地海区。随着深度的增加，密度的水平差异如同温度和盐度的水平分布，在不断减小，至大洋底层已相当均匀。

在铅直方向海水密度通常都是随水深的增加而增大的。温度、盐度的铅直分布有明显的区域特征，致使大洋密度的铅直分布也存在明显的区域特征，不同季节，密度垂直分布也不一样。大洋中，平均而言，温度变化对密度的影响要比盐度变化对密度的影响大，因此，密度随深度的变化主要取决于温度，因而大洋海水的密度也随深度的增加而不均匀地增大。

当然，在个别降水量较大的海域或在极地海域夏季融冰时，会使表面一薄层密度降低，其下界能形成弱的密度跃层。在浅海，季节温跃层的生消也常伴随有密度跃层的生消。

② 海水密度的生态学意义

海水的密度与空气密度相比要大很多。因此，重力效应对生活在海水中和空气中的生物的影响存在着明显差异。对海洋生物来说，较高的海水密度有利于支持海洋生物的身体，而海洋生物不需要坚强的骨骼系统。如很多大型水母身体内就没有坚硬的部分。而且海洋中生活着很多巨型藻类和动物，如海洋哺乳动物鲸类以及头足类软体动物等，其体型和重量均达到了惊人的程度。

由于海水密度的分布与变化直接受温度盐度的支配，而密度的分布又决定了海洋压力场的结构，大洋中下层海水的垂直运动（热盐环流）几乎都是由水的密度差所引起的。热盐环流相对于海面大风引起的风生环流（上升流、下降流）要缓慢，但它是形成大洋的中下层温度、盐度、密度分布特征海洋层化结构的主要原因。根据海水性质分析，世界大洋深处的海水主要是由表层海水下沉而来的，其主要源地是北冰洋的格陵兰海、挪威海和南极大陆边缘的威德尔海等。热盐环流引起的海水垂直运动将溶解氧含量丰富的表层海水带到大洋的中下层，为生活在这些水层的海洋动物提供了生活必需的氧。同时，高纬度海水的下沉，必然引起大洋内其他海域海水的上升，尽管上升流流速很小，但因为它长年存在，将深层海水中的营养盐源源不断地带到海洋表层，有利于浮游植物大量繁殖，所以上升流区往往是有名的渔场。密度不同形成的海水水体的分层现象，会影响海洋生物活动，阻碍海水上下层水体交换。

2.2.3 海洋水团

（1）水团的概念

1916年海兰-汉森把水团（water mass）这一术语引入海洋学中，后来许多学者对水团的定义进行了探讨。水团是海洋中兼备"内同性"和"外异性"的宏大水体。内同性是指一个水团内的水体，其源地和形成机制相近，具有相对均匀的物理、化学和生物特征及大体一致的变化趋势；外异性则指它的上述各性质，分别与周围海水存在明显差异。

水团从其源地所获得的各种特性，在运动过程中因受环境变化影响或与周围海水混合、交换，会发生不同程度的变化，称为水团的变性。大洋水团因其体积巨大且外界环境少变而具有很好的保守性，浅海水团则因其体积较小且外界条件多变而容易变性。浅海水团变性既是浅海海洋环境变化影响的体现，又是水团变性后对浅海环境的反馈，是不容忽视的。

（2）水型和水系

水型（water type）是指性质完全相同的海水水体元的集合。因为它只关注水体元的性质和类型而不涉及海水的体积，所以不能将其等同于水团。然而，源地、形成机制以及性质相近的许多水型集合在一起，若具备了内同性和外异性，便构成了水团。在温盐点聚图上，性质相近的水型组聚成的点集或曲线族，常是划分水团的依据。

水系（water system）是水团的集合，但不必要求各水团的每项性质分别相近，甚至只考虑一项指标相近即可。例如，依温度划分冷水系、暖水系，依盐度划分外海水系、沿岸水系，依深度划分表层水系、次表层水系、深层水系和底层水系。

（3）水团的分析方法

水团的分析研究，包括对研究海区的水团予以识别和划分，继而对不同水团的特征、强度、源地、形成机制、消长与变性等规律进行系统的分析。因为水团的划分是基础工作，且它与海洋环境的研究以及渔区的变动等都具有密切的关系，所以长期以来许多学者致力于这方面的研究。除沿用已久的定性的综合分析方法之外，还提出了浓度混合理论（温-盐曲线解析理论），以及应用概率统计分析、聚类分析、判别分析、对应分析、主分量分析和模糊数学的若干方法。

（4）大洋水团的类型

中、低纬度海域铅直方向温度、盐度、密度的分布，表现出很显著的成层特征，依据内同性和外异性，可识别出垂向叠置的5类基本的水团。表层水团因易受当地气候影响而有区域性和季节性特征，其下方各层则具有稳定而典型的特征，如次表层水团有盐度极大值，源于亚极地的中层水团有盐度极小值，源于中纬海域的中层水团则盐度较高，深层水团盐度稍有回升，而底层水团温度最低、密度最大。

2.3 海洋环境中的生物要素

2.3.1 海洋生物生态类群

根据海洋生物的生活习性、运动能力及所处海洋水层环境（pelagic environment）和底层环境（benthic environment）的不同，可将其分为浮游生物、游泳生物和底栖生物三大类群。

（1）浮游生物

这个生态类群的生物缺乏发达的运动器官，没有或仅有微弱的游动能力，悬浮在水层中常随水流移动。绝大多数个体很小，在显微镜下才能看清其结构。但种类繁多、数量很大、分布很广，几乎世界各海域都有。浮游生物按照营养方式的不同，分成浮游植物（phytoplankton）和浮游动物（zooplankton）两大类。按照其浮游生活阶段占总生活史的时间长短，海洋浮游生物可以分为 3 类：a．终生浮游生物（holoplankton），整个生活史均营浮游生活的种类，大部分浮游生物属于终生浮游生物；b．阶段浮游生物（meroplankton），生活史的某一阶段（通常为幼虫阶段）营浮游生活，如鱼卵、底栖贝类动物的浮游幼虫等；c．偶然浮游生物（tychoplankton），短时间内偶然营浮游生活，如底栖等足类、介型类动物偶尔离开底层环境进入水层营浮游生活。浮游生物虽然个体较小，但数量很大，在海洋生态系统的物质循环和能量流动过程中具有重要地位。

浮游生物在进化中产生了以下适应性特征：a．扩大个体表面积以增加浮力。生物个体越小，其比表面积越大，因此相对于其他生态类型的生物而言，浮游生物的个体相对较小，尤其是浮游植物，其个体通常在几十微米以下。另外很多浮游生物体表具有毛刺、突起等附属结构，这也可以增加浮力。还有些浮游生物，如中肋骨条藻，许多个体首尾相连形成一长链状结构，同样可以增加浮力。b．减小身体密度以增加浮力。有些浮游生物具有气囊，如水母类的管水母和僧帽水母等，还有些浮游生物其细胞质内形成油滴等密度较小的物质，如浮游硅藻等。另有一些浮游生物其外壳和骨骼退化，以降低身体密度，增加浮力，如浮游软体动物明螺，其螺壳小且薄，裸翼足类海若螺其贝壳则完全退化以适应浮游生活。海洋浮游生物包括许多门类，通用的分类标准如表 2-1。

表 2-1 浮游生物个体大小分类标准

类别	个体大小范围	代表性生物
微微型浮游生物（picoplankton）	<2.0μm	细菌、蓝藻
微型浮游生物（nanoplankton）	2.0~20μm	微藻、动鞭虫
小型浮游生物（microplankton）	20~200μm	有孔虫、放射虫
中型浮游生物（mesoplankton）	0.2~2mm	桡足类、季节性浮游幼虫
大型浮游生物（macroplankton）	2~20mm	端足类、枝角类
巨型浮游生物（megaplankton）	>20mm	箭虫、水母

注：引自 Lalli，2000。

① 浮游植物

浮游植物多为单细胞植物,具有叶绿素或其他色素体,能吸收光能(太阳辐射能)和 CO_2 进行光合作用,自行制造有机物(主要是糖类),亦称自养性浮游生物。浮游植物主要包括:光合细菌、蓝藻、硅藻、自养甲藻、绿藻、金藻、黄藻等。浮游植物是海洋初级生产力的主要贡献者,其固定的有机物约占海洋总初级生产量的 90%~95%。由于需要吸收日光能,一般分布在海洋的上层和透光带。目前已经报道的海洋浮游植物大约有 4000 种,随着研究的深入,新种还在不断增加。中国沿海浮游植物大约有 1200 种。

② 浮游动物

浮游动物种类繁多,结构复杂,包括无脊椎动物的大部分门类,如原生动物、腔肠动物(包括各类水母)、轮虫类、甲壳纲节肢动物、腹足纲软体动物(包括翼足类和异足类)、毛颚动物、被囊动物(包括浮游有尾类和海樽类)以及各类动物的浮游幼体。浮游动物中以甲壳动物的桡足类最为重要。浮游动物个体差别较大,从微小的单细胞动物到直径数米的水母。按照其在水层中营浮游生活的时间长短可以分为终生浮游动物和季节浮游动物两类。

多种浮游动物能够进行垂直迁移,包括 24h 周期内的周日垂直迁移和随季节而变化的季节垂直迁移。周日垂直迁移一般有 3 种模式:a. 夜迁移,这是最普遍的迁移方式,每日升降一次,日落黄昏时开始往上迁移,日出时开始往下迁移;b. 晨昏迁移,24h 内进行两升两降,日落时上升,午夜下沉,日出时再次上升白天又下降;c. 反向迁移,与夜迁移相反,白天上升至海表,夜间则下降到深水区。关于浮游动物周日垂直迁移的机制目前还不是很清楚,通常认为与摄食、躲避捕食或节省能量有关。某些浮游动物种类还进行季节性垂直迁移,这可能与生殖周期及生活史不同阶段对水深的选择有关。周日垂直迁移和季节垂直迁移在生物学和生态学中均具有重要意义。在垂直迁移过程中,一个群体会丧失少量个体,同时又从其他群体中得到少量补充,该过程增加了物种遗传基因的多样性,有利于种群的繁衍。另一方面,浮游动物的垂直迁移加速了有机物从表层向深水区的传递,极大地增加了深水区有机物的含量。

③ 海洋漂浮生物

海洋漂浮生物(marine neuston)特指生活在海气界面和表面膜上的生物,又称为海洋水表生物。漂浮生物包括水漂生物(pleuston)和漂浮生物(neuston)两类,后者又包括表上漂浮生物(epineuston)和表下漂浮生物(hyponeuston)等。水漂生物生活于海气界面,部分身体露出水面,部分在水中,其分布直接受风力的影响,代表生物有褐藻类的马尾藻,腔肠动物的帆水母、银币水母、僧帽水母和漂海葵等,软体动物的海蜗牛可捕捉气泡,海神鳃能吞入空气在胃中形成气泡,船蛸具有轻薄如纸的贝壳,壳内腔可保持气体等,茗荷儿附着在悬浮物(如木材等)或动物体(如水母等)之上。表上漂浮生物生活于海水表面膜上,主要代表有昆虫中的海蝇(大洋性)和黄蝇(近岸性),这类动物受海水表面张力的支持,能有效地控制自身在海表面上运动。表下漂浮生物主要栖息于海水最表面(<5cm),这个类群包括终生生活于海水最表层的生物。

(2)海洋游泳生物

① 游泳生物的概念和分类

游泳生物在水层中能克服水流阻力,自由游动,它们具有发达的运动器官,是海洋生物的一个重要生态类群。这类生物是由鱼类、哺乳动物、头足类和甲壳动物的一些种类,以及爬行类组成的。根据这类生物生活的不同生境和水流阻力的不同适应能力,游泳生物可分为 4 个类群：底栖性游泳生物、浮游性游泳生物、真游泳动物和陆缘游泳生物。

底栖性游泳生物主要生活于海洋底层，游泳能力较弱。如灰鲸属（*Eschrichtius*）、儒艮属（*Dugong*）、鲽形目（Pleuronectiformes）和一些深海对虾类。

浮游性游泳生物：运动能力较差，如灯笼鱼科（Myctophidae）、星光鱼科（Stemoptychidae）的一些种类。

真游泳生物主要生活于广阔的海洋水层中，游泳能力强，速度快。如大王乌贼科（Architeuthidae）、鲭亚目（Scombroidei）、须鲸科（Balaenopteridae）的种类。

陆缘游泳生物常出现在海岸沙滩、岩石、冰层或浅海等处。如海龟科（Cheloniidea）、企鹅目（Sphenisciformes）、鳍脚目（Pinnipedia）、海牛属（*Trichechus*）的种类。

② 游泳生物的生态习性

游泳生物都具有适应游泳的机制。游泳动物在水中运动时，必须要克服水介质的阻力，因而它们的体型通常呈流线型（鱼雷型），这种体型在运动时受到的阻力最小。一些海洋哺乳动物身上的毛消失或变短，足变成鳍，都有减少运动阻力的作用。游泳生物为了保持身体的漂浮状态，必须具备浮力适应机制，大部分鱼类具有气囊或鱼鳔，其体积约占身体体积的 5%～10%。大多数鱼类可以调节鱼鳔内的气体含量，从而改变它的漂浮状态，身体得以保持悬浮在一定深度的水层中。鸟类也有附属气囊，大多数潜水海鸟潜藏在羽毛下的空气可以大大提高浮力。在海洋哺乳动物中，海獭和海熊也可利用潜藏在毛皮中的空气来增加浮力。有的鱼类，体内缺乏鱼鳔，但脂类含量较高，可以沉积在肌肉、内部器官和体腔等部位，也可以集中在某一特定器官内。例如，鲨鱼的脂类物质主要贮存在肝脏中。海洋哺乳动物没有鱼鳔，其体内脂类物质含量较高，通常贮藏在皮下（即脂肪层），不仅可以增加浮力，而且可以减少身体热量的散失。

洄游是指海洋生物大规模集群进行周期性、定向性和长距离的迁移活动，很多海洋游泳生物具有周期性的洄游习性。洄游主要包括以下 3 种类型，产卵洄游（spawning migration）、索饵洄游（feeding migration）和越冬洄游（overwintering migration）。

(3) 海洋底栖生物

海洋底栖生物是栖息在潮间带、浅海及深海海底的生物，它是海洋生物中种类最多的一个生态类群，包括了大多数的海洋动物门类、大型海藻和海洋种子植物。这些生活在海底（底内和底上）的生物，被称为底栖生物。海洋底栖生物按营养方式可划分为海洋底栖植物与海洋底栖动物，因此底栖生物中包括生产者、消费者和分解者。根据体形大小的不同，可分为 3 类：大型底栖生物 [体长（径）大于 0.5mm]、中型底栖生物 [体长（径）0.05～0.5mm] 和微型底栖生物（体径小于 0.05mm）。

① 底栖环境

海洋底栖环境按照其离岸的远近可分为近岸底栖环境和远海底栖环境。

a. 近岸底栖环境

根据海水淹没的时间，近岸底栖环境又可以分为潮上带（supratidal zone）、潮间带（intertidal zone）和潮下带（subtidal zone）。

潮上带 潮上带是海洋底栖环境中覆盖面积最小的一个生态带，处于高潮线以上，一般不受海水浸没，只有在风暴等特殊条件下才被海水淹没。在陡峻的海岸，平时也只有破碎的浪花才能溅到此处，因此，潮上带又称为飞溅带（splash zone）。在这个海洋与陆地过渡的边缘区域，生物种类很少，通常仅可见到拟滨螺（*Littorinopsis intermedia*）、茗荷儿（*Lepas anatifera*）

等少数种类。

潮间带 潮间带是位于大潮的高、低潮线之间,随潮汐涨落而周期性被淹没和裸露的地带。潮间带位于真光带内,因而滤食性底栖动物可取食这里的底栖藻类和浮游动物。由于这里环境变化多样、营养物质丰富,潮间带生物种类众多,包括石鳖、藤壶、牡蛎、贻贝等底栖动物以及浒苔、石莼、马尾藻等底栖藻类。

潮下带 潮下带位于低潮线至大陆架外缘深度约200m处。部分潮下带处在有光带以内,在更深的区域,处于弱光带,底栖生物的种类很少甚至没有。

b. 远海底栖环境

根据海水深度,远海底栖环境可以分为半深海底、深海海底(abyssal zone)和深渊海底(hadal zone)。半深海底指从大陆架外缘到大陆坡,从200m到2000m或3000m(下限不确切)的区坡,这一生态带约占浸没海底的16%。深海海底指水深从2000m或3000m到6000m的区域,这是底栖环境中最大的一个生态带,约占浸没海底面积的75%。该区带的温度常年维持在4℃或更低。深渊海底指水深从6000m到10000m的区域,某些区域甚至超过10000m。在20世纪60年代以前,人们对深渊海底了解很少,认为此区域没有生物存在,但随着深海调查的开展,目前已在深渊海底发现由化能合成生物所维持的丰富生物群落,尤其在热液口和冷渗口附近。

② 底栖植物

这类植物靠光合作用制造有机物,为自身提供营养,是生产者,为自养型生物,包括被子植物(如红树植物、沼泽植物和海草)、大型藻类(绿藻、褐藻和红藻)和小型藻类(主要是底栖硅藻)。底栖植物对光线有依赖性,因此都分布在浅海海底。

③底栖动物

这类动物绝大多数是消费者,为异养型生物,但海底热泉动物群落的成员,有的能进行化学合成作用,在无阳光和缺氧的条件下,与自养生物共生,以无机物为主。海洋底栖动物中各大门类的动物几乎都有营海洋底栖生活的种类。依据底栖动物的生活方式,可以将其划分为:a. 底表生活型,包括各种固着生物(例如牡蛎、藤壶)、附着生物(例如贻贝、扇贝)和匍匐生物(例如石鳖、海星)。b. 底内生活型,包括各种管栖动物(多毛类)、埋栖动物(贝类)、钻蚀生物(海笋、船蛆)。c. 底游生活型,具有一定运动能力,常在水底短距离游动的底栖动物,例如一些底栖的甲壳类和某些鱼类。很多种类以从水层中沉降下来的有机碎屑为食,有些以过滤水中的有机碎屑和浮游生物为食,有些靠捕食其他小动物为食。

通过底栖生物的营养关系,水层中和水层沉降的有机碎屑得以充分利用,并且促进了各种有机物质的分解,因此底栖生物对于海洋环境中的能量流动和物质循环有非常重要的作用,对于海洋生态系统的稳定具有重要意义。

2.3.2 生物群落的种间关系

地球上各种不同的自然条件下生活着不同生物的组合,所谓生物群落(biotic community或biocoenosis)是在一定时间内生活在一定地理区域或自然生境中的各种生物种群所组成的一个集合体。这个集合体的生物在种间保持着各种形式的、紧密程度不同的相互联系,并且共同参与对环境的反应，组成一个具有相对独立的成分、结构和机能的"生物社会"。生物群落由植物群落、动物群落和微生物群落组成。人们将那些具有充分大的范围、组成结构有一定的完整性（有自养成分、异养成分及营养循环功能）、可独立存在的生物集合体称为主要群落（major community），而将那些不能独立存在、必须依赖于邻近群落（如能量摄取来源于其他群落）的生物集合体称为次要群落（minor community）。

（1）种间食物关系

生活于同一生境中不同生物的捕食和被捕食关系是最重要的一种种间关系，对维持生物群落稳定性有重要作用。同时，食物关系也是生态系统能量流动的途径。一般所指的捕食现象（predation）是指生物群落中一种生物（捕食者，predator）以另一种生物（被食者，prey）为食的现象。但是，广义地说，寄生现象也是一种捕食现象，而同类相食（cannibalism）是一种特殊捕食现象，即捕食者与被食者属于同一种类（如成体捕食幼体），这种现象在海洋生物中也是常见的。

（2）种间竞争关系

种间竞争（interspecific competition）是指两个或更多物种的种群对同一种资源（如空间、食物、营养物质等）的争夺。通常在同一地域内，种类越多，竞争就越激烈。在种间竞争的研究基础上形成了高斯假说（Gause's hypothesis）或称竞争排斥原理（principle of competitive exclusion），即亲缘关系接近的、具有同样习性或生活方式的物种不可能长期在同一地区生活，或完全的竞争者不能共存，因为它们的生态位没有差别。如果它们在同一地区出现，必定利用不同的食物，或在不同的时间活动，或以其他方式占据不同的生态位。

（3）种间共生关系

海洋生物中除了捕食者-被食者之间的食物关系外，不同种类间还有一些关系密切程度不同的组合。这些组合关系有的对双方无害，而更多的是对双方或其中一方有利，这种两个不同生物种之间的各种组合关系总称为共生现象（symbiosis）。典型的共生关系有藻类-固氮蓝细菌之间的共生关系、藻类-动物之间的共生关系、动物-动物之间的共生关系等。

2.4 海洋环境的主要生态过程

2.4.1 海洋环境的主要化学过程

（1）海水的化学组成

海水不同于陆地上的天然淡水，是一个含有多种物质的复杂体系。其中的物质大致可分为两种类型：一类是溶解物质，包括溶解无机盐类、有机化合物和气体；另一类是不溶于液相的物质，包括以气相存在于水体中的气泡，以固相存在于水体中的无机和有机物质。其固相的粒度大小不一，从微细的胶体到较大的悬浮颗粒。处于溶解状态的物质有简单的阳离子、阴离子、络合离子，也有的是以分子的形式存在。

海水中已经测定出八十多种元素，根据各元素的含量及受生物活动影响的情况，大体分为五类：常量元素、营养元素、微量元素、溶解气体以及有机污染物等。

①常量元素

常量元素也称为大量、主要成分。指海水中浓度大于 1mg/kg 的成分。除组成水的氢和氧外，溶解组分的浓度大于 1mg/kg 的仅有 11 种，包括 Na^+、Mg^{2+}、Ca^{2+}、K^+ 和 Sr^{2+} 五种阳离子，Cl^-、SO_4^{2-}、Br^-、HCO_3^-（CO_3^{2-}）、F^- 五种阴离子，以及 H_3BO_3 分子。这些成分的总和占海水中盐分的 99.9%，所以称为主要成分。

因为这些成分在海水中的含量较大，各成分的浓度比例近似恒定，生物活动和总盐度变化对其影响都不大，所以称为保守元素。海水中硅含量有时也大于 1mg/kg，但是其浓度受生物活动影响较大，性质不稳定，属于非保守型元素，因此讨论主要成分时不包括硅。

Marcet 和 Dittmar 先后分析了在各大洋中不同深度处所采集的海水样品，证实了"尽管各大洋各海区的含盐量可能不同，但海水主要溶解成分的含量间有恒定的比值"。这就是海水主要成分的恒比定律，也称为 Marcet-Dittmar 恒比定律。

② 营养元素

营养元素又称为"营养盐""生源要素""植物营养盐"（floral nutrients）或"生物制约元素"，主要是与海洋植物生长有关的要素，通常是指氮、磷及硅等。这些要素在海水中的含量经常受到植物活动的影响，其含量很低时，会限制植物的正常生长，所以这些要素对生物有重要意义。同样，海洋生物也影响着这些元素在海洋中的浓度与分布。例如营养元素被海洋生物所摄取，又从海洋生物的排泄物中释放或有机物质在海水中分解而释放。海洋生物地球化学过程直接影响着这些元素的浓度、形态和化合物的存在形式，以及它们在海水中的水平分布、垂直分布和时间分布状况。此外，海水中痕量的铁、锰、铜、锌、钴、硼等元素，也与生物的生命过程密切相关，称为"痕量营养元素"。

③ 微量元素

海水中除了 14 种主要元素（O、H、Cl、Ca、Mg、Na、K、Br、C、Sr、B、Si、S 和 F）浓度大于 1mg/kg 外，其余所有元素的浓度均低于此值，因此可以把这些元素称为"微量元素"。当然，这仅是对海水组分而言，与通常意义的"微量元素"不同，例如，Fe 和 Al 在地壳中的含量很高，而在海水中含量很低，它们是海水中的微量元素。对海水微量元素的研究首先是分析测定问题，有些方法的灵敏度虽然很高，但是不一定能得到正确的结果。因为海水中微量元素的含量极低，有些甚至低于蒸馏水的含量，所以在采集、存储以及容器的污染方面都会产生很大的误差。为此，首先要避免沾污，采样过程要防止污染，样品的前处理和分析测定均应在洁净实验室进行，也要考虑容器、试剂等对测定结果的影响。另外，要经常进行实验室互校工作，以保证测定质量。

④ 溶解气体

溶解气体是指溶解于海水的气体成分，如氧、氮及惰性气体等，这些气体主要来源于大气。因为海水表面与大气接触，必然会把大气中某些成分溶解在海水里，这些气体在海洋和大气之间不断进行交换，存在着动态平衡。近些年来海洋与大气的交换作用受到重视，有的气体可以被海洋吸收，如二氧化碳；而有的气体只能由海洋向大气输送，如一氧化碳。只有充分掌握海气交换的机理、交换速率等才有可能正确了解气体在地球上的循环过程。海水中有些气体参加生物和化学的反应，例如二氧化碳、氧气等，有些则不参加反应，叫做保守气体，如惰性气体和氮气等。保守气体在海水中的分布仅受到海水物理过程的影响，相反，海水中的氧气除了受物理过程影响之外，还受到生物、化学过程的影响。因此，从氮气和氧气的分布差异可以了解海洋中氧气的生物化学过程。

⑤ 海水中的有机污染物

海水中除了上述各种无机成分外，还经常存在化学组成复杂的有机物质，海水中的有机物质包括活的和死的生物体，悬浮颗粒有机物（如浮游动物、粪便、生物碎屑、有机高分子等）和溶解有机物。海洋中所有的有机化合物除少数由大陆河流输入之外，几乎都是海洋中活生物体的分泌、排泄等代谢产物和死生物组织的破裂、溶解、氧化的产物。海水中有机物的氧化可影响海洋环境的氧化还原电位，在循环受限制的海区，有机物的氧化使水体中的氧耗竭，从而形成还原环境。

（2）海水中的二氧化碳体系

海水中溶解有大量含碳化合物，海水中碳包括无机碳和有机碳，其中无机碳的主要形式为 CO_2、H_2CO_3、HCO_3^- 和 CO_3^{2-}。溶解 CO_2 可以与大气中 CO_2 进行交换，这个过程起着调节大气 CO_2 浓度的作用。工业革命以来，大量使用矿物燃料，排放大量 CO_2，使大气中 CO_2 浓度上升，形成所谓"温室效应"，影响了全球的气候变化。海水中的二氧化碳系统是控制海水 pH 值的主要因素，因而可以直接影响海水中许多化学平衡，它对于形成和维持有助于生命的发源和给养的环境也是重要的因素之一，对控制全球大气 CO_2 的污染起着特别重要的作用。

一般气体在海水中的溶解度与其大气中分压成正比，但二氧化碳是个例外，二氧化碳与水反应，因此提高了它在海水中的浓度。二氧化碳在生物过程中起重要作用，藻类光合作用消耗二氧化碳，产生有机物和氧气，同时呼吸作用会释放出部分二氧化碳。因此，大部分地区的海水表层二氧化碳是不饱和的，而深层水由于下沉有机物的分解含有较多的二氧化碳，但赤道海域环流和美洲大陆西岸等各处的上升流会把二氧化碳带入表层水。二氧化碳浓度随深度增加而增加的另一个原因是二氧化碳的溶解度随压力增加而增加。海水中的二氧化碳含量约为 2.2mmol/kg。二氧化碳的各种形式随 pH 值的变化而变化。溶解二氧化碳可以与大气中的二氧化碳进行交换，这个过程起着调节大气二氧化碳浓度的作用。海水从大气中吸收二氧化碳的能力很大，而且最初它所能吸收的二氧化碳是现今的几倍。但要准确估计海水吸收二氧化碳的能力是较为困难的，因为整个体系处于动态之中。

① 海水的 pH

早期的化学海洋学研究就已经知道海水中的二氧化碳体系是维持海水恒定酸度的重要原因，这是由于在海水中存在下列平衡：

$$CO_2(g) + H_2O \rightleftharpoons H_2CO_3 \rightleftharpoons H^+ + HCO_3^- \rightleftharpoons 2H^+ + CO_3^{2-}$$

$$Ca^{2+} + CO_3^{2-} \rightleftharpoons CaCO_3(s)$$

这个平衡过程控制着海水的 pH 值，使海水具有缓冲溶液的特性。增加大气中 CO_2 也增加了海水中的无机碳总量，同时增加海水的缓冲容量，引起海水酸度增加，不利于更多的 CO_2 进入海水。

海水的 pH 值约为 8.1，其值变化很小，因此有利于海洋生物的生长；海水的弱碱性有利于海洋生物利用 $CaCO_3$ 组成介壳；海水中的 CO_2 含量足以满足海洋生物光合作用的需要，因此海洋称为生命的摇篮。

海水的 pH 值一般在 7.5～8.2 的范围变化，主要取决于二氧化碳的平衡。在温度、压力、盐度一定的情况下，海水的 pH 值主要取决于 H_2CO_3 的各种解离形式的比值。反过来，测定海水的 pH 值后也可以推算出碳酸盐各种形式的比值。海水缓冲能力最大的时候 pH 值应当等于 pK_1' 或 pK_2'（pK_1' 和 pK_2' 分别为碳酸的第一、第二级解离常数）。

② 海水的缓冲容量

海水具有一定的缓冲能力，这种缓冲能力主要是受二氧化碳体系控制的。缓冲能力可以用数值表示，称为缓冲容量。定义为使 pH 值变化一个单位所需加入的酸或碱的量：

$$B = \frac{dC_b}{dpH} \tag{2-7}$$

海水的 pH 值在 6~9 之间时缓冲容量最大。大洋水的 pH 值变化主要是由二氧化碳增加或减少引起的。海水的缓冲容量除与二氧化碳有关外，还与硼酸有关。由于离子对的影响，海水的缓冲容量比淡水和氯化钠溶液都要大。

③ 海水中的二氧化碳体系与温室效应

海洋可作为大气二氧化碳的调节器，在控制全球性大气二氧化碳的浓度升高和"温室效应"所导致的气候变暖方面起着至关重要的作用。大气中过多的二氧化碳会通过海-气界面进入海洋，海洋中的浮游植物和大型藻类能够从海水中吸收二氧化碳，通过光合作用将其转化为碳水化合物，然后通过浮游动物和其他植食性动物向更高营养级传递，这些藻类、浮游动物和其他动物的代谢（排泄）产物和死亡的残骸就会向下沉降到海洋深处而沉积。因此，真光层内光合作用吸收的二氧化碳就会以颗粒有机碳的形式离开真光层下沉到海底沉积，构成所谓的海洋生物泵（biological pump），从而减少大气中二氧化碳的含量，进而降低二氧化碳增多所带来的"温室效应"。但近年来的研究却表明，海洋吸收二氧化碳的能力正在逐渐下降，原因可能为：第一，大气中持续上升的二氧化碳排放量造成了海水酸性增强，而酸性越高的海水越不容易分解二氧化碳，同样二氧化碳在温度升高的水中也不易分解；第二，浮游植物和大型藻类在变得更酸的海水中的光合作用速率降低，最终使越来越多的二氧化碳留在大气中。

（3）海洋界面过程

海洋与大气、河流、陆地和洋底相接，这些相接之处被称为界面。海洋与其他介质和环境存在差异，因此，在界面上往往发生物质的形态结构、分布特征和迁移转化的显著变化。海洋的界面包括海洋-陆地（海洋-河流）、海洋-大气和海洋-沉积物三大类型；海洋生物作为有生命的颗粒分散于海洋环境中，与海洋环境进行物质交换，影响甚至控制某些元素的含量、形态、迁移和转化，因此海洋生物与海水之间构成了生物-水界面。

① 河海混合界面和海陆相互作用

河海界面，包括河口，是陆地与海洋的交汇区，既是河流的终点，又是海洋的开始。河海界面同时受到河流（如淡水和颗粒物的输送）和海洋（如潮汐、海流）的影响，这里发生着淡咸水混合、潮流和径流相互作用。因此物质由河入海的过程中，在河口区产生复杂的物理、化学和生物学过程。

人类活动影响通过江河向河口和近海传递。世界各沿海地区是人口的集居地和主要生产总值的汇聚地，人类活动的加剧、沿海地区的迅速城市化和对近海的开发利用，导致物质输送失调、富营养化、赤潮、生物资源退减、海岸侵蚀、海水入侵等一系列环境与生态问题，是陆海相互作用研究的主要内容，其中河海界面过程是陆海相互作用的焦点。

a. 河海界面的物质来源

河流是陆地物质向海洋输送的主要途径。据估计，每年由陆地进入海洋的物质大约有85%经由河流输送。河流向海洋的物质输送，其重要性随着向大洋的延伸而逐渐降低，也就是说，河流的物质输送对近海海域更为重要。例如，渤海属于半封闭内海，其物质来源主要为黄河、辽河、滦河、海河等河流输送；黄海为西北太平洋的边缘海，其物质来源主要为河流和大气输送。除了泥沙和淡水，一些化学物质、单质、化合物以及营养盐和各种污染物也通过河流向海洋输送。

b. 河海界面的特点

与典型的陆地和海洋环境相比，河海界面有其不同的特征：第一，与绵延数千千米的陆地和浩瀚万里的大洋相比，河海界面是一个狭窄的区域，从几十到几百千米不等；界面的宽度主要与区域的地形地貌和河流规模相关；第二，河海界面具有物理、化学和生物过程快速变化的特征；第三，河海界面生态系统同时具有陆地生态系统和海洋生态系统的特征，并且存在一个由陆向海的渐变过程，这一区域的生态系统最为复杂和敏感；第四，河海界面是一个深受人类活动影响的区域，包括废水排放、航运、海岸工程、水产养殖和溢油等。

c. 河海界面的化学过程

河海界面可以看作一个化学锋面，这里发生着一系列的组成变化。盐度的巨大变化是河海界面的首要化学变化，也是水体物质组成变化的综合指标。盐度的变化由淡水输入量和输入时间控制，受每天的潮汐和河海界面/河口的地形地貌影响。盐度的巨大变化，尤其在一些大河河口区，可能产生铅直方向的层化现象；这种层化现象阻碍了上下层之间的物质交换，其导致的现象之一是，底层水体中溶解氧被耗尽，由此进一步产生显著的化学和生物效应。河流淡水输入的季节变化是盐度季节变化的主要因素，其他形式的淡水输入，如降水、市政排污、地下水等，都会影响到盐度的时空变化。

淡水和海水的组成成分存在显著差异。河水中通常含有较高的铁、铝、磷、氮、硅和溶解有机物，而海水中含量较高的是钠、镁、钙、钾、氯和硫酸根离子等。河水中含量最高的阴、阳离子分别是碳酸氢根离子和钙离子，海水中则分别是氯离子和钠离子。海水和淡水二者的组成显著不同，必导致各元素在河海界面发生变化。首先是混合过程，大多数溶解物质在河海界面的混合过程可以看成是两个单元水体混合的化学梯度变化。元素在河海界面的混合可以分为保守型混合和非保守型混合，保守型混合仅是发生了简单的稀释过程，非保守型混合指的是元素相对于简单的混合过程发生了亏损或增加。通常以盐度或氯度作为保守型混合的参照物质。非保守型混合过程缘于溶质和颗粒物的相互作用，主要通过吸附和解吸作用：吸附意味着溶质减少，解吸意味着溶质增加。除了混合过程，影响河水和海水组成不同的因素包括发生在河口的化学过程和发生在海洋的化学过程：发生在河口的化学过程主要指某些元素从水体输送到河口沉积物中，或者从河口沉积物中输送到河水中；发生在海洋的化学过程，也称为后河口过程，指某些元素从水体输送到海洋沉积物，或从海洋沉积物中向水体输送。

② 海气界面的气体交换

气体在大气与海洋之间的交换，不仅取决于气体在这两者之间的分压差，而且取决于气体的交换系数，还与海面状况等因素有关。

a. 气体交换模式

经常使用的模式为薄层模式，即气相与液相的界面上都存在一层很薄的扩散层，气体的交换速率主要取决于气体在这两个扩散层之间的扩散速度。气体在气相中的扩散系数比在液相中大得多，故可认为液相扩散层是控制交换速率的主要方向。海气交换的模式可以用图2-1来说明。

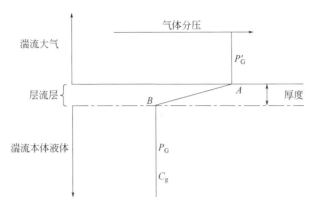

图2-1 薄层气体交换模式（引自 孙秉一，1991）

图中，P'_G为涡动的气相分压，混合均匀的液相分压为P_G，两相之间由一个扩散层隔开。扩散层厚度为T，这个厚度随着表面扰动情况不同而变化，一般在$5×10^{-3}$～10^{-1}cm之间。如果$P'_G > P_G$，气体由气相进入液相；反之，气体逸出海面进入大气。

b. 影响气体交换的因素

温度的影响　大气与海洋之间的气体交换主要决定于气体在两相中的分压差。海水温度升高或降低都会使水体中气体的分压发生变化，因而引起气体在两相间的交换。如CO_2的交换速率在25℃海水中是5℃时的2倍。

气体溶解度的影响　不同气体在海水中的溶解度各不相同，因此，对于某一恒定的分压差，各种气体进入海洋的交换通量相差悬殊，如N_2、O_2、CO_2的通量比为1∶2∶70。

风速的影响　海面风速的变化会影响扩散层的厚度，从而影响气体交换速率。风速增加会使扩散层厚度减少，加大了气体交换速率，其影响近似为气体交换速率与风速的平方成正比。

c. 海洋中气体的通量

依现场测定的气体的气相和液相的分压数据，可以对气体的海气交换通量进行估算，例如在南黄海地区，通过测定得到，在3～8月随着海水的温度的升高，海水中溶解氧向大气释放平均速率为$5.2×10^{-7}$cm^3/(cm^2·s)，9月～次年2月海水降温冷却，大气的氧气溶解于海水，吸收氧气的平均速率与释放的速率大致相同，也为$5.2×10^{-7}$cm^3/(cm^2·s)。由此计算，整个黄海地区的年氧气交换量为$3.3×10^{13}$dm^3。依照相同的方法，可以计算出CO_2、CH_4、NO_2、二甲基硫醚（DMS）等气体的通量。

③ 海水-沉积物界面

海洋沉积物主要来自陆地颗粒物通过河流、风和海冰的输送，海洋自身的物质生产，以及火山喷发和洋底热液。海水中的颗粒物不断下沉，最后沉降到海底，这些颗粒物在到达海底之前所发生的物理和化学变化，被称为早期成岩。与海气界面一样，海水与海底沉积物发生接触的界面是宽广的。在这一宽广界面上，不断地发生着物质在海水和沉积物之间的埋藏和再溶解；同时物质的迁移和转化，也受到海水-沉积物界面的氧化还原条件的控制和影响。

a. 海水-沉积物界面的物质交流

物质在海水-沉积物界面的交换主要通过对流和扩散两种过程完成，对流交换指的是通过海水中各部分的相对运动（尤其特指铅直方向的运动）进行物质交换，扩散交换是指在湍流作用下物质由高浓度向低浓度的迁移。物质在海水-沉积物界面的交换有很多描述和估算方法，其中最经典的是一维对流扩散模型，包括扩散和对流作用。其中扩散作用遵循菲克第二定律。

b. 间隙水中物质的分布类型

间隙水中物质的分布大致有 4 种类型，分别为线型浓度梯度变化、凹型浓度梯度变化、凸型浓度梯度变化和中间极值型浓度梯度变化。

c. 海水-沉积物界面的氧化还原条件

海水-沉积物界面发生着物理、化学和生物过程，这些过程改变着位于其间的物质形态和转化，同时物质形态的改变和转化的发生，又影响着界面环境的过程。

海水-沉积物界面的氧化还原条件通常有 3 种类型，开阔海域的海水-沉积物界面拥有良好的氧化条件；近岸海域的海水-沉积物界面，沉积物下保持一定厚度的氧化条件；上升流海域的海水-沉积物界面，氧化层在沉积物之上，界面附近维持着还原条件，某些水交换条件差的近岸海域、海湾或污染很重的区域也呈现这种状况。

（4）海洋富营养化

富营养化（eutrophication）一词起源于德语中的形容词 eutrophe，用于描述泥煤沼中物质积累后的植物生长状态。关于富营养化的定义很多。国际经济合作与发展组织（OECD）对富营养化的定义为：水体中由于营养盐的增加、水质下降等一系列的变化，从而使水的用途受到影响的现象。《海洋科技名词》（2007）定义富营养化为水体中氮、磷等营养物质含量过高的现象。过量氮和磷等植物营养物质对海水环境造成的危害称为"营养盐污染"，其后果往往形成有害藻华甚至赤潮。

① 近海富营养化的成因和机理

富营养化的标志之一是水体中氮和磷等营养盐超标，但是水体中氮、磷含量高并不一定发生富营养化。因为富营养化是与水域地理特性、自然条件、生态组成和污染特征等相关的系统失衡过程。关于富营养化的成因有两种理论，分别为食物链理论和生命周期理论。食物链理论认为，自然水域中存在水生食物链，如浮游生物的数量减少或捕食能力降低，将使藻类生长量超过消耗量，平衡被打破，发生富营养化。生命周期理论认为，含氮和含磷的化合物过多排入水体，破坏原有的生态平衡，引起藻类大量繁殖，过量消耗水体溶解氧，进一步造成水质污染。这两种理论的相悖之处在于富营养化的起因，食物链理论认为浮游生物数量的变化导致生态失衡，生命周期理论认为营养盐过量引发生态失衡。生命周期理论得到有力的证实，与已有的数据结果一致而被广泛接受。

富营养化是指海水中氮和磷等元素的含量超过正常水平，导致某些海洋生物生长、繁殖异常发展，进而引起海洋生态系统结构和功能异常的现象。其衡量指标包括理化因子如无机氮（DIN）、无机磷（DIP）、总氮（TN）、总磷（TP）、透明度、pH 值，也包括生物因子如浮游植物以及浮游动物的组成和生物量、叶绿素 a 等。海洋富营养化是诱发海洋赤潮的重要原因，而赤潮的发生将引起严重的生态后果和经济损失。海洋中的富营养化主要由陆源的营养盐输入引起，海洋中营养盐输入主要来自 6 个方面：a. 农田大量施用的化肥，随雨水进入河流入海；b. 沿海城市生活污水直接或间接排入海洋；c. 滩涂养殖废水排入海洋；d. 土地侵蚀、淋溶出的营养盐；e. 养殖生物（如扇贝、鱼）的粪便，尤其在水交换缓慢、大量养殖的海区对富营养化贡献较大；f. 大气中的 NO_3^- 等随降雨进入海洋。海洋中浮游植物所需的营养成分主要有氮、磷、硅、有机物、微量元素及各种维生素。一般来说，海水中硅、有机物、微量元素及各种维生素都比较多，通常不会成为浮游植物生长的限制因素，影响海洋中浮游植物生长的限制因素一般只有氮、磷两种元素，少数情况下，可能发生硅限制或铁限制等。因此，一般情况下，向海洋输入过量的氮、磷是发生富营养化的主要原因。

因为沿岸浅海和海湾、河口受陆源影响最大，陆源废水等的输入，改变了这些局部海域氮和磷的分布格局，所以富营养化一般出现在沿岸浅海和海湾，尤其是河流入海口的海区。

② 海水富营养化效应

对于寡营养海域，营养物质的含量增加促进海域浮游植物的生长和生产力的增加。因此，一定程度的富营养化可以增强海域的生产力水平和渔业产出。这是海水富营养化的正面效应，然而其负面效应是人们更为关注的内容。

溶解氧是海洋环境的重要参数，与有机物的氧化和生物的代谢密切相关。富营养化起始时，海洋藻类密度迅速增加，光合作用旺盛，水体中溶解氧含量随之迅速升高，可以达到 10mg/L 以上。随着海洋藻类密度增加，一方面高密度藻类减弱透光度，限制藻类的光合作用，另一方面高密度藻类的呼吸作用亦需要大量的溶解氧，此时水体中溶解氧含量显著降低。进入富营养化后期，死亡藻类和生物的残体悬浮于水体或沉入水体，其被分解需要大量耗氧，严重时几乎将溶解氧消耗殆尽。溶解氧被消耗严重时，水体环境由氧化型转变为弱氧化型，甚至弱还原型。当水体处于还原条件时，诸如 NH_3、NO_2^- 和 H_2S 等有害物质生成，促进了水体的进一步恶化，并致毒于水生生物。水体中的氮主要以 NO_3^-、NO_2^- 和 NH_4^+ 三种形式存在，其中 NO_3^- 是氮的最高氧化态，NH_4^+ 是氮的还原态。一般情况下，近海环境中 NO_2^- 和 NH_4^+ 的含量很低，以至于未检出。溶解氧含量低的弱氧化或弱还原环境中，有机氮不能被完全氧化，加之还原性微生物活动旺盛，使水体中 NO_2^- 和 NH_4^+ 含量升高，NO_2^- 和非离子氨与 NH_4^+ 含量密切相关，对生物具有一定的毒害作用。水体缺氧会导致底质环境缺氧，弱还原条件下生物代谢可以产生硫化氢和硫化物，主要有 S^{2-}、HS^- 和 H_2S 三种存在形式，其中以 H_2S 毒性最强。弱氧化和弱还原环境有利于厌氧菌的活动，产生胺类、酮类等化合物，使水体散发土腥味、霉腐味、鱼腥味和硫醇、吲哚恶臭。

藻类和其他生物残体的降解作用是光合作用的逆过程，富营养化促进藻类大量繁殖，消耗水体中的营养盐；当降解过程发生时，大量的氮、磷等营养物质被释放回水体中，成为新一代藻类光合作用的物质基础。因此，即使停止外源营养物质的输入，富营养化水体一般也难以自净，恢复到正常状态。

海洋中某些种系的藻类由于生存竞争会产生一些化学毒素。海洋中大约有 300 多种藻类能够形成赤潮，其中 70 种左右能够产生毒素。由于赤潮藻类在短时间迅速暴发，其产生的毒素含量大，效应快，后果严重。与有害赤潮有关的赤潮藻毒素主要分为麻痹性贝毒、腹泻性贝毒、记忆丧失性贝毒和西加鱼毒四大类。这些毒素对其他生物和人类造成不同程度的损害，其中麻痹性贝毒和腹泻性贝毒分布广泛，危害性大。

③ 海水富营养化评价

对于海水富营养化的评价，目前为止，国际上尚未有一个统一的富营养化评价标准或模型，目前多采用单项指标法、综合指数法、模糊数学综合评价法和潜在性富营养化评价法等。其中广泛使用的富营养化指数如下式所示：

$$EI = \frac{化学耗氧量（mg/L）\times 无机氮（\mu g/L）\times 无机磷（\mu g/L）}{4500} \qquad (2-8)$$

当 EI 指数≥1 时，表示水体富营养化。指数值越大，说明富营养化程度越高。

美国采用的"国家河口富营养化评价"和欧盟的"综合评价法"都是以富营养化症状为基础的多参数评价体系，能比较全面地评估富营养化的致害因素及其引起的各种可能的富营养化症状，反映了现今对河口和沿岸海洋生态系统富营养化问题的认识水平和科学研究水平。

（5）污染物在海洋环境中的主要生态过程

① 石油污染

石油是一种复杂的混合物，主要由碳和氢组成，有不同的分子量和分子结构，还含有少量氮和金属。石油的大规模勘探开采、运输、石油化工业的发展及其产品的广泛应用，使得海洋环境中的石油污染成为普遍而严重的问题。

石油属烃类物质，具有稳定、不易被降解、含有毒素等特性，其危害是多方面的。海上石油污染造成水体和沉积物中石油含量的大幅度增加。石油在水面形成油膜，阻碍水体与大气之间的气体交换，未被清除的部分石油可以沉降到海底存留在沉积物中。石油的降解无论是化学降解还是生物降解，都需要耗氧，因此可能造成水体中的溶解氧降低。更多的是石油对海洋生物造成损害，油类黏附在鱼类、藻类和浮游生物上，致使海洋生物死亡，并破坏海鸟生活环境，导致海鸟死亡和种群数量下降。同时，溢油事故或长期慢性暴露于含有原油和多环芳烃的水体中，可导致水生生物丰度的降低，以及鱼类、无脊椎动物、鸟类和哺乳动物慢性死亡。石油在经济鱼类和贝类中富集，还会使水产品品质下降，造成经济损失，甚至危害到人类的身体健康。

海洋石油污染的形式不同，对其进行处置的方式也不相同。海洋石油污染的物理和化学治理方法通常有以下几种：

分散法　分散法的原理是利用分散剂打碎油膜，使其变成微粒分散到水相中去，使石油沿垂直方向扩散，不在水体表面形成油膜，从而不去黏附船舶、礁石和海岸线。

凝固法　凝固法是采用凝油剂迅速提高油的黏度，使浮油结成块状物，以利于回收。

围栏法　围栏法原理是采用巨大的浮物在水面上形成围油栏将溢油海域围住，以防止石油扩散。

吸附法　吸附法采用吸油材料将油吸附以达到清理污染的目的。吸油剂有天然植物产品、有机合成产品和无机矿物产品三种类型。

除以上方法外，还有光催化降解和纳米技术等方法。

② 合成有机物

a．有机化合物

有机化合物污染物可以通过地表径流、大气沉降等方式进入到海洋环境中，许多有机化合物污染物由于具有较低的水溶解度和较强的疏水性，较易与悬浮颗粒紧密结合，并沉积于沉积物中。同时又因为其具有较高的亲脂性，使其亦较易积累浓缩在海洋生物体内，并通过食物链的富集作用进入高营养级生物及人体，产生毒害作用，危害人类健康。有些有机化合物化学稳定性强、难以降解转化、在环境中不易消失而长时间滞留，这些有机污染物被称作持久性有机污染物（persistent organic pollutants，POPs）。通常用污染物在环境中消失一定百分率所需的时间作为判断其持久性的指标。例如消失 50%所需的时间，称为半衰期（$t_{1/2}$）。《斯德哥尔摩公约》对持久性的规定是："在水中的半衰期大于 2 个月，或在土壤中的半衰期大于 6 个月，或在水体沉积物中的半衰期大于 6 个月。"

b. 有机农药

根据来源和产生途径，可将农药分为天然农药、植物生长调节剂、昆虫信息素和元素有机农药。根据组成和结构，可将农药分为有机氯农药、除虫菊酯类农药和有机磷农药等。根据作用目标，可将农药分为杀虫剂、杀菌剂和除草剂三大类。

有机氯农药具有残留期长、不易降解的特性，进入海洋环境后不仅可在水体或沉积物中长期存留，而且可以通过大气、洋流等输送途径由近海向远海传递。同时有机氯农药通过生物富集和食物链传递，对海洋生物甚至人类造成危害。这一行为不仅对近海海洋环境和海洋生物产生影响，甚至波及南极企鹅粪土底层、机体组织和卵。同样地，有机磷农药在农林业广泛使用，通过地表径流进入海洋，造成近海海域有机磷农药的污染，甚至导致鱼、虾、贝类中毒死亡事件的发生，威胁到海洋生物的正常生长和近海养殖业的健康发展。

③ 重金属

一般将密度大于 $5g/cm^3$ 的金属定义为重金属，海洋中的重金属对于海洋环境有极大危害，其中毒性较大的是汞、铅、镉、铬、铜等元素。海水本身含有一定量的重金属，但是本底值均很低。有些微量金属还是生物生长必需的，不会造成环境污染。但是人类的工业生产、交通运输、日常生活污水排放等输入大量重金属，却能造成严重的海洋污染。

通过不同途径进入海洋的重金属，有些通过物理化学过程以颗粒物的形式下沉至海底；有的被生物吸收，生物死亡后，重金属随其残骸沉到海底。沉积物中重金属含量较高，因此沉积物也是海洋生物尤其是底栖动物重金属摄入的重要来源。水体、沉积物与生物体中重金属互相影响、互相转化。

重金属污染物在海洋中的生物过程，主要是指海洋生物通过吸附吸收或摄食，而将重金属富集在体内，并随生物的运动而产生水平和垂直方向的迁移，或经由浮游植物、浮游动物、鱼类等食物链（网）而逐级放大，致使鱼类等高营养级的生物体内富集较高浓度的重金属，或危害生物本身，或由于人类取食而损害人体健康。此外，海洋中的微生物能将某些重金属转化为毒性更强的化合物，如无机汞在微生物作用下能转化为毒性更强的甲基汞。

根据重金属污染物来源和迁移转化的特点，一般认为，重金属污染物在海洋环境中的分布规律如下：a. 河口及沿岸水域高于外海；b. 底质高于水体；c. 高营养级生物高于低营养级生物；d. 北半球高于南半球。

④放射性同位素

海洋的放射性元素来源于天然放射性核素和人工放射性核素。天然放射性核素主要是由天然存在的铀系、锕系和钍系等三大天然放射系的元素在核反应过程中所产生的放射性核素，以及与地球同时形成并独立存在的长寿命放射性核素，到目前已知环境中存在 60 多种天然放射性元素；人工放射性核素的主要来源有四个方面，核武器爆炸、核动力舰船和原子能工厂排放的放射性废物、高水平固体放射性废物向海洋的投放、放射性核素的应用和事故。

放射性同位素在海水中的存在形式主要是离子态、胶态和颗粒态。海洋中存在的放射性同位素不仅可用作海洋研究的示踪剂,还可利用海洋中放射性元素的放射性,把海洋环境中发生的各种反应和过程加上时间标度,用作研究海洋过程的时标指示器。从化学上看,放射性元素和稳定性元素的性质是一样的,因此它们和稳定元素以同样的方式经历地球上发生的地球化学过程。

2.4.2 海洋环境中的物质生产、循环和能量流动

(1) 海洋的生产过程

海洋生物通过同化作用合成有机物质的能力称为海洋生物生产力,通常以单位时间(年或天)内单位面积(或体积)水体中所合成的有机物质的量来表示。它包括初级生产力和次级生产力两部分。

海洋初级生产力(primary productivity)指海洋中初级生产者通过光合作用或化学合成作用生产有机物的能力。初级生产力可以区分为总初级生产力(gross primary productivity)和净初级生产力(net primary productivity),前者是指自养生物生产的总有机碳量,后者是总初级生产量扣除自养生物在测定阶段中呼吸消耗掉的量,呼吸作用通常估计为总初级生产力的10%左右。

次级生产力(secondary productivity)指海洋中除初级生产者以外的各级消费者直接或间接利用有机物经同化吸收、转化为自身物质的能力。

① 海洋初级生产

海洋初级生产是指海洋初级生产者(海洋自养生物)通过同化作用将无机物转化为有机物的过程。这些自养生物包括自养细菌、浮游植物、大型藻类和海洋高等植物等,海洋自养生物在光照条件下,将二氧化碳和水通过光合作用转化为糖类,同时释放出氧气。光合作用生产是大多数海洋生产的基础,光合作用过程是海洋生态系统中极为重要的一个过程。另外,在海底沉积物的次表层或少数缺氧的海区生活的某些化学合成细菌(化能自养生物)能借助简单的无机化合物(如甲烷、硫化氢)氧化获得能量还原二氧化碳来制造有机物,这称为化学合成作用,这些化能自养生物通过化学合成作用进行有机物质的生产。海洋初级生产者通过光合作用或化学合成作用在一定时间内形成的生物量一般称作初级生产量。海洋初级生产所获得的(颗粒或溶解)有机物是海洋生态系统食物网的起点,海洋中一切有机体的食物来源都直接或间接地依靠海洋初级生产。

a. 光合作用。海洋初级生产过程主要通过光合作用完成,光合作用是指初级生产者利用CO_2和水合成糖类释放出氧气的过程,包括光反应和暗反应两个部分。

光反应:植物细胞叶绿素吸收光能并通过一系列光反应生成O_2,同时把光能转化为化学能并以腺苷三磷酸(ATP)的形式储存,这些反应必须在光照的条件下进行,因此称为光反应。

植物细胞首先吸收光能产生还原能:

$$H_2O + H_2O \xrightarrow{\text{光能}} O_2 + 4H^+ + 4e^-$$

然后能量通过磷酸化反应转移到ATP中:

$$4H^+ + 4e^- + ADP + Pi + (O_2) \longrightarrow 2H_2O + ATP$$

$$2H^+ + 2e^- + NAD \longrightarrow NADH_2$$

式中，Pi 为无机磷酸盐；O_2 为植物细胞内一系列生物化学反应产生的，不是气态或溶解态的氧气；NAD 为烟酰胺腺嘌呤二核苷酸；$NADH_2$ 为还原型 NAD。

暗反应：利用上述光能转化而来的化学能进行酶促反应，即以光反应中产生的高能 ATP 和 $NADH_2$ 把 CO_2 还原为糖类$(CH_2O)_n$（$n \geq 3$），$NADH_2$ 在反应中起氢供体的作用，该反应不需要光，因此称为暗反应，其化学反应通式可以表示为

$$CO_2 + 2NADH_2 + 3ATP \longrightarrow (CH_2O)_n + H_2O + 3ADP + Pi + 2NAD$$

b．化能合成作用。在海洋沉积物或某些缺氧海区生活的化能合成细菌能氧化 H_2S 等简单无机物来获得能量并合成有机物，称为化能合成作用，可以用下式表示其反应过程

$$H_2A + H_2O \xrightarrow{\text{脱氢酶}} AO + 4H^+ + 4e^-$$

式中，H_2A 为还原性无机物（如 H_2S），通过脱氢酶将其氧化；AO 为氧化中间产物（如 SO_4^{2-}）。

以下步骤与光合作用的有关反应类似，即利用所产生的部分还原能合成 ATP：

$$4H^+ + 4e^- + ADP + Pi + O_2 \longrightarrow 2H_2O + ATP$$

式中，O_2 为游离态氧或无机化合物中的氧。

另一部分能量用于还原 NAD 成 $NADH_2$，后者再用来合成糖类。

$$2H^+ + 2e^- + NAD \longrightarrow NADH_2$$

② 海洋初级生产力的影响因素

影响海洋初级生产力的因素主要是光照、温度、营养物质和控制这些营养物质分布的物理因子，以及浮游动物等摄食者对浮游植物的摄食作用。

a．光照。光是浮游藻类和大型藻类进行光合作用的基础，光的强度决定了这些植物在海洋中的分布深度。但光强太大时也会抑制植物生长，同时表层光合作用还受到紫外线的抑制，夏季表层海水中的初级生产力通常低于次表层就是由于表层海水中的浮游藻类受到了光抑制。

b．温度。海洋生物的生长、发育、代谢等生命活动与温度关系密切，因此温度对海洋环境的初级生产具有重要影响。但一般认为，光照条件很差时，光合作用主要受光反应的影响，只有当光照强度达到光饱和值后，温度本身才显示出对光合作用的明显影响。海洋藻类和高等植物均有其特定的最适温度，当海水温度超过最适温度以后，就会引起藻类迅速死亡。在最适温度范围内，光合作用速率是温度的函数，随着水温升高，藻类光合作用速率也随之提高。另一方面，温度还会引起海水层化现象，从而间接影响海洋初级生产力。在热带大洋区，海水存在分层现象，水体呈稳定状态，虽然有海浪和其他力量所造成的垂直运动，但主要是影响上部的温暖水层，因而温跃层成为营养物质从深层水进入上面透光层的障碍，表层水中营养物质易于耗尽，这是引起生产力降低的原因。但表层水中的生产力并不因此而降到零，因为大部分营养物质在透光层内存在再循环利用，因而维持一种稳定的低水平状态。

c．营养物质。海洋自养生物在进行物质合成过程中要从环境中吸收大量的营养物质。营养物质是限制浮游植物生产力的另一个关键因素，其中最重要的是无机氮和磷酸盐。氮通常以

溶解态的硝酸盐、亚硝酸盐和铵盐的形式被浮游植物细胞所吸收。磷通常以溶解态的无机形式（正磷酸根离子）被吸收，但有时也以溶解态的有机磷形式被吸收。此外，在某些海域硅酸盐也可能是硅藻生长的限制因子，溶解态的硅，对硅藻形成硅质壁是不可缺少的。此外，浮游植物也需要一些维生素和微量元素，所需的这些化合物和元素种类与数量取决于浮游植物的种类。铁是植物生命活动必需的一种微量元素，植物细胞内叶绿素、硝酸还原酶和亚硝酸还原酶的合成都需要铁的参与，近年来科学家在开阔大洋中开展的铁施肥实验证实了铁对浮游植物初级生产的限制作用。

d. 浮游动物的摄食。植食性浮游动物种群的大小取决于该海区的初级生产力水平，但浮游动物又反过来通过摄食影响浮游植物的数量和产量。自然海区中会存在各种营养盐充足而浮游植物生物量却不高的现象，这往往是由于海区中浮游动物的快速摄食，影响了浮游植物的生长和数量。浮游动物的摄食不仅可以影响浮游植物的细胞丰度而影响初级生产力，而且可以通过选择性摄食，控制浮游植物的群落结构而影响初级生产力。在中高纬度海区，浮游植物的生物量和生产量有季节波动，其主要原因是气候的季节变化，同时也受到浮游动物摄食的影响。

③ 初级生产力的组成

海洋初级生产力依赖于海洋中的 N、P 等营养物质，这些营养物质中有一部分是生态系统内部通过食物链循环产生的，另一部分则是从系统外部输入获得的，例如大气沉降、河流输送等。基于此，Dugdale 和 Goering 等早在 1967 年就提出了新生产力的概念，由系统外部输入的营养物质所支持的生产力称为新生产力，而系统内部循环产生的营养盐所支持的生产力称为再生生产力。新生产力和再生生产力之和就是总初级生产力，新生产力和总初级生产力的比值被定义为 f 比。由于海洋中的营养物质通常是氮限制，因此，以氮含量来表示的初级生产力更具现实意义。由系统外部输入的氮称为新生氮，而系统内部循环产生的氮则称为再生氮。

④ 初级生产力的测定方法

a. ^{14}C 示踪法。^{14}C 示踪法是丹麦科学家 Steemann-Nielsen 在 20 世纪 50 年代首先应用于海洋初级生产力方面的研究方法。其主要原理是把一定数量的放射性碳酸氢盐 $H^{14}CO_3^-$ 或碳酸盐 $^{14}CO_3^{2-}$ 加入到已知二氧化碳总量的海水样品中，经过一段时间培养，测定浮游植物细胞内有机 ^{14}C 的数量，即可以计算出浮游植物通过光合作用合成有机碳的量。该方法的优点是准确性高，对于生产力水平较低的海域也可获得较为满意的结果，一般认为 ^{14}C 法所得结果接近于净产量的数值，但其缺点是存在放射性污染。

b. 叶绿素法。这种方法是 Ryther 和 Yantsch 最早提出来的，其根据是在一定条件下，植物细胞内叶绿素含量和光合作用产量之间存在一定的相关性，从而根据叶绿素和同化指数(Q)来计算初级生产力(P)。同化指数(assimilation index)或称同化系数(coefficient of assimilation)，是指单位叶绿素 a 在单位时间内合成的有机碳量。叶绿素法较 ^{14}C 示踪法简便易行，但浮游植物种类不同和环境条件改变都会影响同化指数，通常需要采用 ^{14}C 示踪法分析部分站位的初级生产力计算得到同化指数，然后用叶绿素法推算其他站位的初级生产力。

⑤ 海洋次级生产

初级生产力是生产者以上各营养阶层所需能量的唯一来源。初级生产者生产的有机物质扣除被其自身生长发育和呼吸代谢消耗掉的部分所剩余的产量为净初级生产量，净初级生产量是生产者以上各营养级动物所需能量的唯一来源。净初级生产量中被消费者吸收用于器官组织生长与繁殖新个体的部分，被称为次级生产量。各级消费者直接或间接利用初级生产者生产的有机物质经同化吸收、转化为自身物质（表现为生长与繁殖）的能力即为次级生产力（secondary productivity）。有机物质（能量）从一个营养级传递到下一个营养级时往往损失很大。对一个动物种群来说，其次级生产量等于动物吃进的能量减掉粪尿所含的能量，再减掉呼吸代谢过程中的能量损失。

在所有生态系统中，次级生产量都要比初级生产量少得多。海洋生态系统中的植食性动物（主要是浮游动物）有着极高的摄食效率，海洋动物利用海洋植物的效率约相当于陆地动物利用陆地植物效率的 5 倍。因此，海洋初级生产量总和虽然只有陆地初级生产量的 1/3，但海洋次级生产量总和却比陆地高得多。

⑥ 影响海洋次级生产力的因素

温度、食物丰度和动物个体大小等因素是影响动物种群产量的重要因素。温度与动物的新陈代谢速率有密切关系，在适温范围内，温度提高虽然会增加呼吸消耗，但同时也加速生长发育，从而提高产量，特别在最适温度范围内，动物有最高的生长率。但是当自然海区出现反常的高温时，可能造成动物大量死亡。食物的质量与动物的同化效率有密切关系，食物质量越高，动物的同化效率也随之提高，其生长效率就高。再者，消费者个体大小与产量有关，一般的规律是较小的个体有较高的相对生长率，因为大个体用于维持代谢消耗的食物能量比例较高，而小个体的相对呼吸率较小。此外，从周转率来看，个体越小的种类，周转时间短，结果产量高，意味着其是重要次级生产者。除上述 3 个因素之外，初级产量、营养级数和生态效率等食物网结构对次级产量也有影响。

⑦ 海洋次级生产力的测定方法

海洋次级生产力的测定比较复杂，尚未找到简便而有效的直接测定群落次级生产力的方法。淡水次级生产力的研究较为成熟，有几种方法可以借鉴应用于海洋次级生产力的研究，例如运用种群动态参数计算次级生产力（主要有差减法、累加法、瞬时增长率法、Allen 曲线法、体长频度法、线性法、指数法等、生理学方法、P/B 系数法等）。

（2）海洋生态系统的能量流动

海洋生态系统的能量流动的过程常用食物链和食物网的概念描述。

① 食物链

食物链是生态系统中初级生产者吸收的太阳能通过有序的摄食与被摄食关系而逐渐传递的线状组合。食物链上的每个环节称为营养级（trophic level），海洋中主要存在两种食物链：牧食食物链和碎屑食物链。

a. 牧食食物链（grazing food chain）

以植物体为起点，海洋水层的牧食食物链有 3 种基本类型：大洋食物链、沿岸（大陆架）食物链和上升流区食物链。

大洋食物链（6 个营养级）：微型浮游生物→小型浮游动物→大型浮游动物→巨型浮游动物→食浮游动物的鱼类→食鱼的动物

沿岸（大陆架）食物链（4 个营养级）：

小型浮游植物→大型浮游动物→食浮游动物的鱼类→食鱼的鱼类

小型浮游植物→底栖植食者→底栖肉食者→食鱼的鱼类

上升流区食物链（2～3 个营养级）：

大型浮游植物→食浮游生物的鱼类

大型浮游植物→巨型浮游植物→食浮游生物的鲸

由此可见，海洋食物链所包含的环节数与初级生产者的粒径大小呈相反的关系，大洋区主要的浮游植物是极微小的种类，其食物链营养级最多，而上升流区主要是大型浮游植物，其食物链只有 2～3 个营养级。

b．碎屑食物链

以碎屑为起点，典型的碎屑食物链（detrital food chain）为：碎屑（浮游植物及水底大型植物碎屑）→食碎屑者（如线虫、腹足类、虾类等）→小型肉食动物（小鱼等）→大型肉食动物（大鱼等）。海洋中的碎屑食物链在生态系统物质循环和能量流动中具有重要作用。碎屑对近岸、外海、大洋表层和底层的能量流和物质流起连接作用。此外，在中纬度海区夏季初级生产衰退时，异养生物的营养部分依靠春季水华期形成的碎屑来维持。

c．营养级和生态效率

食物链上按能量消费划分的各个环节称为营养阶层或营养级。能量沿着食物链由低营养级向高营养级这种单一方向的传递过程中有一定数量的消耗，能量的消耗一是由于上一个营养级生产的能量并不能全部被后一营养级摄取，再是被后一个营养级摄取的能量在生活过程中会以排泄废物或以热量的形式散失。因此，虽然能量在各个营养级传递时减少的数量不是绝对不变的，但能量在各营养级传递时迅速减少却是一个普遍规律。生态效率就是指从一个营养级获取的能量与向该营养级输入的能量之比，可以用 n 营养级与 $(n-1)$ 营养级的生产量之比来表示：

$$n\text{营养级的生态效率}(E) = \frac{n\text{营养级的生产量}}{(n-1)\text{营养级的生产量}} \tag{2-9}$$

海洋中植食性动物的生态效率在 20%左右，而较高营养级的生物由于觅食消耗较多能量，其生态效率一般在 10%～15%之间。大洋群落食物链的平均生态效率比沿岸上升流区的低，这与后者营养关系中浮游植物/植食性动物占优势有关。海洋生态系统平均生态效率通常比陆地的高，其重要原因除上述植食性动物对初级生产量的利用效率较高外，还与水域生活的动物多为变温动物，不必消耗很多能量用于维持体温有关。

② 食物网

食物网是由很多相互联系的食物链组成的。海洋生态系统中的食物网非常复杂。一个动物种群通常消费不同营养级的猎物，同一种猎物又被不同营养级的动物所捕食。另外海洋生态系统中有大量能量沿碎屑食物链传递，碎屑很难归入某一特定的营养级。因此，应用食物链营养级来分析能量流动过程实际上是用简化的方法来处理复杂的能量流关系。

（3）海洋环境中物质循环

① 生命元素与物质循环

海洋中的自养生物从环境中吸收各种营养物质生产的物质和能量，通过食物链实现能量和物质的流动，向高营养级转移。同时各种生物在生活过程中，不断产生死的有机物质，包括排泄废物和各种死亡后的残体，这些有机物质也贮存一定的潜能，在生态系统中通过分解者生物的作用逐渐降解，最终无机元素从有机质中释放出来（矿化作用，mineralization），同时能量也以热的形式逐渐散失，这个过程就是生态系统的分解作用（decomposition）。正是分解作用的存在，被自养生物固定的各种营养元素才能重新回到环境中去，使得自养生物所需的营养物质再生和循环，为自养生物的继续生产提供营养保证，维持生态系统中的平衡。

在参与生态系统物质循环的物质中，以氧、氮、氢和碳最为重要，它们是生物体的主要组成成分，在生命活动中起着重要的作用。因此，生命系统的整个过程都取决于这些元素的供给、交换和转化，因而被称为生命元素或能量元素。在海洋生态系统中，这些元素通过以浮游植物为代表的绿色植物吸收利用，沿着食物链在各个营养级之间进行传递、转化，最终被微生物分解还原并重新回到环境中，然后再次被吸收利用，进入食物链转化和传递进行再循环，这一通过有机体和非生命环境之间不断进行的物质循环过程即为生态系统的物质循环（material cycle）。海洋环境中物质的再循环在真光层中进行的速率相当快，但是，对难以分解的并已下沉聚集在海底的有机碎屑，其再循环的速率则非常缓慢。

② 生物地球化学循环

生态系统中的物质循环又称为生物地球化学循环（biogeochemical cycle），它是指生态系统内的各种化学元素及其化合物在生态系统内部各组成要素之间及其在地球表层生物圈、水圈、大气圈和岩石圈等各圈层之间沿着特定的途径从环境到生物体，再从生物体到环境，不断进行着循环变化的过程。从整个生物圈的观点出发，生物地球化学循环又可以分为水循环（water cycle）、气态循环（gaseous cycle）和沉积循环（sedimentary cycle）三种类型。

水循环：水是生态系统中生命必需元素得以无限运动的介质，没有水循环也就没有生物地化循环。水循环的主要途径是由太阳能所推动的，由大气、海洋和陆地形成的一个全球性水循环系统。水的循环处于稳定状态，因为总的降雨量与总蒸发量相平衡。在陆地，降雨量大于蒸发量；在海洋，蒸发量大于降雨量，而陆地的径流量则补偿了海洋的蒸发量。

气态循环：气态循环是指循环物质的主要贮存库是大气，并在大气中以气态出现。属气态循环的物质以氧、碳、氮为代表。气态循环把海洋和大气紧密联系起来。

沉积循环：沉积循环是指循环物质的主要贮存库是岩石圈和土壤圈，基本上与大气无关。属沉积循环的物质以磷、硅为代表，还有钙、钾、镁、铁、锰、铜等金属元素。

第3章 海洋环境污染

3.1 海洋环境问题

3.1.1 海洋环境污染概述

海洋被认为是处于生物圈的最低位置,有史以来,人类就把生产、生活中所产生的各种废物、废水和废热直接或间接地排入海洋。初期,排入量小,海洋净化废物的能力强,不足为害。然而,自20世纪工业革命以来,随着社会、经济和科学技术的迅猛发展,社会生产力迅速提高,人口不断向沿海城市集中,人类活动对海洋环境的影响日益增大,每年有数亿吨的各种新增废物、废水和废热排入海洋,大大超过了海洋环境的自净能力,使其遭到污染损害。同时,人类在开发利用海洋资源的过程中,没有或较少顾及海洋环境的承载力以及完整性,尤其是河口、港湾和海岸带区域受到严重破坏,海洋环境质量出现严重退化,不仅影响了海洋资源的进一步开发利用,还影响了海洋生态环境的可持续发展,甚至对人类自身健康造成了损害。从全球角度看,近40年来,海洋环境污染是最受关注的海洋环境问题之一,也是困扰全球的难题之一。

海洋环境污染物来源广泛、种类繁多,包括废水、废物和废热三大类,具体来源有生活污水、工业废水、农业废水、陆源垃圾、农药化肥、海上作业、海上军事活动以及核辐射等。因污染物进入海洋的渠道、方式、形态和种类等过于复杂,因此,难以对其进行具体的计算统计。据研究,全球海洋每年接纳的污染物种类和数量非常大:①石油类。保守估计为几百万吨,也有研究资料认为高达1000万吨,其中,通过河流和管道排入海洋的约500万吨,通过船舶排入海洋的约50万~100万吨,海上油田溢入海里的约100万吨等。②重金属类。包括铅、铜、汞、镉等,主要来自工业废水和矿物资源开采等,其中汞的年入海量可达1万吨以上,铅、铜、镉等的数量少则几十万吨,多则数百万吨。③农药类。目前,人工合成的农药已有数百种,使用极为普遍,虽提倡使用无毒和低毒农药,但并不能保证都达到要求,因此,每年农药的入海量还是比较大的。④放射性物质类。主要来自核相关产业,也包括核潜艇和核动力舰所带来的放射性废物排放,还包括海难事故带来的核泄漏。⑤有机物和营养盐类。主要来自生活污水和工农业废水等,总量很大。⑥热污染。主要来自热电厂或核电厂冷却水的使用等。⑦固体废物污染。陆源垃圾是其主要来源。

3.1.2 海洋生态破坏

海洋生态环境多样,为不同生物的繁衍生息提供了优越的环境条件。然而,海洋环境污染直接导致海洋生态系统发生明显的结构变化和功能退化。近几十年来，世界近岸海域生态系统结构和功能都发生了不同程度的变化，导致了很多海洋环境问题的出现。

（1）海洋生境破坏

指某些不合理的海洋和海岸工程兴建以及海洋污染给某些海洋生境带来损害或导致某些海洋生境消失。

（2）生物资源衰减

海洋自然景观和生态环境的破坏，造成了大面积海岸侵蚀、淤积，大大减少了物种资源。

（3）海洋荒漠化

即海洋生态系统的贫瘠化，海洋环境质量严重下降，海洋生物种类、数量急剧降低。具体体现在海水水质恶化，海域生产力降低，海洋生物多样性下降，海洋生物资源衰退以及赤潮等生物灾害频繁暴发。

（4）海洋自然灾害频发

海洋自然灾害类型较多，水文灾害有风暴潮、海浪和海冰等；气象灾害有海雾、海上风暴、台风和飓风等；地质灾害有地震（火山）、海啸、海岸侵蚀和海底滑坡等；生物灾害有赤潮、绿潮、外种入侵和外来传播性病原生物等。

3.1.3　全球环境变化

海洋是影响全球环境变化的重要系统之一，主要是因为海洋与大气的热量、动量、水量交换数量大且持续不断。出于对全球环境的关注，人们对全球海洋变化日渐重视。全球海洋变化包括海水温度和盐度等性质的变化、海水运动特别是大洋环流的变化以及海平面的变化等。海水温度、盐度等性质的变化对于生活在海洋中的生物有显著影响。例如，珊瑚对水温很敏感，水温上升会使珊瑚"白化"死亡。1980 年以来，全球珊瑚礁白化现象逐年递增。秘鲁和厄瓜多尔近海表层水温比常年升高时会发生厄尔尼诺事件，并导致全球一系列天气异常现象。全球气候变化和温室效应等原因，引起南、北极冰融化导致海平面上升，造成对人类，特别是沿海地区人类的普遍威胁。

3.1.4　海洋环境问题的特殊性

（1）污染源广

海洋系统的开放性决定了海洋环境污染的多源性。海洋环境系统的上、下和侧边界都是开放的，各种源头的污染物都可以进入海洋。大气污染物可以通过干、湿沉降回归到地球表面，而地球表面的 70.8% 是海洋，意味着海洋可以直接承纳其上空大气沉降的污染物，同时，陆地上接纳的大气沉降物最终也可以通过径流和地下水汇入海洋。陆地上的污水、废水以及废物可以经管道、沟渠、河流最终流入海洋，渗入地下水中的污染物历经周转也有很大一部分最后还是进入海洋。在海底沉积中的污染物，可以随海水运动或地质活动而再次悬浮于海洋中。海底火山爆发的喷出物和油气矿物资源探采的泄漏物也可以污染海洋。海洋运输和军事活动中穿梭往来的船舰废水废物以及油轮的事故性泄漏，都是海洋污染的重要来源。

（2）污染范围大

世界大洋的连通性带来了海洋污染扩散的无界性。例如，陆地农业中使用的滴滴涕和多氯联苯等农药，原本是就近排入沿岸海域的，然而现在，在南极的海冰和 3000m 深处的海水中也发现了这类人造物质。

（3）污染控制难度大

海水运动的复杂性导致了海洋环境污染的难控性。陆地上的污水、废水可以通过管网进入污水处理厂进行处理，工厂的废气可以在烟囱处安装处理设施进行处理，固废垃圾可以通过择地掩埋、焚烧以及降解等进行处理，这些都是可控的。然而，进入海洋的污染物却不同，污水、废水以及大气沉降的污染物进入海洋后即溶解或悬浮。固废入海因水温不高、光透射差而难以降解，或沉积于海底，或悬浮于海中，也可漂浮于海面，随即受浪、潮和流的作用而大范围扩散、远距离地输送。沉积于海底的污染物也可以重新悬浮再扩散。总之，因海水运动的复杂性，海洋环境污染更难控制。

（4）污染治理收效低

海洋环境污染的累积性导致了污染治理的低效性。海洋位于地球表面的最低之处，因重力作用而使各种污染物易于纳入海洋中，并且很难再次转移出去，因此，其累积性相当显著。借助于人力和技术将污染物清除出去难度大、效率低、效果差，即使是有限度治理，也往往是耗资巨大且收效低微。

（5）污染致害严重

海洋生态系统的庞杂性增加了污染致害的严重性。海洋生态系统是地球上最庞大的一个生态系统，其组成、功能与结构异常繁杂，与其他各个系统之间的联系、耦合以及反馈也极为复杂多样。海洋污染致害可以通过复杂的食物网而不断扩散，难以控制。特别是污染物的生物富集、生物放大和生物积累效应，可使其致害的长尾效应大为惊人。例如，褐藻对重金属铅的浓缩系数是 7 万，某些浮游生物富集的重金属和放射性核素浓度比环境水体高出数千倍甚至数万倍，通过食物链再逐级放大，致害严重。

（6）治理修复风险大

海洋环境的复杂性大大增加了治理修复的风险性。海洋环境涉及多个子系统，如水、气、沉积物等，触及其中的任一环节，都可能引发多级连锁反应。例如，人类本来只想利用海洋的某一项功能，但缘于海洋环境功能的多层级重叠复合，却限制甚至损毁了其他功能。治理与修复过程也可能产生新的风险，许多地方修建的防潮闸、防波堤等，有的引起淤积，有的导致冲刷，甚或兼而有之，潜在风险大。

3.2 海洋环境影响因素

海洋环境处于不断演变的过程中，尤其自工业革命以来，海洋环境已经发生了巨大的变化。引发海洋环境变化的因素有很多，有些变化是由海洋环境内部原因引起的自然变化，有些变化则是来源于海洋环境的外部影响，而人类活动和气候变化是引发海洋环境变化的最大外在动力。

3.2.1 人类活动影响

（1）海洋污染

联合国专家组（1982）把海洋污染定义为：直接或间接由人类向大洋和河口排放的各种废物或废热，引起对人类生存环境和健康的危害，或者危及海洋生命（如鱼类）的现象。

海洋污染的主要原因包括：①工业废水排放。随着社会经济的快速发展，工业生产给环境系统带来了巨大的压力。工业废水通过沟渠、管道和河流最终进入海洋。同时，沿海热电厂和核电站等的冷却水也给局部海域造成了热污染。虽然近年来各国政府部门加强了对工业废水废热排放的控制，其排放量和污染负荷呈现出逐年下降的积极趋势，但总体来看，环境污染状况还需要不断改善。②农业废水排放。农药、化肥和其他农资产品的制造与使用使得农业污染物流失于土壤和水环境中，构成了以氮、磷等为主要污染物的水源污染，最终也流向了海洋。③生活污水排放。随着城镇化速度的加快，城镇人口密度不断增加，生活用水和生活污水的量不断增大，以表面活性剂为主要成分的生活污水已经上升为水质污染的主要矛盾，这些污染物最终也汇入海洋。④船舶污染。船舶在航行、作业等过程中，会导致各类有害污染物进入海洋，主要表现包括船舶操作污染、海上事故污染以及船舶倾倒污染等。⑤石油污染。在海洋石油勘探开发的过程中，钻井船和采油平台可能会不同程度地将废弃物和含油污水排入海洋，主要表现在生活生产废弃物和含油污水排入海洋、意外漏油溢油等事故的发生以及人为过程中和自然过程中产生的废弃物和含油污水流入海洋。⑥大气来源污染。陆地污染物、工业废气和生活废气等进入大气，通过干沉降或湿沉降进入海洋，这种污染具有地区性差异。

海洋污染导致海洋生态环境恶化，从而引起海洋生态系统结构的变化，最终影响海洋生态系统功能的实现。海洋环境恶化的直接受害者首先是海洋生物资源，这也是目前制约海洋生物资源可持续利用的关键问题，也是阻碍世界海洋经济发展的重要原因。海洋污染引起的海洋生物结构的变化，可以改变海洋生态系统的生产过程、消费过程和分解过程，从而影响海洋环境的物质循环和能量流动。海洋污染引起的物理、化学和生物要素的变化可以破坏海洋生态系统的平衡，导致海洋环境自净能力受到损坏。海洋污染还可以改变海区的理化状况，从而影响海洋生物的信息传递。

（2）滩涂围垦

滩涂和港湾的围垦利用已经有着悠久的历史，其主要目的就是围垦造陆，缓解农业、工业和房地产业的土地紧张状况。通过围垦，人类可以建设盐田和海水养殖池塘，还可以把弯弯曲曲的海岸线整治好，为港口建设提供丰富的岸线资源。特别是沿海地区经济的快速发展，对土地的需求日益增大，滩涂围垦的强度自然加大。然而，过去有些项目的开发没有顾及海洋环境的完整性和有限性，把滩涂围垦看作是缓解土地紧张的有效途径，一度被认为是造福于民的"德政工程"，实行"谁投资、谁受益"的原则去鼓励围垦。但是，由于沿海淡水缺乏，围垦后的滩涂多是盐碱地，与此同时，海洋生态环境是海洋生物生存和发展的基本条件，沿海自然港湾和潮间带滩涂历来是生物资源非常丰富的地方，随意围垦会导致生境丧失，从而影响海洋生态系统的完整性，对海洋环境造成毁灭性的破坏，其所带来的生态教训正在警示人类。为了加强海域使用管理，保证海域的合理开发，实现海洋资源和环境的可持续发展利用，中国于2002年1月1日颁布了《中华人民共和国海域使用管理法》，该法对各类海域的使用包括滩涂围垦进行了严格的规定，特别是与之配套的海域使用论证制度，对于近海海洋环境，特别是滩涂资源的保护起到了重要作用。

（3）海洋资源利用

海洋资源开发，包括海洋盐业、石油开发、渔业捕捞、红树林砍伐以及近海采砂等都会对海洋生态环境造成影响。盐田均建在潮上带，这个区域一般是滩涂湿地的一部分，盐田的建设使这部分生境丧失；海洋石油开发活动产生的各种废弃物以及原油泄漏等都会对海洋生态环境造成威胁；过度的渔业捕捞会损害海洋生物多样性，影响海洋生态系统的结构和功能；红树林是生长在热带海岸潮间带的木本植物，其生长区内具有丰富的物种多样性，生物资源丰富，对全球碳、氮等物质循环具有重要意义，同时又能有效地防止海岸侵蚀。

（4）河流水利工程

河流水利工程减少了河流入海水量，使河口的生态需水量得不到有效充足的补充，导致河口海域生态环境改变。例如，美国加利福尼亚湾曾经是世界上鱼类最多、捕鱼量最高的生态系统，其河口三角洲区也是美国西南部最重要的湿地。然而，由于科罗拉多河多道筑坝截流，入海径流量锐减，致使海湾捕虾量大幅度减少，许多物种的生存面临威胁，三角洲湿地生态环境退化。尼罗河阿斯旺大坝兴建后，地中海东部沙丁鱼捕获量减少了83%。多瑙河上铁门大坝兴建后，流入黑海的硅酸盐减少了2/3，导致某些藻类大量繁殖，鱼类资源急剧减少等。

（5）核电站

据统计，核电站每生产1kW·h的电，约排出5000kJ的热量，可使水体升温。海边核电站的冷却水一般是直接抽取邻近的海水，经过循环冷凝器后，就近排入海中。一般情况下，在局部海区，长期将超过周围海水正常水温4℃以上的热水排到海洋里，就可能造成热污染，核电站的冷却水无疑是海区的一个重要的热污染源。从生物学的角度来看，水温对海洋生态系统和各类海洋生物的生命活动起着极为重要的作用。它对生物个体的生长发育、新陈代谢、生殖细胞的成熟以及生物生命周期都有显著的影响，在自然条件下，海洋水温的变化幅度要比陆地环境和淡水环境小得多，因此，海洋生物对温度变化的忍受程度也较差，热污染对它们的影响更大。冷却水的热效应还会改变局部海区的自然水温状况，浮游植物最易受到影响，冷却水作用的季节性明显，尤其在夏季其热效应的影响较大，常使某些藻类暂时消失，使海区浮游植物基本的种类组成发生改变。核电站的高温排放水也可以直接作用于海洋浮游动物，对它们的分布和生活习性产生影响。

此外，核电站的运行，不可避免地会产生一些放射性物质，它们是否会对海洋环境和生物造成污染和伤害已经逐渐成为人们关注的环境问题之一。核电站是利用原子核在裂变时产生的巨大能量来发电的，这些核原料在裂变过程中会产生放射性裂变产物，因此在核电站排出物中，不可避免地会带有一些放射性物质。若不加限制地将其排入海洋，势必会对海区中的生物环境造成影响。不过，现在的核电站对放射性物质有严格的限制和管理措施。一般而言，只要对人的辐射照度在安全范围内，就不会对海洋生物造成危害。在对已运行的核电站进行放射性排出物质的调查中，均发现这些物质的放射性水平较低，并不会对生物造成明显的损伤。

3.2.2 气候变化影响

自1860年以来，全球平均气温不断升高，许多证据表明，21世纪全球将显著变暖。近百年的气候变化已给全球的自然生态系统和社会经济发展带来了重要影响。然而，温室气体和温室效应等环境问题的出现，导致全球变暖，不仅对陆地生态系统造成了巨大的消极影响，同样对海洋生态系统也产生了巨大的消极效应。最明显的例子之一就是南北两极的冰雪消融，地球上冰川覆盖的面积正在逐渐减小。与此同时，温室气体和温室效应等环境问题导致的全球变暖也造成了海洋混合层水温的上升，升温导致热膨胀显著地造成了海平面的上升。据估算，全球海平面上升的速度平均约为 6cm/10 年，预计到 2030 年，海平面将上升 20cm，到 22 世纪末，海平面将上升 65cm。海平面的这一变化将会给沿海地区带来重大的影响甚至是灾难：①部分沿海地区将被淹没；②海岸和海滩将遭受侵蚀；③地下水位不断升高，导致土壤盐渍化；④海水倒灌、洪水加剧；⑤港口设备和海岸建筑物遭受损坏，影响航运；⑥沿海水产养殖业将受到影响；⑦沿岸地区供水和排水系统遭到破坏。水孕育了生命，造就了人类文明。我们既要充分利用海洋丰富的自然资源，开发海洋为人类造福，同时，我们也必须要尊重自然、尊重海洋，做到人与海洋、自然和谐相处。

3.3 海洋环境污染生态效应

3.3.1 海洋污染生态效应的概念

广义的生态效应包含两方面，一是指有利于生态系统中生物体生存和发展的变化，有利于生态系统功能实现的变化，即良性的或有益的生态效应；二是指不利于生态系统中生物体生存和发展的变化，不利于生态系统功能实现的变化，即不良的或有害的生态效应。通常，人们往往把不利于生态系统中生物体生存和发展的现象称为"生态效应"。

污染物进入海洋后，必将对海洋生态系统（包括其中的生物和非生物环境）产生影响，海洋生态系统也必然会对这种影响做出反应和适应性变化，海洋生态系统的这些反应和适应性变化被称为海洋污染生态效应（ecological effects of marine pollution）。通常，将污染物对海洋生态系统中的生物造成的不良影响称为海洋污染生物效应（biological effects of marine pollution）。

在海洋生态系统中，海洋生物通过新陈代谢等生命活动与周围的生物环境和非生物环境不断地进行物质、信息和能量交换，使海洋生态系统处于动态平衡，从而维持海洋生物的正常生命活动。当污染物进入海洋后，会参与到海洋生态系统的物质循环、能量流动和信息传递，从而对生态系统的组分、结构和功能产生一定的影响，可以改变海洋环境的理化条件，干扰或破坏生物与非生物环境之间的动态平衡，引起生物（或生态系统）发生一系列改变。海洋污染的生态效应既与污染物的数量和性质有关，也因生物种类的不同而有所差异。海洋污染的生态效应可以分为直接的、间接的，也可以分为急性的、亚急性的和慢性的危害。污染物浓度与海洋污染生态效应之间的关系也有线性的和非线性的区分。此外，海洋污染对海洋生物的危害也与特定海域自身的环境特点以及生物自身对污染物的富集能力等有关。总而言之，污染物对生物的消极影响是一个综合且复杂的作用过程，即使是同一污染物，在不同的海洋环境条件下，其中生物对污染物的适应程度和反应特点也各不相同。

海洋污染生态效应的响应主体既可以是海洋生物个体，如微生物、植物以及动物等，也可以是海洋生物群体，甚至可以是整个生态系统，因此，通常可以把海洋污染生态效应划分为以下三个层次：

（1）海洋生物个体污染效应

海洋生物个体污染效应是指海洋环境污染对生物个体的影响，主要表现在海洋生物个体层次上的形态、结构和生命活动的改变，是污染物对海洋生物生理生化等生命活动影响的必然结果。不同种类和不同浓度的污染物对海洋生物造成的影响是不同的。例如，在重金属含量较高的沉积物中，旗语蟹（*Heloecius cordformis*）可以出现二态性，雄性蟹有较宽和较长的甲壳和螯，总体生物量也是雄性蟹大于雌性蟹。在石油污染的环境中，紫贻贝（*Mytilus edulis*）的生理反应（如氧耗率、摄食率和分泌率）、细胞反应（如消化细胞大小、溶酶体潜伏期）以及生化反应（如几种酶的比活性）等各个方面均可以出现异常变化，且生长速度明显下降。

（2）海洋生物群体污染效应

海洋生物群体污染效应是指海洋环境污染对生物种群及以上层次的影响，主要表现在物种分布、种群数量变化、生物群落结构演替以及生态型分化等的改变。有学者为揭示人类活动和气候变化对南极潮间带小型底栖动物的影响，对南极菲尔德斯半岛潮间带小型底栖动物进行了初步研究，结果表明，在受人类干扰较小的南极海域，小型底栖动物平均丰度为 256.8 个体/(10cm^2)，平均生物量为 370.5μg/(10cm^2)，共鉴定出 9 个小型底栖动物类群，包括自由生活海洋线虫、桡足类、寡毛类、介形类、双壳类、腹足类、涡虫、海螨和其他类。在丰度方面，海洋线虫占绝对优势，为 82.7%；在生物量方面，寡毛类占绝对优势，为 41.7%。相反地，在有机污染严重的海域，大多数海洋生物都会逐渐消失，而多毛类小头虫（*Capitella capitata*）的种群数量却明显增多，占污染海区总生物量的 80%～90%，致使生物群落的组成和生物多样性明显降低，生态平衡失调。

（3）海洋生态系统污染效应

海洋生态系统污染效应是指海洋环境污染对生态系统结构和功能的影响，包括生态系统的组成成分、结构、物质循环、能量流动、信息传递以及系统动态进化过程的改变。例如，在美国的切萨皮克湾（Chesapeake Bay），曾经因为大量营养物质的输入，导致湾内呈现富营养化，使原本以底栖双壳类占主导地位的生态系统转向了以水体生产为主导、底栖双壳类资源贫乏、有害藻类大量繁殖的混浊生态系统。海洋富营养化导致的赤潮，可以使生活在相关海域的海洋生物大量死亡，最终导致该海域生态系统的崩溃。在中国的渤海湾，大型底栖动物的物种数、丰富度、均匀度以及多样性指数等都与水体环境和沉积物环境呈显著或极显著的负相关性。

3.3.2 海洋污染生态效应的机制

污染物进入海洋环境后，会与其他污染物或与海洋环境发生相互作用，最终可能转化为能够对海洋生物以及海洋生态系统产生作用的状态，进而被海洋生物吸收，并且随着食物链进行传递，在海洋生态系统中产生各种各样复杂的生态效应。由于污染物的种类不同、海洋生态环境条件不同、海洋生物个体千差万别，海洋污染生态效应的发生机制也多种多样，具体包括：

（1）物理机制

物理机制是指污染物可以在海洋生态系统中发生沉降、吸附、解吸、凝聚、扩散、混合、稀释、汽化以及放射性蜕变等许多物理过程，伴随着这些物理过程，海洋生态系统中的某些因子的物理性质发生改变，从而影响海洋生态系统的稳定性，导致各种海洋生态效应的发生。例如，热电厂在向沿岸海域排放冷却水的过程中，废热会导致水体温度上升，这是一个在海洋生态系统中发生的物理过程，通常被称为"热污染"。热污染可以导致水体温度升高，使海水中的溶解氧含量降低，海水温度升高还可以提高海洋生态系统中各种化学反应和提高生化反应的速率，导致海水中有毒物质的毒性作用加大，海水温度的变化还会引起局部海域海洋生物群落结构的改变。

（2）化学机制

化学机制是指污染物与海洋环境中的非生物要素之间发生的化学作用，导致污染物的存在形式不断变化，其对海洋生物的毒性以及所产生的生态效应也随之不断改变。例如，对于汞来说，普通无机汞的毒性较低，但在海洋环境中，汞可以在海洋生物体内转化为甲基汞，甲基汞具有毒性，日本著名的水俣病事件就是由此引起的。砷在海洋生物体内的价态也决定了它的毒性，如亚砷酸盐的毒性明显高于砷酸盐，即使同为砷酸盐，也可以因为所结合的金属离子的不同，而毒性差异很大。无机磷可以作为海洋植物的营养盐存在，但农药中的有机磷对海洋生物却具有强烈的毒害作用。一般来说，对于重金属而言，不同形态具有不同的毒性，如Cr（Ⅲ）是人体必需的，而Cr（Ⅵ）却具有高毒性；游离的或结合不稳定的铜离子比与有机配体结合的铜的络合物对水生生物的毒性大，且铜的络合物越稳定，毒性越低。其他许多海洋污染物也具有类似的特性。

（3）生物学机制

生物学机制是指污染物进入海洋生物体以后，对生物体的生长、发育、新陈代谢以及生理生化过程所产生的各种影响。①海洋生物体的累积、富集机制。很多污染物进入海洋生态系统后会直接被一些海洋生物吸收，随后在生物体内进行累积，再通过不同营养级的传递，使顶级生物的污染物富集达到严重的程度，最终导致生物体严重疾病的发生。②海洋生物吸收、代谢、降解和转化机制。很多污染物能够被海洋生物直接吸收从而进入到生物体内，随后在各种酶的参与下发生氧化、还原、水解以及络合等反应。

（4）综合机制

污染物进入海洋环境后所产生的生态效应往往综合了多种物理、化学和生物的过程，因此，在海洋环境中，常常是多种污染物共同作用形成复合污染生态效应。复合污染生态效应发生的形式和作用机制多种多样，主要包括以下几种：

① 协同效应。协同效应（synergism）是指一种污染物或者两种以上污染物的毒性效应因另一种污染物的存在而增加的现象。如铜、锌共存时，其毒性为它们单独存在时的8倍。协同效应的发生既与污染物本身性质有关，也与生物种类有关。

② 加和效应。加和效应（additivity）是指两种或两种以上污染物共同作用时，产生的毒性是其单独作用时毒性的总和。一般来说，化学结构相近、性质相似的化合物，或作用于同一器官系统的化合物，或毒性作用机理相似的化合物，在共同作用时，其污染生态效应往往会出现加和作用。

③ 拮抗效应。拮抗效应（antagonistic effect）是指生态系统中的污染物因另一种污染物的存在而使其毒性效应减小的现象。污染物之间拮抗效应的产生，主要是它们在有机体内相互之间的化学反应、蛋白质活性基因对不同元素络合能力的差异、元素对酶系统功能的干扰、相似

原子结构和配位数的元素在有机体中的相互取代等多种原因造成的。例如，镍和锌对组囊藻 *Anacystis nidulans* 的生长具有拮抗效应。

④ 竞争效应。竞争效应（competitive effect）是指两种或多种污染物同时从外界进入海洋生态系统，一种污染物与另一种污染物发生竞争，而使另一种污染物进入生态系统的数量减少或概率减小的现象，亦或是外界来的污染物和海洋环境中原有的污染物竞争吸附点或结合点的现象。例如，在生物体内的血液中，一种物质由于取代了在血浆蛋白结合点上的另一种物质而增加了有效的血浓度。

⑤ 保护效应。保护效应（protective effect）是指存在于海洋生态系统中的一种污染物对另一种污染物的掩盖作用，从而改变了这些污染物的生物学毒性，同时也改变了它们对生态系统中一般组分的接触程度。

⑥ 抑制效应。抑制效应（inhibitory effect）是指海洋生态系统中的一种污染物对另一种污染物的作用，使其生物活性下降，从而不容易进入生物体对其产生危害的现象。

⑦ 独立作用效应。独立作用效应（independent effect）是指海洋生态系统中的各种污染物之间不存在相互作用的现象。例如，对于 A、B 两种污染物而言，只要两者在毒性临界水平以内，那么，无论另一种污染物的浓度如何，它们对生态系统中的生命组分不产生任何毒性效应。换言之，两种物质同时存在时对生态系统的毒性作用大小与该两种物质各自单独存在时的毒性作用大小相等，它们各自之间不发生相互影响。

3.3.3 海洋污染生态效应的类型

污染物进入海洋环境后，可以和生态系统中的一般组分发生相互作用，使生态系统的组成、结构以及功能等发生相应的改变，具体可以表现为生物多样性的减少、系统稳定性的减弱以及食物链的变短等。对于生物个体而言，可以表现为生物个体遭受毒害、生理生化指标发生变化，甚至由污染物诱发生物个体基因突变。因此，海洋污染生态效应有许多不同的类型，具体可以做如下划分：

（1）组成变化类型

污染物进入海洋生态系统后，常常可以直接导致生态系统中某些因子发生变化，从而使生态系统的组成发生改变，主要包括：①非生物环境组成的变化。对于海洋环境中的非生物环境而言，污染物进入海洋环境本身就会直接造成非生物环境组成的改变。污染物进入海洋生态系统后，一方面可以与生态系统中的非生物组分发生化学反应，从而使海洋环境的组成发生变化；另一方面，污染物可以对某些生物体产生毒性作用，使这些生物体的新陈代谢和产物发生改变，从而改变海洋生态系统中非生物环境的组成。②生物体内成分的变化。海洋动、植物体受到一些污染物的影响时，其体内的组成成分会发生改变，与此同时，海洋生物的富集效应也可以使难降解的污染物在海洋生物体内积累，从而引起海洋生物体内成分的改变。③群落生物种类组成的变化。污染物通常对海洋生态系统中的生物个体具有毒性，尤其是当大量污染物进入生态系统时，或污染物长期作用于生态系统时，都有可能造成生态系统中某些种类生物的大量死亡甚至消失，导致生物种类的组成发生变化，生物多样性降低。

（2）结构变化类型

生态系统的结构包括物种结构、营养结构和空间结构。物种结构是指生态系统中生物的组成；营养结构是指生态系统中食物网及其相互关系；空间结构是指生物群落的空间格局状况，包括群落的水平结构（种群的水平配置格局）和垂直结构（成层现象）。污染物进入海洋环境后，常常会导致海洋生态系统的结构发生变化。例如，有机锡污染会破坏海洋浮游植物群落的正常结构，金藻类等对有机锡敏感的种类首先会遭到毒害，优势地位随之下降甚至消失，而硅藻类等对有机锡污染耐受性较强的种类优势地位逐渐上升，最终发生物种结构的改变，群落组成变得单一。如果有机锡污染继续加剧，硅藻类也将受到明显的毒害，那么整个海洋生态系统的初级生产过程会受到严重干扰，可能出现系统崩溃。

（3）功能变化类型

生态系统的基本功能包括能量流动、物质循环和信息传递。污染物进入生态系统后，由于生态系统的组成和结构发生了变化，那么相应生态系统的能量流、物质流和信息流也会发生改变。同时，污染物作用于生态系统，也可能直接引起生态系统的能量流、物质流和信息流发生变化，最终导致生态系统功能的改变。例如，有些农药或化工产品含有的有机污染物被称为"环境激素"，它们进入海洋环境后会干扰某些海洋生物之间的信息传递。

（4）基因突变类型

基因突变是致突变物和生物的遗传物质相互作用的结果，主要包括DNA分子中碱基对的增加或缺失，或者是错误碱基对的置换。自然突变和自然选择虽然是生物进化的主要方式，但对生物个体而言，99%以上的基因突变是极为有害的。当基因发生突变时，蛋白质的氨基酸编码序列会改变，直接导致蛋白质生物学特性的变化。现已发现了许多污染物具有致突变性，多数致突变物是致癌物，尤其是有机有毒污染物和放射性污染物，如多环芳烃、二噁英等，这些污染物进入生态系统后常常会诱发生物个体发生基因突变。

（5）个体毒害类型

污染物进入海洋生态系统后，可以与海洋生物个体的某些功能器官的特定部位（即受体）发生相互作用，产生一系列反应，生物体细胞发生变性，甚至是坏死，生物个体遭受毒害。对于海洋生物而言，根据污染物（即毒物）种类的不同，靶器官也有所不同，呼吸系统、消化系统、神经系统、循环系统以及其他系统都可能成为受毒害的对象。

（6）生理变化类型

污染物对海洋生物的危害，往往在未出现可见的症状之前就已经引起了生理、生化过程的变化。例如，当重金属浓度过高时，可以影响细胞膜的透性，从而影响生物正常的新陈代谢，使糖的转移和碳水化合物的累积受到影响，导致生物体对营养元素吸收异常。

（7）综合变化类型

海洋污染生态效应的发生往往是一个综合过程。一方面，污染生态效应往往不是仅体现在上述内容的某一方面，而是同时体现在几个方面，即污染物既可以造成生态系统组成的变化，也会导致生态系统结构和功能的改变，既可以造成生物个体生理变化，也可以使生物个体发生毒害乃至诱发基因突变；另一方面，海洋生态系统所面临的大都是多种污染物共同作用而形成的复合污染效应，单一污染物对海洋生态系统的效应在实际应用中比较少见，复合污染效应常常包括协同、拮抗等相互作用方式。因此，大量的实践研究证明，海洋污染效应是一个综合变化的类型，不仅与污染物本身的理化性质有关，还与海洋生物种类有关，特别是与生态系统类型有关，也与污染物作用的生物部位有关。复合污染生态效应的研究，也已经成为生态学研究的前沿热点。

3.3.4 污染物海洋生态效应的案例

不同污染物的毒性大小、作用机制因生物种类和环境条件而有很大的差异，所造成的海洋污染生态效应也各不相同。海洋生态系统所含的物质（包括污染物）是多种多样的，一种污染物进入海洋环境后，对海洋生物的毒性效应因时间、地点和空间等的不同而有很大差异。两种或两种以上污染物，或污染物与非污染物彼此之间往往会发生相互作用，从而使污染毒性效应增强、减弱或抵消。下面主要介绍有关石油、重金属、农药、放射性物质和塑料的海洋污染生态效应。

（1）石油的海洋污染生态效应

石油是烷烃、烯烃和芳香烃的混合物，进入海洋环境后所带来的危害是多方面的。例如，石油在水面上可以形成油膜，阻碍水体的复氧作用；石油块（粒）可以堵塞海洋生物的呼吸系统和进水系统，致使海洋生物发生窒息；石油块还可以黏附于海鸟的体表，使其丧失飞行、游泳的能力；原油沉降于潮间带或浅水海底可以使底栖动物的幼虫、海藻的孢子失去适合的固着基；油类还会抑制水鸟产卵和孵化，严重时使鸟类大量死亡；石油污染还会造成水产品质量的降低。①对微生物和海藻的影响。微生物在海洋生态系统中占有重要地位，它们不仅是分解者，积极参与净化各种污染物和物质循环，还是许多海洋动物（尤其是幼体）的饵料。已有的研究资料表明，石油能影响海洋微生物的数量和种类组成，影响其新陈代谢机能和化学行为。②对海洋无脊椎动物的影响。海洋无脊椎动物是海洋次级生产力的重要组成成分，低浓度、慢性石油污染会导致这类动物摄食、呼吸、运动、生殖、生长以及群落种类组成等发生变化，而严重的石油污染会导致海洋无脊椎动物的急性中毒死亡。③对海洋鱼类的影响。鱼类生活史的不同阶段对石油污染的敏感度不同，以鱼类幼体最为敏感，然后是卵和成体。较低浓度的石油污染能直接影响鱼的呼吸作用，而高浓度的石油污染可以黏附在鱼类鳃丝，从而影响其呼吸、摄食和生长等。

（2）重金属的海洋污染生态效应

在海洋生态系统中，重金属污染往往不是单一的，重金属之间的相互作用可能导致污染物毒性增强或拮抗。①对微生物和海洋植物的影响。海洋微生物对重金属的抗性不同，有些生物种类抗性强，有些则对重金属十分敏感。重金属之间的相互作用，还取决于各自的浓度、生物暴露的顺序，其毒性也不是一成不变的。重金属对浮游植物的影响大多是研究单个重金属元素，如汞、铜、镉、铅和锌等进行的试验，用两种或多种重金属混合物进行试验的工作相对较少。②对海洋动物的影响。多毛类对重金属抗性较强。在重金属中，汞、铜和银对多毛类的毒性最大，其次是铝、铬、锌和铅，而镉、镁、钴的毒性相对较小。同一种重金属元素对不同种类多毛类的毒性也有较大差异。③重金属对软体动物的影响。重金属对软体动物的影响有两个明显的特点，一是软体动物对许多重金属元素有很强的吸收和累积能力，二是软体动物不同生活史阶段对重金属的敏感性有很大差异，成体对污染有较强的抗性。

（3）农药的海洋污染生态效应

农药主要包括有机氯农药和有机磷农药，在海洋生态系统中，有机氯农药不易分解，能较长时间滞留,所以有关农药对海洋生物的影响,已有资料大多是关于有机氯农药方面的,但在河口和近岸海域,有机磷农药对海洋生物造成的伤害也是不可忽视的。许多农药具有严重的干扰生物激素的作用,也叫"环境激素",它们对生物的生长发育、生殖活动、免疫系统、神经系统以及基因都可以产生重要影响。尤其是海洋生物的富集作用所导致的生物放大效应,使农药对海洋生物的影响大大增加。例如,大多数海洋单细胞藻类对有机氯农药比较敏感,每升几微克的浓度就能抑制某些藻类的光合作用。判定藻类是否受到农药影响的常用生物学指标就是生长率和光合作用。低剂量的农药不能使海洋生物在短期内死亡,但可以明显降低其生长率,影响其生活习性和正常的生理生化功能。

（4）放射性物质的海洋污染生态效应

放射性污染是放射性物质进入海洋环境后造成的,其主要来源包括核工厂排放的冷却水、向海洋投弃的放射性废物、核爆炸降落到水体中的散落物、核动力船舶事故泄漏的核燃料、开采提炼和使用放射性物质时因处理不当造成的放射性污染。水体中的放射性污染物可以附着在生物体表面,也可以进入生物体内发生蓄积,还可以通过食物链对人产生内照射。放射性污染与其他污染物对海洋生物影响的不同主要体现在放射性物质主要通过射线而使生物受到伤害,且辐射的性质不因环境条件的变化而改变。

（5）塑料的海洋污染生态效应

自塑料产品问世以来,世界范围内生产的塑料制品大约已有5%进入海洋,无论在海岸、海上还是海底,塑料垃圾都是固体废物的主要成分,占60%以上,有时甚至超过了90%。而海水中的塑料垃圾比漂浮在海面上的更多,大约是海面上的6倍。虽然塑料在陆地环境中会受到阳光照射变脆破碎,但在大海中,塑料因海水和海洋植物的作用可以免于阳光的照射,其化学特性在几百年、几千年内都不会发生任何变化。塑料污染对海洋环境的影响是多方面的,主要包括:①破坏海滩的美观,影响旅游业;②干扰海上航行的安全;③影响海洋渔业活动;④塑料制品中的添加剂扩散后对海洋环境产生影响;⑤塑料垃圾对海洋生物产生影响。海洋中的塑料难以降解,且可以随海流漂浮或集中到特定地点,因此,许多科学家认为塑料垃圾是海洋动物面临的最难解决的人类威胁之一。塑料对海洋动物的伤害主要表现在:①被动物误食,导致动物食管刺穿,被摄食的塑料在胃内不被消化,从而导致动物营养缺乏;②动物被塑料缠绕而受到伤害,甚至致死,受害的海洋动物包括游泳动物、底栖生物,甚至珊瑚礁;③塑料中有毒物质对海洋生物产生毒害作用;④漂浮的海洋塑料可以带来外来物种。塑料在海洋环境中不会被生物降解,只能通过物理作用成为体积越来越小的有毒碎片,因此,海洋塑料污染正在成为一项严重的环境污染来源,影响海洋生态系统的健康持续发展。

微塑料是目前海洋环境科学领域中的研究热点之一,它可以通过各种途径进入海洋,如塑料工业中使用的米粒大小的塑料颗粒原料,或大块塑料垃圾在海洋中经物理作用形成的塑料碎屑,或各种生活用品的添加物（如卫生用品、美容用品等）以及工业生产中使用的抛光料等。因此,微塑料一般指的是毫米级别甚至是微米级别的塑料碎片。微塑料或悬浮在海水中,或沉积到海底成为沉积物的组分之一,其主要危害包括:①阻碍海水中的光线传播。大量的微塑料漂浮在海面、悬浮在各层海水中,阻碍了光线在海水中的传递,影响了水中各种生物对光线的利用,干扰了海洋生物正常的生命活动。②微塑料内部的有毒添加剂不断向海水中释放,同时又从海水中不断地吸收多种疏水性的有毒污染物。③被动物误作为饵料摄食而进入食物链。悬浮在水体中的微塑料表面还可以吸附一些有机物，进而被一些海洋微生物和其他海洋生物附着，因此极易被各种海洋动物误作为饵料吞食而进入食物链。④使海洋动物营养不良。被动物误食而进入其体内的微塑料难以被排出体外，极易在消化道内累积，从而影响动物的进一步摄食，造成海洋动物营养不良，甚至饥饿死亡。⑤毒害各种海洋生物，并通过食物链的放大作用，毒害食物链上的各级生物包括处于食物链顶端的人类。塑料中含有的少量的有毒添加剂，若由塑料溶解释放进入大海，由于其量小可忽略不计。但是，如果微塑料被误食，那么这些物质的毒性就会大大增加。因此，微塑料可以把本身所含的一些有毒物质和从水中吸收的有毒物质释放传递给各种生物，造成海洋生物直接的毒害作用，且这些毒物可以沿食物链进行传递和生物富集，最终危害人类，甚至影响海洋生物的进化。⑥影响发生在海底沉积物界面上的生物化学过程，进而影响生物地球化学循环。沉积的微塑料阻碍发生在沉积物界面上的氧气和水的扩散与交换，对发生在沉积物界面上的生物化学过程造成影响，进而影响生物地球化学循环。由此可见，微塑料对海洋生态环境、海洋生物造成了严重影响。

3.4 海洋环境自净能力

当分析海洋环境污染问题时，常常涉及海洋环境的自净能力和海洋环境容量两个概念。海洋环境的自净能力和海洋环境容量都是海洋资源之一，它们对于人类合理开发利用海洋资源，同时保护海洋环境具有重要的意义。

海洋环境的自净能力是指海洋环境存在着多种机制，这些机制可以使进入海洋环境的污染物通过物理的、化学的和生物的作用而浓度降低乃至消失，达到自然净化，因此，这些机制被称为海洋环境的自净能力（marine environmental self-purification capability）。海洋环境的自净能力大小取决于其中的物理、化学和生物的动力学过程，三种自净过程相互影响，同时发生或交错进行。因此，海洋环境的自净能力可以按照发生机理分为物理净化、化学净化和生物净化三种。不同的海区其自然条件各有差异，因此净化能力各有不同，在分析海洋环境污染问题时，需要对各个海区的物理自净、化学自净和生物自净的过程、机制和动力进行研究，为合理利用海洋这一特殊的资源来净化废物创造有利的前提条件。海洋环境的自净能力越强，其净化速度越快。净化速度一般表示为浓度的下降率或与污染物有关的参数的变化率。海洋环境的自净能力是有限度的，如果污染物的浓度和数量超过了海洋环境的自净能力，那么海洋环境便会遭受污染和破坏。

3.4.1 物理净化

物理净化（physical self-purification）是海洋环境中最重要的自净过程之一，它在整个海域的自净能力中占有特别重要的位置。物理净化是通过混合、扩散、稀释、吸附、沉降、汽化等过程，使海水中污染物的浓度逐步降低，从而达到海洋环境自净的目的。

海洋环境物理净化能力的强弱既取决于海洋环境本身的条件，也取决于污染物本身的理化性质。海洋环境本身的条件包括温度、盐度、酸碱度、海面风力、潮流和海浪等，而污染物本身的理化性质包括结构、形态和密度。例如，海洋环境温度升高时，有利于污染物的挥发；海面风力较大时有利于污染物的扩散；而水体中颗粒黏土矿物的存在有利于污染物的吸附和沉淀等。海洋环境之所以能够实现快速净化，很大程度上是依靠海流的输送和稀释扩散。在河口和内湾，潮流是污染物稀释扩散最持久的动力。例如，随着河流径流携带入河口的污水和污染物，可以随着时间和流程的增加，通过水平流动和混合作用而不断地向外海扩散，从而使污染范围由小变大，但污染浓度由高变低，可沉性固体也由水相向沉积相转移，从而改善了水质。在河口的近岸区，混合和扩散作用的强弱直接受河口地形、径流、湍流和盐度较高的下层水体卷入的影响。此外，污水的入海量、入海方式，排污口的地理位置，污染物的种类及其理化性质以及风力、风速、风频率等气象因素都对污水和污染物的混合和扩散作用起着重要作用。物理净化能力也是海洋环境水动力研究的核心问题，其主要的研究方法通常包括现场观测和数值模拟两种。

3.4.2 化学净化

化学净化（chemical self-purification）在海洋环境的自净过程中也起到非常重要的作用，它是指通过海洋环境的氧化和还原、化合和分解、吸附、凝聚、交换和络合等化学反应实现对污染物的降解，最终达到海洋环境自净的目的。

影响化学净化的因素包括海洋环境本身和污染物两个方面。海洋环境本身的因素包括溶解氧（DO）、酸碱度（pH 值）、氧化还原电位（Eh）、温度以及海水的化学组分和形态。其中，氧化还原反应起着非常重要的作用，在很大程度上决定着污染物的迁移和转化，而海水的酸碱条件，可以影响重金属的沉淀和溶解，酚、氰等物质的挥发和固定，以及有害物质的毒性大小；污染物方面主要包括污染物的形态和化学性质。实际上，海洋环境的化学净化通常是在多个影响因素的共同作用下进行的，甚至是与物理净化以及生物净化同步进行的。这是因为，海洋生态系统是由海洋环境中的生物要素和非生物要素共同组成的互为存在条件的体系，因此，海洋环境化学净化能力的强弱，是多方面因素综合作用的结果。

（1）溶解氧

溶解氧（DO）是水体中的重要氧化剂，其含量的多少对化学净化过程具有举足轻重的作用。水体中溶解氧含量越高，对化学净化过程的贡献越大，自净效果越好。在海洋环境中，溶解氧含量的多少是判断水质好坏的重要标志之一，但在化学净化过程中，作为水体氧化剂的溶解氧，其含量高低则是衡量水体化学自净能力强弱的先决条件。这是因为，溶解氧含量的多少不仅可以直接影响海洋生物的新陈代谢和生命活动，还可以直接影响水体中有机物的分解速率以及正常的物质循环。若溶解氧含量高，它既能够对海洋生物的生长繁殖起促进作用，又能够加快有机物的分解速率，从而使生态系统中的物质得以快速循环，尤其是氮的循环能够达到最佳效果，从而提高海洋环境的自净能力。相反地，如果溶解氧含量低，则会减缓有机物的氧化分解速率，使有机物积累，导致海洋环境质量下降，影响海洋生物的生长和繁殖。

海洋环境有机污染程度的重要指标之一是化学需氧量（chemical oxygen demand，COD），它是指水体中易被强氧化剂氧化的还原性物质所消耗氧化剂折算成氧的量，其含量的高低最能体现出海域水体质量的好坏。一般来说，若水体中的 COD 高，一方面表明该区域有机污染比较严重，另一方面还表明该区域水体的自净能力较差，缺乏将复杂的有机物降解转化为简单无机物的能力。与此同时，海域的化学自净能力高低还可以反映在营养盐的形态转化和消减程度上。例如，已有研究表明，可以利用三态氮含量的变化来判断水体的自净能力，其出发点是基于河口港湾等水域的污染物主要以生活污水、工业废水和养殖废水为主要来源，这些废水中含有大量的含氮有机物，当这类有机物进入水体后，在好氧微生物的作用下，可以被分解为能够被海洋浮游生物利用的无机态含氮化合物，若水体的自净能力强，则可将它们进一步转化为 NO_3^--N、NO_2^--N 以及 NH_4^+-N。一般来说，转化为 NO_3^--N 的程度越高，则表明水体的自净能力越强。但是，衡量一个海域化学净化能力的强弱，不能仅从单方面考虑，应根据具体情况具体分析。例如，对于中营养或富营养水域，通过三态氮的转化程度可以进行初步判断，但对于贫营养水域，则需要从溶解氧、COD、三态氮等多方面加以综合考虑。

（2）酸碱度

海水的酸碱性是海洋水体全部化学活动的总和，表示水的最基本的性质，它可以影响水中弱酸、弱碱的解离程度，可以影响水中氯化物、氨、硫化氢等的毒性，可以影响底泥中重金属的释放，还可以影响水质以及生物的生长繁殖等，因此，酸碱度（pH 值）是评价水质的一个重要参数。例如，汞、镉、铜等金属，在海水酸碱度和盐度变化的影响下，其离子价态可以发生改变，从而改变自身的毒性或由胶体物质吸附以及凝聚共沉淀于海底。金属元素价态的变化可以直接影响它们的化学性质和迁移转化能力，例如，大多数的重金属在强酸性的海水中可以形成易溶性的化合物，有较高的迁移能力，而在弱碱性的海水中可以形成羟基络合物而沉淀净化。海水酸碱度的变化会引起海洋生物生理、生化活动的改变，从而间接影响海洋环境的自净能力。

（3）氧化还原电位

氧化还原电位（E_h）是水中多种氧化物和还原物发生氧化还原反应的综合结果，这一指标虽然不能作为某种氧化物和还原物浓度的指标，但能够帮助了解水体的电化学特征，从而分析水体的性质，是一项综合性指标。水体的氧化还原电位必须在现场测定。氧化还原电位对变价元素的净化起重要作用。氧化还原电位还可以影响海水中的各种配合体以及螯合剂，影响它们与污染物发生络合反应的能力。氧化还原电位还可以影响酶的活性、细胞的同化能力以及微生物的生长发育等。一般生物体内的电子传递是从氧化还原电位低的方向朝氧化还原电位高的方向转移。

（4）温度

温度可以影响海洋环境中的物理、化学和生物过程，它控制着化学反应的速率，还影响着海洋生物的生命活动。海水中溶解气体（如 O_2、CO_2 等）的含量均受温度的影响，而这些溶解气体又与生物过程紧密相连。温度升高可以加速化学反应，在湿热的海洋环境中，有机质的分解会更为激烈。同时，在一定范围内温度升高，海洋生物的代谢活动也会变得更加旺盛，海洋生物的净化作用也会更加明显。此外，温度还可以通过影响其他的海洋环境因素，如海水的溶解气体含量和黏度变化等，而间接影响海洋环境的化学净化能力。

（5）海水的化学组分和形态

海水的化学组分是海洋环境化学自净能力的物质基础，而其存在形态决定着海洋环境化学自净能力的强弱。

3.4.3 生物净化

海洋环境的生物净化（biological self-purification）是指通过各种海洋生物的新陈代谢作用，将进入海洋的污染物降解、转化成低毒或无毒物质的过程。

进入海洋环境中的污染物，会经物理净化和化学净化过程而使浓度明显降低，但最终还是需要海洋生物（如微生物）的直接作用或间接作用而实现根本净化。例如，某些进入海洋环境中的致病菌，会因为海水中存在的一些由海洋生物产生的活性物质，而抑制这些致病菌在海洋环境中生存，从而起到净化的作用。影响生物净化的因素包括海洋环境因素和污染物两方面，其中，海洋环境因素有生物种类、组成和丰度，污染物方面有其本身的性质和浓度等。不同种类生物对污染物的净化能力存在着明显的差异，例如，微生物能降解石油、有机氯农药以及其他有机污染物，其降解速率与微生物的种类、污染物的种类以及环境条件有关。

在生物净化中，最重要的是微生物净化，其基础是自然界中的微生物对污染物的生物代谢作用。微生物在自然界中虽然是个体极小的生物，但其分布最广、种类最多、数量最大，同时，它们还以影响海水质量好坏的有机物作为营养来源，因此在生物净化过程中起直接作用。此外，微生物的代谢又具有固氮、氨化、硝化、反硝化以及解磷等作用，能够将污染物分解为 CO_2、硝酸盐以及硫酸盐等，这样不仅可以净化水质，还能为很多海洋植物提供营养物质，在生物净化过程中又可以起间接作用。在 DO 丰富的海域，微生物的数量较多，对水体的自净效果较好。

海洋浮游植物是一类微小的单细胞藻类，它在生物净化过程中也扮演着双重角色。某些藻类具有异养的能力，可以直接利用水中的有机物作为氮源，在生物净化过程中起直接作用。而多数藻类则是通过光合作用，大量摄取 CO_2，为海洋生物的呼吸和有机物的分解提供 O_2，既能够促进海洋生物的生长和繁殖，又能够加快有机物的分解。此外，浮游植物可以吸收大量的无机营养盐作为其基础养分，不仅可以促进自身的生长和繁殖，还可以为水体提供更多的氧源，减少营养盐的负荷，防止富营养化的发生，使水体始终保持良性的循环状态，在生物净化过程中起间接作用。

大型海藻是海区中重要的初级生产者，它生命周期长、生长快，能通过光合作用吸收固定水体的碳、氮、磷等营养物，同时增加水体中的溶解氧含量。大型海藻可以高效吸收并储存大量的营养盐，当这些海藻被收获时，营养盐就从海水中转出，因此，通过大型海藻对污染物的吸收、降解和转移等作用，可减少海洋环境污染。同时，大型海藻的存在还为海区海洋生物提供了生存的天然场所，海洋生物多样性和生物量得以提高，生态系统的功能更加完善，可显著提高海区的自然净化能力。此外，大型海藻对赤潮物种具有一定的抑制作用，主要可能是它们对海水中营养盐的竞争所致。

海洋动物可以直接摄食海水和海底沉积物中的有机物质，使海洋环境中的污染物通过食物链重新进入物质循环，减少了这类污染物对海洋环境的污染。例如，杂食性的动物既可以摄食浮游植物，也可以摄食水中的有机碎屑。

3.4.4 海洋环境容量

海洋环境具有一定的自净能力，即具有一定的环境容量。低于此值，海洋可以对排入的污染物净化，高于此值则会超出海洋的自净能力，使海洋水体系统功能和海洋环境受到破坏。因此，在环境管理上只有采用总量控制法，即把各个污染源排入某一环境的污染物总量限制在一定数值之内，才能有效地保护海洋环境，减少污染物对海洋环境的危害。近岸海域污染物总量排放控制的第一步，就是要确定污染物排放总量控制值的大小，即环境容量的大小。

国内外许多专家学者对环境容量进行了研究，并分别对环境容量的含义进行了阐述。联合国海洋污染科学专家组（GESAMP）1986年正式定义了这一概念：环境容量是环境的特性，指在不造成环境不可承受的影响的前提下，环境所能容纳某物质的能力，例如单位时间内的排污量、倾废量或矿物提取量。这个概念包含三层含义：①污染物在海洋环境中存在，只要不超过一定的阈值，就不会对海洋环境造成损害；②在不影响生态系统功能的前提下，任何环境都有有限的容量容纳污染物；③环境容量可以量化。

为满足当前我国海洋环境污染物总量控制的要求，可将海洋环境容量（marine environmental capacity）定义为：为维持某一海域的特定生态环境功能所要求的海水质量标准，在一定时间内所允许的环境污染物最大入海数量。其中的环境污染物是指由人类活动向自然海洋环境输入并对自然海洋生态环境产生危害的化学物质及其混合物，主要包括油类、重金属、农药、需氧有机污染物、无机氮、磷等。

海洋环境容量是衡量海水自净能力大小的标志。通常，海洋环境容量愈大，海域对污染物接纳的负荷量就愈大。海洋环境容量的大小取决于三方面因素：①海洋环境本身的生态条件。如地理位置、空间大小、空间内各环境因素的特性状态、水体系统结构功能的完整性以及潮流状况等。②人们对特定海域使用功能的规定。不同的海域功能区执行不同的水质标准，从而环境容量不同。③污染物的理化特性。污染物的理化特性不同，被海洋净化的能力不同，其环境容量不同，不同污染物对海洋生物和人类健康的毒性不同，允许其存在的浓度不同，其环境容量随之变化。

污染物进入水体后，可以通过物理、化学和生物净化过程得以去除。但是，目前关于海洋环境容量的计算主要考虑水动力输运的自净过程，常常忽视了化学和生物自净的作用。其主要原因是目前缺乏有关动力学参数和化学、生物等自净过程分配系数的报道。此外，目前人们主要依据的急性毒性、毒理分析和对生物生长影响等试验只能定性描述环境负荷对生物群落结构及数量变化现状的影响，无法定量描述环境负荷在食物链上的分布，也难以预测生物群落结构及数量变化的趋势。因此，综合考虑物理、化学和生物等自净过程对环境容量的贡献，是全面了解海洋环境容量的关键。

海洋环境容量的估算可以分为环境绝对容量（W_Q）和环境年容量（W_A）。

（1）环境绝对容量

W_Q是指某一海洋环境所能容纳某种污染物的最大负荷量，主要是表征自然环境的特性，它与环境标准规定值（W_S）和环境背景值（B）有关。数学表达式可以用浓度和质量单位两种表示形式。

以浓度单位表示的环境绝对容量的计算公式为：
$$W_Q = W_S - B \tag{3-1}$$
以质量单位表示的环境绝对容量的计算公式为：
$$W_Q = M(W_S - B) \tag{3-2}$$
式中，M 为某环境介质的质量。

（2）环境年容量

W_A 是指某一环境在污染物的积累浓度不超过环境标准规定的最大容许值的情况下，每年所能容纳某污染物的最大负荷量，主要表征污染物的特性。它除了与环境标准规定值和环境背景值有关外，还与环境对污染物的净化能力有关。

如某一海洋环境污染物的输入量为 A（单位负荷量），经过一年以后被净化的量为 A'，其年净化率为 K：
$$K = (A'/A) \times 100\% \tag{3-3}$$
以浓度单位表示该海洋环境年容量的计算公式为：
$$W_A = K(W_S - B) \tag{3-4}$$
以质量单位表示该海洋环境年容量的计算公式为：
$$W_A = KM(W_S - B) \tag{3-5}$$
环境年容量与环境绝对容量的关系：
$$W_A = KW_Q \tag{3-6}$$

对某一特定海域的环境容量，由于污染物不同，通常是依据污染物的地球化学行为进行计算的。

第4章 海洋大气环境化学

4.1 海洋大气状态

4.1.1 大气层的结构和主要成分

(1) 大气层的结构

为了更好地研究和理解大气层的性质,人们常常将大气层划分成不同的层次。现在广泛接受的划分方法是按照大气层在垂直方向上的温度、成分、电荷等物理性质及大气层在垂直方向上的运动情况,将大气层从下向上分为对流层、平流层、中间层、热层和散逸层。

① 对流层

对流层是大气的最低层,其厚度随纬度和季节而变化。在赤道附近为16~18km,在中纬度地区为10~12km,两极附近为8~9km。夏季较厚,冬季较薄,原因在于热带的对流程度比寒带要强烈。对流层最显著的特点就是气温随着海拔高度的增加而降低,大约每上升100m,温度降低0.6℃。这是由于地球表面从太阳吸收了能量,然后又以红外长波辐射的形式向大气散发热量,因此使地球表面附近的空气温度升高。贴近地面的空气吸收热量后会发生膨胀而上升,上面的冷空气则会下降,故在垂直方向上形成强烈的对流,对流层也正是因此而得名。对流层空气对流运动的强弱主要随着地理位置和季节发生变化,一般低纬度较强,高纬度较弱,夏季较强,冬季较弱。

对流层的另一个特点是密度大,大气总质量的3/4以上集中在对流层。

在对流层中,根据受地表各种活动影响程度的大小,还可以将对流层分为两层。海拔高度低于1~2km的大气叫做摩擦层或边界层,亦称低层大气。这一层受地表的机械作用和热力作用影响强烈。一般排放进入大气的污染物绝大部分会停留在这一层。海拔高度在1~2km以上的对流层大气,受地表活动影响较小,叫做自由大气层。自然界主要的天气过程如雨、雪、雹等的形成均出现在此层。

在对流层的顶部还有一层叫做对流层顶层的气体。由于这一层气体的温度特别低,水分子到达这一层后会迅速地被转化形成冰,从而阻止了水分子进入平流层。否则的话,水分子一旦进入平流层,在平流层紫外线的作用下,水分子会发生光解:

$$H_2O \xrightarrow{h\nu} H\cdot + HO\cdot$$

形成的 H· 会脱离大气层,从而造成大气氢的损失。因此,对流层层顶起到一个屏障的作用,阻挡了水分子进一步向上移动进入平流层,避免了大气氢遭到损失。

② 平流层

平流层是指从对流层顶到海拔高度约 50km 的大气层。在平流层下部，即 30～35km 以下，随海拔高度的降低，温度变化并不大，气温趋于稳定，因此，这部分大气又称同温层。在 30～35km 以上，温度随海拔高度的升高而明显增加。

平流层具有以下特点：

a．空气没有对流运动，平流运动占显著优势。

b．空气比对流层稀薄得多，水汽、尘埃的含量甚微，很少出现天气现象。

c．在高 15～60km 范围内，有厚约 20km 的一层臭氧层，臭氧的空间动力学分布主要受其生成和消除的过程所控制：

$$O_2 \longrightarrow O\cdot + O\cdot$$

$$O\cdot + O_2 \longrightarrow O_3$$

$$O_3 \longrightarrow O\cdot + O_2$$

$$O_3 + O\cdot \longrightarrow 2O_2$$

臭氧光解反应并不能将臭氧真正从大气中消除，但是由于这个过程吸收了大量的太阳紫外线，并将其以热量的形式释放出来，从而导致平流层的温度升高。因为高层的臭氧可以优先吸收来自太阳的紫外辐射，使得平流层的温度随海拔高度的增加而增加。

③ 中间层

中间层是指从平流层顶到 80km 高度的大气层。这一层空气变得较稀薄，同时由于臭氧层的消失，温度随海拔高度的增加而迅速降低。同样，这一层空气的对流运动非常激烈。

④ 热层

热层是指从 80km 到约 500km 的大气层。由于这一层的空气处于高度电离的状态，故该层又叫电离层。热层空气更加稀薄，大气质量仅占大气总质量的 0.5%。同时，因为太阳所发出的紫外线绝大部分都被这一层的物质所吸收，使得大气温度随海拔高度的增加而迅速增加。

⑤ 散逸层

热层以上的大气层称为散逸层。这层空气在太阳紫外线和宇宙射线的作用下，大部分分子发生电离，使质子的含量大大超过中性氢原子的含量。散逸层空气极为稀薄，其密度几乎与太空密度相同，故又常称为外大气层。由于空气受地心引力极小，气体及微粒可以从这层飞出地球重力场而进入太空。散逸层是地球大气的最外层，关于该层的上界到哪里还没有一致的看法。实际上地球大气与星际空间并没有截然的界限。散逸层的温度随高度增加而略有增加。

大气层的温度随海拔高度的变化情况如图 4-1 所示。

（2）大气层的主要成分

海洋的上方是大气，海水的表面与大气紧密接触，大气中的气体与海水中的气体不断地进行交换，表层海水与大气通常处于平衡或接近平衡状态。因此海水中的溶解气体与大气的组成有关。大气中存在的气体可分成非可变成分和可变成分。非可变成分包括大气中的主要气体（如氧、氮）和一些微量气体（如氖、氦和氩等）。可变成分包括水蒸气、CO、NO_2、CH_4 和 NH_3。水蒸气是大气中最易变化的成分。而 CO、NO_2、CH_4 和 NH_3 是由生物过程和人类活动所产生的，这些可变的微量气体的含量将随着它们的来源和分解而变化。

第 4 章 海洋大气环境化学　59

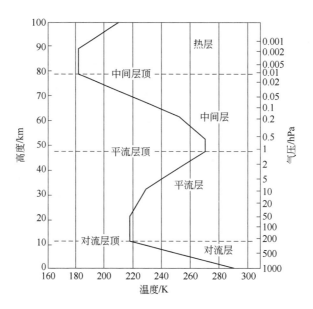

图 4-1 大气层的温度层节结构（引自 赵烨，2007）

从外观上看，大气似乎是一个成分和含量固定的稳定体系，其实它是一个十分活跃的流动体系。一方面，内部的各种化学反应、生物活动、水活动、放射性衰变及工业活动等不断产生气体投放至大气中；另一方面，又因化学变化、生物活动、物理过程及海洋、陆地的吸收而不断迁出大气，这就构成一个循环体系。气体组分在大气中的平均逗留时间少则几小时，多则百年以上，这与组分在大气中的贮存以及迁出或循环的过程有密切关系。近年来海洋与大气之间的交换问题受到关注，有些气体既可以被海洋吸收也可以被海洋释放，例如 CO_2；而有些气体可能是由海洋向大气输送的，例如 CO 等。因此只有较好地掌握了海洋交换的机制、交换速率等问题，才能正确了解气体在地球上的循环过程，这方面须更加注意的是一些污染气体在海空之间交换，如有机氯及有机氯化物等，同时可以利用它们在海洋中的分布解决海水的运动问题。现将近地面大气的化学组成总结于表 4-1 中。

表 4-1 地球表面干洁空气的组成

成分	体积分数/%	分子量
氮（N_2）	78.09	28.016
氧（O_2）	20.95	32.000
氩（Ar）	0.93	39.944
二氧化碳（CO_2）	0.03	44.010
氖（Ne）	0.0018	20.183
氦（He）	0.0005	4.003
氪（Kr）	0.0001	83.700
氢（H_2）	0.00005	2.016
氙（Xe）	0.000008	131.300
臭氧（O_3）	0.000001	48.000

4.1.2 海洋气象要素

表示大气中物理现象与物理过程的物理量称为气象要素。它们表征大气的宏观物理状态，是大气科学研究的重要依据。气象要素中以气温、气压、湿度和风最为重要。

(1) 气温

气温是大气温度的简称，一般称温度，是表示大气冷热程度的物理量。在一定的容积内，一定质量空气的温度高低与空气分子的平均动能有关，且气体分子运动的平均动能只与热力学温度 T 有关。因此，气温实质上是空气分子平均动能大小的表现。虽然热量和温度经常联系在一起，但它们是完全不同的两个概念。热量是能量，而温度是一种量度。

气象上使用的温标，一种是摄氏温标，记作"℃"；一种是开氏温标，记作"K"。开氏温标的零度是热力学零度，即分子完全停止运动的温度。它们之间的换算关系为

$$T=273.16+t\approx 273+t \tag{4-1}$$

式中，T 为热力学温度，K；t 表示摄氏温度，℃。

通常所说的地面气温是指离地面 1.5m 高度上百叶箱所测得的温度。

由于太阳辐射的差异，各地地面平均气温随纬度的变化是明显的。大气温度的分布对于确定大气的热力状态和风场结构是十分重要的。根据 1 月和 7 月平均地面温度分布，显示一年中最冷月和最热月的气温分布。

在一年中吸收太阳辐射最多的热带，温度最高。在赤道地区，太阳辐射的梯度较小，使温度的经向梯度很小。在一年中吸收太阳辐射最少的极区，温度则最低。南半球海洋面积远大于陆地，使温度在纬圈方向的分布较北半球均匀。

北半球冬季大陆区域，极地至赤道间的温度梯度达最大值。另外 1 月和 7 月里冷、暖洋流的作用均很明显。最大的温度水平梯度位于南、北半球的中纬地区，从海岸线和山脉地区（如落基山、青藏高原、安第斯山和南极洲）附近等温线的形状和很强的梯度来看，陆地和海洋的分布、陆地表面的特征和地面地形有十分显著的影响。最冷的地区在北半球冬季期间的欧亚大陆北部（亦即西伯利亚和加拿大的东北部）和全年中的南极洲。

① 辐射逆温层

在对流层中，气温一般是随高度增加而降低，但在一定条件下会出现反常现象。这可由垂直递减率（Γ）的变化情况来判断。随高度升高气温的降低率为大气垂直递减率，通常用下式表示：

$$\Gamma = -\frac{dT}{dz} \tag{4-2}$$

式中，T 为热力学温度，K；z 为高度，m。

此式可以表征大气的温度层结。在对流层中，一般而言，$\Gamma>0$，但在一定条件下会出现反常现象；当 $\Gamma=0$ 时，称为等温气层；当 $\Gamma<0$ 时，称为逆温气层。逆温现象经常发生在较低气层中，这时气层稳定性特强，对于大气中垂直运动的发展起着阻碍作用。逆温形成的过程是多种多样的。由于过程的不同，可分为近地面层的逆温和自由大气的逆温两种。近地面层的逆温有辐射逆温、平流逆温、融雪逆温和地形逆温等；自由大气的逆温有乱流逆温、下沉逆温和锋面逆温等。

近地面层的逆温多由热力条件而形成，以辐射逆温为主。辐射逆温是地面因强烈辐射而冷却所形成的。这种逆温层多发生在距地面 100～150m 高度内。最有利于辐射逆温发展的条件是平静而晴朗的夜晚。有云和有风都能减弱逆温，如风速超过 2～3m/s 时，辐射逆温就不易形成。当白天地面受日照而升温时，近地面空气的温度随之而升高，夜晚地面由于向外辐射而冷却，便使近地面空气的温度自下而上逐渐降低。由于上面的空气比下面的空气冷却慢，结果就形成了逆温现象。

② 大气稳定度

流体的层结对于流体的垂直运动有着重要的影响。我们知道，一般来讲若密度大的流体在密度小的流体下面，则这种层结分布是稳定的，反过来就是不稳定的。然而对于空气而言，尽管其密度随高度增加而减小，但它未必是稳定的，因为它的稳定性还受温度层结所制约。所以一个空气气块的稳定性应该是密度层结和温度层结共同作用决定的。

大气稳定度是指气层的稳定程度，或者说大气中某一高度上的气块在垂直方向上相对稳定的程度。设想在层结大气中有一气块，如果某种原因使其产生一个小的垂直位移，其层结大气使气块趋于回到原来的平衡位置，则称层结是稳定的；若层结大气使气块继续离开原来的位置，则称层结是不稳定的；介于两者之间则称层结为中性的。气块在大气中的稳定度与大气垂直递减率和干绝热垂直递减（干空气在上升时温度降低值与上升高度之比，用 $\varGamma_d$ 表示）有关。若 $\varGamma<\varGamma_d$，表明大气是稳定的；$\varGamma>\varGamma_d$，大气是不稳定的；$\varGamma=\varGamma_d$，大气处于平衡状态。

如图 4-2 所示，设有 A、B、C 三块未饱和空气都位于 200m 高度做升降运动，而其周围空气的垂直递减率分别为 $\varGamma_A=0.8℃/100m$，$\varGamma_B=1.0℃/100m$，$\varGamma_C=1.2℃/100m$，当气块 A 受到外力作用升到 300m 高度时，本身温度低于周围空气的温度，因此上升速率要减小，并有回到原来高度的趋势，这时大气处于稳定状态。当气块 B 受到外力作用后，无论气块上升或下降，本身温度都与周围温度相等，这时大气处于中性平衡状态。当气块 C 因外力而上升到 300m 高度时，本身温度高于周围空气温度，因此要继续上升。如果外力方向相反，气块下降到 100m 处时，本身温度又低于周围空气温度，又要继续下降，这时大气处于不稳定状态。当然，讨论气块的稳定性除了考虑气块与周围空气的温度差别之外，还要考虑气块的密度及外力等。一般来讲，大气温度垂直递减率越大，气块越不稳定。反之，气块就越稳定。如果垂直递减率很小，

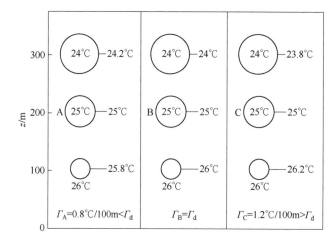

图 4-2 未饱和空气三种不同稳定度（引自 陈世训，1981）

甚至形成等温或逆温状态，这时对大气垂直对流运动形成巨大障碍，地面气流不易上升使地面污染源排放出来的污染物难以借气流上升而扩散。

研究大气的垂直递减率与干绝热垂直递减率的对比是十分重要的。它可判断气块的稳定情况及气体垂直混合情况。如污染物进入平流层，由于该层内垂直递减率是负值，垂直混合很慢，以致某些污染物在平流层内难以扩散，甚至可在平流层内存留达数年之久。

（2）气压

① 定义

大气压强简称气压，指观测高度到大气上界单位面积上铅直空气柱的质量。

测量气压的仪器通常有水银气压表和空盒气压计两种。气压的单位曾经用毫米水银柱高度（mmHg）来表示，但国际单位制用帕斯卡（Pa）来表示，简称"帕"，气象学上常用百帕（hPa）。1 百帕是 $1cm^2$ 面积上受到 1000dyn 时的压强值，即

$$1hPa=1000dyn/cm^2$$

而 $1Pa=1N/m^2$，即 1Pa 等于每平方米受力 1N 的压强值。百帕与过去曾使用的毫巴（mbar）单位相当。气象学上曾规定，把温度为 0℃时、纬度为 45°的海平面的气压作为标准大气压，称为 1 个大气压。其值为 760mmHg，或相当于 1013.25 hPa。在标准状况下：

$$1mmHg=1.33hPa$$

由此得到 mmHg 与 hPa 间的换算关系：

$$1mmHg=1.33hPa≈4/3hPa$$
$$1hPa=0.75mmHg≈3/4mmHg$$

1hPa 近似地相当于 1cm 静压水位。地面气压值在 980～1040hPa 之间变动，平均 1013hPa。随着高度增加，气压值呈指数减少，离地面 10km 处的气压值只有地面的 25%。

由于地表的非均一性及动力、热力等因子的影响，实际大气压并不呈简单的纬向分布。根据各地气象台观测到的海平面气压值，在地图上用等压线勾画出高、低气压的分布区域，就是水平气压场。图 4-3 是一张海平面气压场示意图。气压场中一般可分为低气压、高气压、低压槽、高压脊及鞍形等区域。

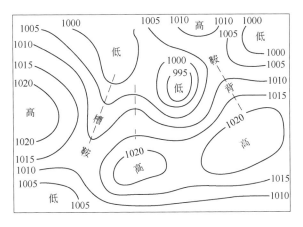

图 4-3　海平面气压场示意图（单位：hPa）（引自 冯士筰等, 2011）

② 大气静力方程

大气的密度随高度的增加而减小，气压亦然。大气又处于不停的运动中，既有水平运动，也有铅直运动。由于大气铅直运动的加速度比重力加速度的数值小数个量级，就每一薄层大气来说，可以认为它受到重力与铅直方向的气压梯度力相平衡，即处于静力平衡状态。

研究一个厚为 dz 的单位截面积空气块，坐标如图 4-4 所示，假设空气无水平运动，只在铅直方向受到重力和气体压力的作用，那么空气块在铅直方向所受重力为 $mg=\rho g\mathrm{d}z$，而其顶部和底部受到的压力差为 $-\frac{\partial p}{\partial z}\mathrm{d}z$，二者平衡则有

$$g = -\frac{1}{\rho}\frac{\partial p}{\partial z} \tag{4-3}$$

式（4-3）就是大气静力方程。由于大气在水平方向气压分布相对均匀，100km 内才有 1hPa 的气压差，而在近地面气层中，铅直方向每升高 8m，气压就减少 1 hPa，因而在一定范围内可以认为 $p=p(z)$，则静力方程可以写成

$$\frac{\mathrm{d}p}{\mathrm{d}z} = -\rho g \tag{4-4}$$

在实际大气中，除有强烈对流运动的地区外，静力方程都成立。该方程具有极广泛的用途。

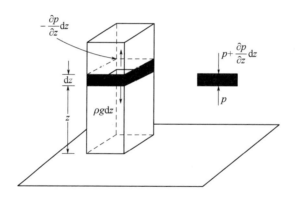

图 4-4 坐标系统（引自 冯士筰等，2011）

③ 重力位势

天气分析中，通常在等压面上分析高度场，但这种高度场不是几何高度场，而是位势高度场。

习惯上以位势高度 H 表示重力位势的大小，定义

$$H = \frac{1}{g_0}\int_0^z g\mathrm{d}z \tag{4-5}$$

式中 $g_0=9.80665$，它不再表示重力加速度，而只是一个数值。H 的单位是 gpm（位势米），1gpm 相当于 9.80665J/kg 的重力位势。所以 g_0 可以看作是重力位势与位势高度之间的换算因子。位势高度与几何高度在量值上十分接近，但其意义却截然不同。

（3）湿度

大气中含有水汽量的多少及发生的相变对大气现象影响甚大，由于测量方法和实际应用不同，采用多个湿度参量以表示水汽含量。

① 水汽压和饱和水汽压

一切度量水汽或空气湿度的方法，基本上均以相对于纯水的平面上蒸发和凝结的量为标准。

湿空气中，由水汽所引起的那一部分压强称为水汽压，以 e 表示，其单位与压强的相同。当温度一定时，若从纯水的水平面逸入空气中的水分与从空气中进入水面的水分在数量上相同（即处于平衡状态），此时水汽所造成的那部分压强称为饱和水汽压，以 E 表示。饱和水汽压是温度的函数，温度愈高，饱和水汽压愈大。在实际工作中常采用玛格努斯（Magnus）经验公式表示饱和水汽压与温度的关系：

$$E = E_0 10^{\left(\frac{at}{b+t}\right)} \tag{4-6}$$

式中，E_0 为 0℃时的饱和水汽压，6.11hPa；t 是温度，℃；a 和 b 为常数。

对水面：a=7.5，b=237.3；对冰面：a=9.5，b=265.5。

冰面饱和水汽压低于同温度下的水面饱和水汽压，其差值在−12℃时最大。不同温度下水面和冰面的饱和水汽压可查阅气象常用表。

② 相对湿度

空气中的实际水汽压 e 与同温度下的饱和水汽压 E 之比，称相对湿度，用百分数表示。其表示式为：

$$f = \frac{e}{E} \times 100\% \tag{4-7}$$

③ 露点

对于一定质量的湿空气，若气压保持不变，而令其冷却，则湿度参量保持不变，但饱和水汽压 $E(t)$ 却因温度的降低而减小。当 $E(t)=e$ 时，空气达到饱和。湿空气等压降温达到饱和时的温度就是露点温度 T_d。

露点完全由空气的水汽压决定，是等压冷却过程的保守量。

（4）风

空气相对于地面作水平运动即为风。它既有方向又有大小，是个向量。风是大气显示能量的一种方式，风可以使地球上南北之间、上下之间空气发生交换，同时伴有水汽、热量、动量的交换。这种交换对整个地球大气的运动状态有重要意义。

因为风是向量，需要测量风向和风速两个项目，才能完全描绘出风的状况。中国在汉朝已经使用测风旗和相风鸟来测定风向，同时还用羽毛举高程度判据风速。这比国外领先了上千年。

风向是指风的来向，例如北方吹来的风叫北风，南方的风称南风等等。气象观测上用 16 个方位。

风速是指气流前进的速度。风速越大，风的自然力量越大。一般用风力来表示风速大小。风速的单位是 m/s 或 km/h。目前国际上通用蒲福风力等级表。

4.1.3 大尺度大气运动的基本特征

（1）大气运动的尺度特征

大气运动的范围称之为"尺度"，大气的运动是十分复杂的，从分子运动到湍涡，从小涡旋到尘暴,从龙卷风到单个积云,从台风到气旋、反气旋,直到与地球半径尺度相似的行星波,其运动的水平尺度,从分子的平均自由程(10^{-7}m)到行星波波长(10^7m)相差悬殊。通常把有天气意义的大气运动,按其水平尺度而粗略地分为:大尺度系统,包括大气长波、大型气旋、反气旋,其水平尺度可达数千千米;中尺度系统,包括小型气旋、反气旋、热带风暴,水平尺度数百千米;小尺度系统,包括小型涡旋、雷暴等,水平尺度几十千米;微尺度系统,包括积云、浓积云,水平尺度几千米。

通常,大气运动的水平尺度越大,生命史越长,铅直速度越小;水平尺度越小,生命史越短,铅直速度越大。

主要按水平尺度分类的各尺度大气运动的基本特征,列于表 4-2 中,其中包括水平尺度(L)、铅直尺度(H)、水平速度(U)、铅直速度(W)和生命史(τ)。

表4-2 大气运动分类及特征量

分类	特征量				
	L/m	H/m	U/(m/s)	W/(m/s)	τ/s
大尺度系统	10^6	10^4	10^1	10^{-2}	10^5
中尺度系统	10^5	10^4	10^1	10^{-2}	10^5
小尺度系统	10^4	$10^2 \sim 10^4$	$10^1 \sim 10^2$	10^{-1}	10^4
微尺度系统	10^3	10^3	$10^0 \sim 10^1$	$10^{-1} \sim 10^0$	$10^2 \sim 10^4$

必须指出,在旋转的地球上,大气运动必定受到地转偏向力(科氏力)的影响,水平尺度越大,科氏力的影响越重要,而水平尺度只有数千米或更小尺度的运动(例如小尺度和微尺度系统),可以忽略科氏力的影响。中尺度、大尺度运动的铅直运动很小,都很好地满足静力平衡。

(2)自由大气的地转平衡运动

在 1~1.5km 以上的大气中,摩擦力很小,可以忽略不计,通常称为自由大气。气压场在水平方向是不均匀的,虽然水平气压梯度的量值远小于铅直方向,但其对于大气水平运动是决定性的推动力;考虑到大尺度运动普遍满足静力平衡,因此可视大尺度运动基本上是水平的;u(东西方向风速)、V(南北方向风速)的典型数值为 10m/s,其随时间变化很小可视为一种定常运动。这样,在自由大气中,大尺度水平运动基本上是在水平气压梯度力和科氏力相平衡的条件下维持的地转平衡运动,在北半球,科氏力在运动的右方,地转风关系如图 4-5 所示。

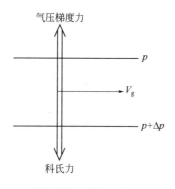

图 4-5 地转风关系(引自 冯士笮,2011)

地转平衡的矢量数学表达式为：

$$0 = fV_g \times k - \frac{1}{\rho}\Delta P \tag{4-8}$$

式中，$f=2\omega\sin\varphi$，为柯氏参数；ω 为地球自转角速度；φ 为地理纬度；V_g 为地转风。式（4-8）写成分量形式为：

$$0 = -\frac{1}{\rho}\frac{\partial p}{\partial x} + fV_g \tag{4-9}$$

$$0 = -\frac{1}{\rho}\frac{\partial p}{\partial y} - fu_g \tag{4-10}$$

于是地转风的 u_g、V_g 分量可以写成：

$$u_g = -\frac{1}{\rho f}\frac{\partial p}{\partial y} \tag{4-11}$$

$$V_g = -\frac{1}{\rho f}\frac{\partial p}{\partial x} \tag{4-12}$$

地转风 V_g 和水平气压梯度垂直，即沿水平面上等压线吹。在北半球，背风而立，高压在右，低压在左；在南半球则相反，背风而立，低压在右，高压在左。

地转风是严格的平衡运动，空气质点的速率和方向都不变，即等压线必须是直线。在自由大气中可视地转风为实际风的一种良好近似。但是在等压线弯曲的地区这种近似误差较大。

在赤道上由于科氏力为零，地转关系不成立。当空气接近地面运动时，由于摩擦力的存在，这时的风不是地转风，而有加速度，于是便会出现非平衡运动。

4.1.4 平均大气环流

一般来说，凡是大范围的、半球的或全球的、对流层、平流层或整层大气长期的平均运动状态，或某一时段的变化过程，都可以称为大气环流。这么大范围的大气运动的基本状态，是各种不同尺度的天气系统发生、发展和移动的背景条件，也是完成地球-大气系统的热量、水分、角动量等输送和平衡，以及能量转换的主要机制，同时也是这些物理量输送和平衡的结果。

如上所述，大气的大尺度运动近似为水平运动，在铅直方向上，气压梯度力与重力基本平衡，因而铅直加速度和铅直速度均很小；在水平方向，自由大气中的主要作用力是气压梯度力和科氏力，这导致了准地转平衡。因此，大气运动大致平行于等压线，它的风速则反比于等压线之间的距离[参见式（4-11）及式（4-12）]，在热带以外地区，等压线近似就是流线。下面介绍大气环流的观测事实，包括海平面上和 200hPa 上位势高度的分布及其相应的风场。

（1）海平面气压场及风场

北半球冬季（a）和夏季（b）1000hPa 高度场上的扰动（$Z_{1000}-Z_{1000}^{SA}$），实际上也等效于天气分析中常用的海平面气压场。其中（$Z_{1000}^{SA}=113$gpm）是由国家气象中心（NMC）标准大气所得到的 1000hPa 平均高度。矢量是地面风，在地转平衡的情形下，箭头应该平行于等高线，箭矢尾部的每一条斜杠代表 2m/s 的风速。图 4-6 中等高线也可以解释为海平面上的等压线，因为 1gpm 相当于约 0.121hPa，因此，+40gpm 的等高线就相当于(40+113)×0.121+1000=1018.5（hPa）的等压线，而-40gpm 的等高线则相当于(-40+113)×0.121+1000=1008.8（hPa）的等压线。

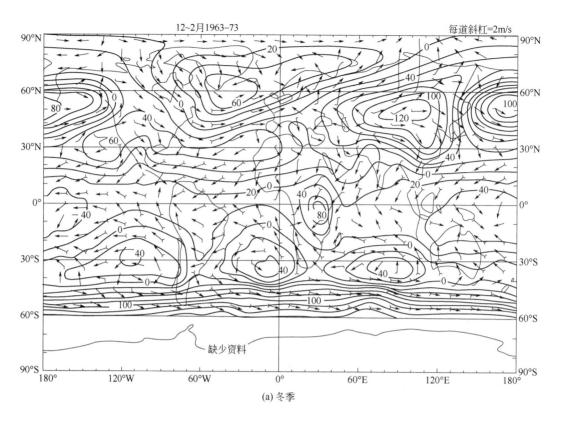

(a) 冬季

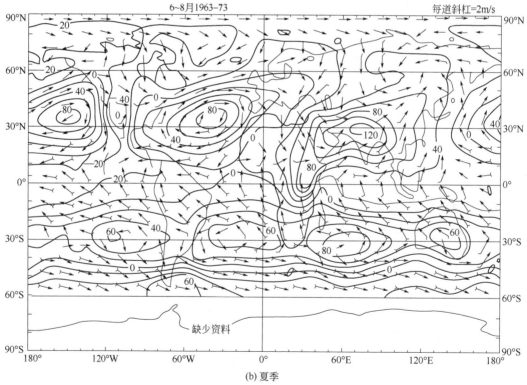

(b) 夏季

图 4-6　北半球 1000 hPa 高度扰动 $Z_{1000}-Z_{1000}^{SA}$ 的全球分布（引自 冯士筰，2011）

注意，1gpm≈1m。

由北半球冬季 1000hPa 高度扰动 $Z_{1000}-Z_{1000}^{SA}$ 的全球分布图 4-6（a）和夏季 1000 hPa 高度扰动 $Z_{1000}-Z_{1000}^{SA}$ 的全球分布图 4-6（b）对比可见，南、北半球副热带地区（30°N 和 30°S 附近）有半永久性的高压，亦即通常所说的副热带高压（简称副高）或反气旋（在北半球顺时针旋转，南半球相反）。它们的赤道一侧有几乎连续的低压带（热带辐合带，简称为 ITCZ）。在北半球它们的极地一侧还有由冰岛低压和阿留申低压组成的低压带。极地区域则主要是高压。

由图可见，夏季，南、北半球副热带高压向极地方向稍有推移。北大西洋和北太平洋上的副高已显著增强。冬季北半球高纬的低压系统显著增强，而南半球的这种变化则不明显。南半球高纬的低压系统几乎形成了绕极地的低压带，并且地面气压很低。地面气压的最大季节变化出现在亚洲。冬季，西伯利亚有一个强反气旋；而夏季，印度次大陆的北面却有一个低压，这一变化与东南亚的季风周期和 ITCZ 的移动有关。北美大陆也有类似现象，但其变化的强度较弱。北美大陆地面气压的年变化小于 10hPa（$\Delta Z_{1000} \leqslant 80$gpm），而西伯利亚地区大于 25hPa（$\Delta Z_{1000} \leqslant 200$gpm）。

事实上，地面风大致平行于等压线，并且高压在北半球位于风前进方向的右侧，在南半球则位于其左侧。大尺度运动有自副热带高压和极地辐散、向赤道地区和 60°N 附近的低压带辐合的分量，这种流入低压、流出高压的非地转效应是地面边界层中摩擦和小尺度湍流作用所致。风向与等压线间的夹角就反映了气压梯度力、摩擦力和科氏力间的近似平衡。

（2）200hPa 位势高度场及风场

在地球上不同的地点和不同的季节，大气风场变化很大。地面风场已在图 4-7 中给出。观测到的 200hPa 风场和位势高度场如图。这一高度通常是对流层急流最大风速所在之处。图中箭头代表风场。由图可见，箭头基本上平行于等高线，这表明大气运动处于近似地转平衡。在南、北半球均有宽广的纬向流，其上叠加有大尺度扰动，亦即行星尺度静止波，这一环流主要是自西向东，并且在南半球更为强大和更趋于纬向方向。在赤道地区，大气风场弱于中、高纬度。

冬季和夏季 200hPa 风场和高度场的情况如图 4-7（a）、图 4-7（b）所示。由图中可以看出，急流在冬季明显加强。北半球夏季，亚洲南部有一个闭合环流。此时，急流已北移，如所预料的那样，定常波在北半球更显著一些，并在冬季达到最强。在北半球，定常波常表现为波数为 2 的波状分布，两个槽分别位于美洲和亚洲大陆的东面，两个脊分别位于欧洲和北美洲的西面。这些定常波的位相和振幅十分强烈地取决于地面处的强迫。因此，它们也与季节的变化有关。例如随着季节变化，槽脊有显著的东西方向移动。比较 200hPa 高度分布和 1000hPa 高度分布，可知对流层中的高纬度槽脊随高度增加有显著西倾现象。这一倾斜是与地面低压上游的冷平流和地面高压上游的暖平流相连的。

纬向风在南半球的分布比北半球均匀，这与南半球地面较为均匀的特征有关。北半球亚洲东部和美洲东部存在强劲的急流。西风带有明显的季节性移动，它向夏半球的极地移动约 10 个纬度。在冬半球由于极地与赤道间温度梯度增大，西风强度也达最大。纬向风速的最大季节差异位于南、北半球纬度的 30°附近。

（3）平均大气环流的铅直结构

温压场的结构和地转风关系，决定了地球大气纬向风结构。根据观测资料，得到纬向风时间平均的铅直和径向分布。

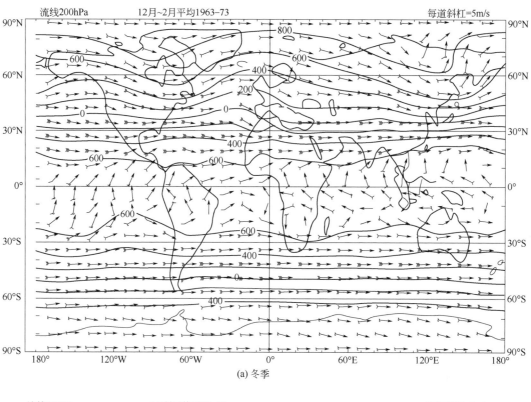

(a) 冬季

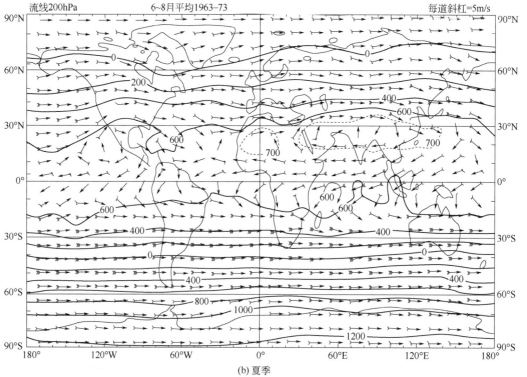

(b) 夏季

图 4-7 北半球 200hPa 高度场（$Z_{200-11784}$）gpm 的分布（引自 冯士筰，2011）

观测结果表明，在北半球沿经圈有三个闭合环流圈，在热带和极地各有一个直接环流圈，即空气自较暖处上升，在对流层上部向较冷处流去，然后下沉，而在对流层低层空气由冷处流向暖处，构成一个闭合系统。在热带的环流称哈得来（Hadley）环流，在极地的环流称极地环流。在两个直接环流之间的中高纬地区则存在一个与直接环流相反的闭合环流圈，称之为间接环流圈。该环流圈的特点是在暖处下沉，冷处上升，是一个较弱的环流圈。这个间接环流圈亦称费雷尔（Fred）环流。地球大气综合环流（图 4-8）是一个综合的理想化的经圈三圈环流模式，这是一种气候平均模式。

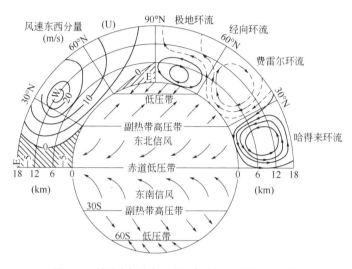

图 4-8　地球大气综合环流图（引自 冯士筰，2011）

与三圈环流对应的地面气流，在低纬度和极地附近大致是东风带，而在中纬度是西风带。高空气流在中高纬度地区基本上都是西风，与地面风带不同，主要系统丧失了经向风分量变成真正的西风。在赤道上空是东风控制。

4.1.5　季风

季风是大范围盛行风向随季节有显著变化的风系。主要是海陆温度对比的季节性变化和地球上行星风系的季节性南北移动所致。因此，考虑到季风的成因，季风的定义不应只着重于盛行风向和风速，季风应当是两种不同性质气流的交替，它具有以下特点：

① 盛行风向随着季节的变化而有很大的不同，甚至接近于相反方向；
② 两种季节（冬季风和夏季风）各有不同的源地，因而其气团性质有着本质的差异；
③ 能够造成明显不同的各种季节，例如雨季和旱季、冬夏明显对比等。

全球有三个季风区，一是印度季风区，二是东亚季风区，三是西非季风区。

东亚-南亚是世界最著名的季风气候区，这里冬季盛行东北气流（华北-东北为西北气流），天气寒冷、干燥、少雨；夏季盛行西南气流（中国东部至日本盛行东南气流），天气炎热、湿润、多雨。

季风的形成和维持是一个复杂的过程，受各种因素的影响，这些主要因素如下：

（1）海陆影响

古典季风的定义，即认为季风是海陆冷热源的直接热力环流。冬季大陆为高压冷源，海洋为低压热源，地面盛行风从大陆吹向海洋；夏季太阳加热作用使地面变暖，大陆为低压热源，海洋温度较低，风从海洋吹向陆地。

海陆热力造成的风向变化反映了季风的本质，因而可以认为海陆热力是季风的主要成因。但若只考虑海陆热力差异是季风的唯一成因，那么所有海边都该有季风，而且高纬季风要比低纬季风显著得多，因为高纬度温度年较差要大得多。但实际情况正相反，最显著的季风气候出现在亚洲-非洲的低纬地区。因此，季风不可能单纯由海陆差异来解释。

（2）行星环流影响

在表面均匀的地球上，行星风带基本上是纬线方向的。冬夏之间，这些行星风带有显著的经线方向位移，强度也有很大变化，在二支行星风带交替地区，随着行星环流的季节性转移，盛行风向往往近于相反。有人把这种现象称为行星季风。这种现象以低纬度地区（30°N～30°S）最为显著。正好在东非经南亚到东亚一带，海陆热力和行星环流季节变化共同作用，造就了最显著的季风气候区。

相反，在高纬度，由于夏季极冰冷源的作用（极区地面温度不宜超过融冰的温度），反而削弱了高纬海陆冷热源的热力环流，致使高纬度上难以形成季风环流。

（3）青藏高原大地形影响

与海陆之间的热力差异相类似,巨大而高耸的青藏高原与周围自由大气间同样存在着季节性热力差异，也就必然会产生类似季风的现象。在冬季，青藏高原是个冷源，高原低层形成冷高压，盛行反气旋环流，在东-南侧盛行北-东北风，这与东亚冬季风一致，增强了冬季风环流；在夏季，高原是个热源，低层形成强大的热低压，盛行气旋式环流。它与我国东部西北太平洋副热带高压相配合，不仅使其东侧的西南季风增厚，而且使夏季西南季风更加深入到华北以至东北地区。夏季高原的巨大热源还有助于南亚高压和高层东风急流的形成及维持，这与印度西南季风的暴发性发展是有直接关系的。

除海陆分布影响行星风带的冷暖季节变化以及大地形影响外，南北半球气流间的相互作用等，也直接影响季风的形成及维持。

季风环流是大气环流中的重要成员之一，因此与东、西风带，西风急流，经圈环流，大型涡旋等构成大气环流的统一体，它们之间相互制约，相互影响，构成了变化多端的大气运动的图像。

4.2 大气污染物及污染物的迁移

污染物在大气中的迁移是指由污染源排放出来的污染物因空气的运动使其传输和分散的过程。迁移过程可使污染物浓度降低。海洋大气中污染物的迁移主要依靠空气运动，是由海洋气象要素、大气的大尺度运动温度差异而引起的。这里首先介绍大气温度层结及因温度差异而引起的空气运动的规律，进而介绍污染物遵循这些规律在大气中的迁移过程。

4.2.1 大气中的主要污染物

人类活动（包括生产活动和生活活动）及自然界都不断地向大气排放各种各样的物质，这些物质在大气中会存在一定的时间。当大气中某种物质的含量超过了正常水平而对人类和生态环境产生不良影响时，就构成了大气污染物。

环境中的大气污染物种类很多，若按物理状态可分为气态污染物和颗粒物两大类；若按形成过程则可分为一次污染物和二次污染物。所谓一次污染物是指直接从污染源排放的污染物质，如 CO、SO_2、NO 等。而二次污染物是指由一次污染物经化学反应形成的污染物质，如臭氧（O_3）、硫酸盐颗粒物等。此外，大气污染物按照化学组成还可以分为含硫化合物、含氮化合物、含碳化合物和含卤素化合物。本节主要按照化学组成讨论大气中的气态污染物。

（1）含硫化合物

大气中的含硫化合物主要包括：氧硫化碳（COS）、二硫化碳（CS_2）、二甲基硫[$(CH_3)_2S$]、硫化氢（H_2S）、二氧化硫（SO_2）、三氧化硫（SO_3）、硫酸（H_2SO_4）、亚硫酸盐（MSO_3）和硫酸盐（MSO_4）等。

① SO_2

SO_2 是无色、有刺激性气味的气体。就全球范围来说，由人为来源和天然来源排放到自然界的含硫化合物的数量是相当的，但就大城市及其周围地区来说，大气中的 SO_2 主要来源于含硫燃料的燃烧。煤和石油最初都是由有机质转化形成的，而有机生命体的组织和结构中是含有元素硫的，因此，在这种转化过程中元素硫也被结合进入矿物燃料中。硫在燃料中可以有机硫化物或无机硫化物（如 FeS_2）的形式存在，其含量大约各占一半。在燃烧过程中，燃料中的硫几乎能够全部转化形成 SO_2。通常煤的含硫量为 0.5%～6%，石油的含硫量为 0.5%～3%。全世界每年由人为来源排入大气中的 SO_2 约有 $146×10^6$t，其中约有 60%来自煤的燃烧，30%左右来自石油燃烧和炼制过程。大气中的 SO_2 约有 50%会转化形成硫酸或硫酸根，另外 50%可以通过干、湿沉降从大气中消除。

大气中的 SO_2 对人体的呼吸道危害很大，它能刺激呼吸道并增加呼吸阻力，造成呼吸困难。虽然 SO_2 体积分数达到 $500×10^{-6}$ 就会致人死亡，但动物试验表明体积分数为 $5×10^{-6}$ 的 SO_2 不会对动物造成损害。此外，SO_2 对植物也有危害。高含量的 SO_2 会损伤叶组织（叶坏死），严重损伤叶边缘和叶脉之间的叶面。植物长期与 SO_2 接触会造成缺绿病或黄萎。SO_2 对植物的损伤随湿度的增加而增加。当植物的气孔打开时，SO_2 最易对植物造成损伤。因为大多数植物都是在白天张开气孔，所以 SO_2 对植物的损伤在白天比较严重。试验表明，连续 2h 暴露于体积分数为 $0.15×10^6$ 的 SO_2 中，可使硬粒小麦和大麦的产量分别比对照试验减产 42%和 44%。

SO_2 在大气中（特别是在污染的大气中）易被氧化形成 SO_3，然后与水分子结合形成硫酸分子，经过均相或非均相成核作用，形成硫酸气溶胶，并同时发生化学反应生成硫酸盐。硫酸和硫酸盐可以形成硫酸烟雾和酸性降水，危害很大。实际上，SO_2 之所以成为重要的大气污染物，是因为它参与了硫酸烟雾和酸雨的形成。

② H_2S

许多自然活动都可以向环境中排放含硫化合物,如火山喷射、海水浪花和生物活动等。火山喷射的含硫化合物大部分以 SO_2 的形式存在,少量会以 H_2S 和 $(CH_3)_2S$ 的形式存在。海浪带出的含硫化合物主要是硫酸盐,即 SO_4^{2-}。而生物活动产生的含硫化合物主要以 H_2S、$(CH_3)_2S$ 的形式存在,少量以 CS_2、CH_3SSCH_3(二甲基二硫)及 CH_3SH 形式存在。天然来源的硫主要以低价态存在,包括 H_2S、$(CH_3)_2S$、COS 和 CS_2,而 CH_3SSCH_3 和 CH_3SH 次之。

大气中 H_2S 的人为来源排放量并不大(3×10^6 t/a),其主要来源是天然排放(100×10^6 t/a,不包括火山活动排出的 H_2S)。H_2S 主要来自动植物机体的腐烂,即主要由动植物机体中的硫酸盐经微生物的厌氧活动还原产生。当厌氧活动区域接近大气时,H_2S 就进入大气。此外,H_2S 还可以由 COS、CS_2 与 $HO\cdot$ 的反应而产生:

$$HO\cdot + COS \longrightarrow \cdot SH + CO_2$$

$$HO\cdot + CS_2 \longrightarrow COS + \cdot SH$$

$$\cdot SH + HO\cdot \longrightarrow H_2S + \frac{1}{2}O_2$$

$$\cdot SH + CH_2O \longrightarrow H_2S + HCO\cdot$$

$$\cdot SH + H_2O_2 \longrightarrow H_2S + HO_2\cdot$$

$$\cdot SH + \cdot SH \longrightarrow H_2S + S$$

而大气中 H_2S 主要的去除反应为:

$$HO\cdot + H_2S \longrightarrow H_2O + \cdot SH$$

大气中 H_2S 的本底值一般为 $(0.2\sim20)\times10^{-9}$,停留时间为 $1\sim4$d。

(2)含氮化合物

大气中存在的含量比较高的氮的氧化物主要包括氧化亚氮(N_2O)、一氧化氮(NO)和二氧化氮(NO_2)。其中 N_2O 是低层大气中含量最高的含氮化合物,主要是天然来源,即由土壤中硝酸盐(NO_3^-)经细菌的脱氮作用而产生:

$$NO_3^- + 2H_2 + H^+ \longrightarrow 1/2N_2O + 5/2H_2O$$

在低层大气中 N_2O 非常稳定,是停留时间最长的氮的氧化物,一般认为其没有明显的污染效应。因而这里主要讨论 NO 和 NO_2,用通式 NO_x 表示。

NO 和 NO_2 是大气中主要的含氮污染物,它们的人为来源主要是燃料的燃烧。燃烧源可分为流动燃烧源和固定燃烧源。城市大气中的 NO_x(NO 和 NO_2)一般有 2/3 来自汽车等流动燃烧源的排放,1/3 来自固定燃烧源的排放。无论是流动燃烧源还是固定燃烧源,燃烧产生的 NO_x 主要是 NO,占 90% 以上;NO_2 的数量很少,占 0.5%~10%。

大气中的 NO_x 最终将转化为硝酸和硝酸盐微粒,经湿沉降和干沉降从大气中去除,其中湿沉降是最主要的消除方式。

燃料燃烧过程中 NO_x 的形成机理极其复杂,一般认为有以下两种途径。一是燃料中的含氮化合物在燃烧过程中氧化生成 NO_x,即

$$含氮化合物 + O_2 \xrightarrow{燃烧} NO_x$$

二是燃烧过程中空气中的 N_2 在高温（>2100℃）条件下氧化生成 NO_x。其机理为连锁反应：

$$O_2 \longrightarrow O\cdot + O\cdot （极快）$$

$$O\cdot + N_2 \longrightarrow NO + N\cdot （极快）$$

$$N\cdot + O_2 \longrightarrow NO + O\cdot （极快）$$

$$N\cdot + \cdot OH \longrightarrow NO + H\cdot （极快）$$

$$NO + 1/2 O_2 \longrightarrow NO_2 （慢）$$

即燃烧过程中产生的高温使氧气分子热解为氧自由基，氧自由基和空气中的氮气分子反应生成 NO 和氮自由基，氮自由基又和氧分子反应生成 NO 和氧自由基。

NO_x 的环境本底值随地理位置不同具有明显的差别，Robinson 等人综合有关资料认为：在北纬 65°和南纬 65°之间的陆地上空，NO 的本底值为 $2×10^{-9}$，NO_2 的本底值为 $4×10^{-9}$；世界其他各地 NO 约为 $0.2×10^{-9}$，NO_2 约为 $0.5×10^{-9}$；全球总平均值 NO 为 $1.0×10^{-9}$，NO_2 为 $2.0×10^{-9}$。

同 CO 和 NO_2 一样，NO 也能与血红蛋白结合，并减弱血液的输氧能力。然而，在被污染的大气中，NO 的浓度通常低于 CO 的浓度，因而对血红蛋白的影响很小。

如果大气中 NO_2 的浓度较高，就会严重危害人类健康。如果 NO_2 的体积分数为 $(50\sim100)×10^{-6}$ 时，吸入时间为几分钟到 1h，就会引起 6~8 周肺炎，此后能恢复正常；如果 NO_2 的体积分数为 $(150\sim200)×10^{-6}$ 时，就会造成纤维组织变形性细支气管炎，不及时治疗，将于中毒 3~5 周后死亡。

在实验室里，NO_2 的体积分数达到 10^{-6} 级，植物叶片上就会产生斑点，显示植物组织遭到破坏。体积分数为 10^{-5} 级的 NO_2 会引起植物光合作用的可逆衰减。

此外，NO_x 还是导致大气光化学污染的重要污染物质。

（3）含碳化合物

大气中含碳化合物主要包括：一氧化碳（CO）、二氧化碳（CO_2）以及有机的碳氢化合物和含氧烃类，如醛、酮、酸等。

① CO

CO 是一种毒性极强、无色、无味的气体，也是排放量最大的大气污染物之一。

CO 的天然来源主要包括甲烷的转化、海水中 CO 的挥发、植物的排放、一级森林火灾和农业废弃物焚烧。而 CO 的人为来源主要是燃料不完全燃烧，如在氧气不足时：

$$C + 1/2 O_2 \longrightarrow CO$$

$$C + CO_2 \longrightarrow 2CO$$

由于 CO 分子中碳氧以三键结合，因此 CO 氧化为 CO_2 的速率极慢。尤其在空气不足的燃烧过程中，只有少量的 CO 可氧化为 CO_2，大量的 CO 将留在烟气中。另外，在高温时 CO_2 可分解产生 CO 和氧原子，所以燃料的燃烧过程是城市大气中 CO 的主要来源。据估计，在全球范围内，CO 的人为来源约为 $(600\sim1250)×10^6 t/a$，其中 80%是由汽车排放造成的。尽管现在汽车都已经安装了尾气净化器,但由于汽车总数量增加了,因此汽车排放的CO量并没有减少。家庭炉灶、工业燃煤锅炉、煤气加工等工业过程也排放大量的CO。

CO在大气中的停留时间较短,约0.4年(在热带仅为0.1年),因此它的环境本底值随纬度和高度有较明显的变化。CO日平均值随纬度不同有显著的变化:从北纬50°体积分数的最大值0.19×10^{-6}到南纬50°最小值0.04×10^{-6};从北纬90°到南纬90°的平均值为0.1×10^{-6}。总的趋势是北半球高,南半球低。这与南北半球的气候条件有着密切的关系。此外,CO的环境浓度具有明显的高度变化,在对流层日平均值为0.1×10^{-6},而平流层为0.05×10^{-6}。

② CO_2

CO_2是一种无毒、无味的气体,对人体没有显著的危害作用。在大气污染问题中,CO_2之所以引起人们的普遍关注,是因为CO_2是一种重要的温室气体,能够导致温室效应的发生,从而引发一系列的全球性环境问题。

大气中CO_2的来源也包括人为来源和天然来源两种。CO_2的人为来源主要是矿物燃料的燃烧过程。CO_2的天然来源主要包括:海洋脱气、甲烷转化、动植物呼吸,以及腐败作用和燃烧作用。

人类的许多活动都直接将大量的CO_2排放到大气中;同时,由于人类大量砍伐森林、毁灭草原,地球表面的植被日趋减少,以致减少了整个植物界从大气中吸收CO_2的量。上述两种作用共同作用的结果是大气中CO_2的含量急剧增加。

目前人们普遍认为,大气CO_2浓度的增加是全球变暖的主要原因。因此,具有吸收和释放CO_2双重作用的陆地植被在大气CO_2浓度变化中所起的作用一直是科学家十分关注的问题。研究表明,陆地植被的作用一方面表现为通过热带雨林地区土地利用方式的改变向大气释放CO_2,从而加速全球温暖化的进程;另一方面,北半球的植被,尤其是温带林和北方森林通过CO_2施肥效应吸收大气中的CO_2,从而减缓全球温暖化的进程。这两方面的平衡决定着全球植被,尤其是森林对大气CO_2浓度变化的贡献。

除了植被的作用外,大气-海洋之间的CO_2交换量的变化也能对大陆及CO_2浓度的季节变化产生一定的影响。研究表明,南北半球大气CO_2浓度年较差(最大值与最小值之差)的纬向变化,在南半球,年较差小并随纬向的变化不明显。但在北半球,情景大不一样,CO_2浓度的年较差不仅较大,而且随纬度的增加迅速增加。在陆地,这种差异在中、高纬度地区达到最大,这与中、高纬度地区(北纬40°~75°)的高植被覆盖率是十分吻合的。北半球年最大植被指数(NDVD)的纬向变化:在中高纬度地区,植被指数显示较高值。这进一步反映了植被覆盖对大气CO_2浓度分布的影响。另一方面,在大洋上,到北极点附近才达到最大值。北半球中、高纬度地区年较差大的主要原因来自两方面,一是植物的作用,二是此纬度带与其他纬度带相比,海洋所占的比例较小,从而难以消除来自陆地的季节变化的影响,植被稀少的北极地区,似不应产生显著的CO_2浓度的季节变化,但实际上年较差较大。观测表明,这是来自中、高纬度大气传输的结果。至于赤道附近CO_2浓度的季节性变化较小的原因,可由陆地植被光合作用的季节变化得到解释,因为在赤道附近,植物的同化作用没有明显的季节变化。

(4) 碳氢化合物

碳氢化合物是大气中的重要污染物。大气中以气态形式存在的碳氢化合物的碳原子数主要为1~10,包括可挥发性的所有烃类。它们是形成光化学烟雾的主要参与者。其他碳氢化合物大部分以气溶胶形式存在于大气中。

目前，大气中已检出的烷烃有 100 多种，其中直链烷烃最多，其碳原子数为 1～37 个。带有支链的异构烷烃碳原子数多在 6 以下。低于 6 个碳原子的烷烃有较高的蒸气压，在大气中多以气态形式存在。碳链长的烃类常形成气溶胶或吸附在其他颗粒物上。

大气中也存在着一定数量的烯烃，如乙烯、丙烯、苯乙烯和丁二烯等均为大气中常见的烯烃。在工业生产过程中，通常是用它们的单体作原料，但排放到大气中后，它们可形成聚合物，如聚乙烯、聚丙烯、聚苯乙烯等。所有这些化合物在大气中的存在量都是比较少的。

大气中的芳香烃主要有两类，即单环芳烃和多环芳烃。多环芳烃通常以 PAH 表示。典型的芳香化合物如苯、2,6-二甲萘、芘等。

芳香烃广泛地应用于工业生产过程中。它们除用作溶剂外，也用作原料生产化工制品，如聚合物中的单体和增塑剂等。苯乙烯常用作塑料的单体和合成橡胶的原料。异丙苯可被氧化用来生产酚和丙酮。这些化合物因使用过程中泄漏以及伴随着某些有机物燃烧过程而产生。另外，联苯也是芳香烃的一种，可在柴油机烟气中测得。许多芳香烃在香烟的烟雾中存在，因此它们在室内含量要高于室外。

在大气污染研究中，人们常常根据烃类化合物在光化学反应过程中活性的大小，把烃类化合物区分为甲烷（CH_4）和非甲烷烃（NMHC）两类。

① 甲烷

甲烷是无色气体，性质稳定。它在大气中的浓度仅次于二氧化碳，大气中的碳氢化合物有 80%～85%是甲烷。甲烷是一种重要的温室气体，可以吸收波长为 7.7μm 的红外辐射，将辐射转化为热量，影响地表温度。每个 CH_4 分子导致温室效应的能力比 CO_2 分子大 20 倍；而且，目前甲烷以每年 1%的速率增加，增加速率之快在其他温室气体中是少见的。

大气中的 CH_4 既可由天然来源产生，也可由人为来源产生。全球范围内甲烷的主要排放源如表 4-3 所示。

表 4-3 全球范围内甲烷的主要排放源

排放源		排放量/(10^2g/a)
天然来源	湿地	115（5～150）
	白蚁	20（10～50）
	海洋	10（5～50）
	其他	15（10～40）
	合计	160（110～210）
人为来源	化石燃料（煤、石油、天然气）	100（70～120）
	反刍类家畜	85（65～100）
	水田	60（20～100）
	生物质燃烧	40（20～80）
	废弃物填埋	40（20～70）
	动物排泄物	25（20～30）
	下水道处理	25（15～80）
	合计	375（300～450）

无论是天然来源，还是人为来源，除了燃烧过程以及原油和天然气的泄漏之外，实际上，产生甲烷的机制都是厌氧细菌的发酵过程。有机物发生的厌氧分解为：

$$2\{CH_2O\} \xrightarrow{\text{厌氧细菌}} CO_2+CH_4$$

该过程可发生在沼泽、泥塘、湿冻土带和水稻田底部等环境。此外，反刍动物以及蚂蚁等的呼吸过程也可产生甲烷。

② 非甲烷烃

全球大气中非甲烷烃的来源包括煤、石油和植物等。非甲烷烃的种类很多，因来源而异。

a．天然来源产生的非甲烷烃。大气中发现的天然来源的有机化合物数量大、种类多。在天然来源中，以植被最重要。对大气中的有机化合物进行统计表明，植物体向大气释放的化合物达 367 种。其他天然来源则包括微生物、森林火灾、动物排泄物及火山喷发等。

乙烯是植物散发的最简单有机化合物之一，许多植物都能产生乙烯，并释放进大气。乙烯具有双键，能够与大气中的 HO·自由基以及其他氧化性物质反应，有很高的反应性，是大气化学过程的积极参与者。

一般认为，植物散发的大多数烃类属于萜烯类化合物，是非甲烷烃中排放量最大的一类化合物，约占非甲烷烃总量的 65%。萜烯是构成香精油的一大类有机化合物。将某些植物的有关部分进行水蒸气蒸馏，就可以得到萜烯。产生萜烯的植物，大多数属于松柏科、姚金娘科及柑橘属等。树木散发的最常见的萜烯是 α-蒎烯，它是松节油的主要成分。柑橘及松叶中存在的萜二烯也已在这些植物体附近的大气中发现。异戊二烯（2-甲基-1,3-丁二烯）是一种半萜烯化合物，已在黑杨类、桉树、栎树、枫香及白云杉的散发物中检出。已知树木散发的其他萜烯还有 β-蒎烯、月桂烯、罗勒烯及 α-萜品烯。

b．人为来源产生的非甲烷烃。非甲烷烃的人为来源主要包括：汽油燃烧、焚烧、溶剂蒸发、石油蒸发和运输损耗、废弃物提炼等。

汽油燃烧：汽油燃烧排放的非甲烷烃的数量约占人为来源总量的 38.5%。汽油的典型成分为 CH_4、C_2H_6、C_3H_6 和 C_4 碳氢化合物；此外还有醛类化合物如甲醛、乙醛、丙醛和丙烯醛、苯甲醛。相比之下，不饱和烃较饱和烃的活性高，易于促进光化学反应，故它们是更重要的污染物。大多数污染源中包含的活性烃类约占 15%，而从汽车排放出来的活性烃可达 45%。在未经处理的汽车尾气中，链烷烃只占 1/3，其余皆为活性较高的烯烃和芳烃。

焚烧：焚烧过程排放的非甲烷烃的数量约占人为来源的 28.3%。但是，焚烧炉排出的气体成分是可变的，取决于被焚烧物质的组成。

溶剂蒸发：溶剂蒸发排放的非甲烷烃的数量约占人为来源的 11.3%。其成分由所使用的有机溶剂的种类所决定。

石油蒸发和运输损耗：石油蒸发和运输过程排放的非甲烷烃的数量约占人为来源的 8.8%。其成分主要是 C_3 以上的烃，如丙烷、异丁烷、丁烯、正丁烷、异戊烷、戊烯和正戊烷等。

废弃物提炼：废弃物提炼排放的非甲烷烃的数量约占人为来源的 7.1%。

以上五种来源产生的非甲烷烃的数量约占碳氢化合物人为来源的 94%。

大气中的非甲烷烃可通过化学反应或转化生成有机气溶胶而去除。非甲烷烃在大气中最主要的化学反应是与 HO·自由基的反应。

（5）含卤素化合物

大气中的含卤素化合物主要是指有机的卤代烃和无机的氯化物、氟化物。其中以有机的卤代烃对环境影响最为严重。大气中的卤代烃包括卤代脂肪烃和卤代芳香烃。其中高级的卤代烃，如有机氯农药 DDT、六六六和多氯联苯（PCB）等主要以气溶胶形式存在，含两个或两个以下碳原子的卤代烃主要以气态形式存在。

① 简单的卤代烃

大气中常见的卤代烃为甲烷的衍生物，如甲基氯（CH_3Cl）、甲基溴（CH_3Br）和甲基碘（CH_3I）。它们主要来自于海洋。CH_3Cl 和 CH_3Br 在对流层大气中，可以和 HO•自由基反应，寿命分别为 1.5 年和 1.6 年。因此，CH_3Cl 和 CH_3Br 寿命较长，可以扩散进入平流层。而 CH_3I 在对流层大气中，主要是在太阳光作用下发生光解，产生 I•：

$$CH_3I \xrightarrow{hv} CH_3\bullet + I\bullet$$

该反应使得 CH_3I 在大气中的寿命仅约 8 天，浓度也很低，体积分数为 10^{-9} 级。

此外，由于许多卤代烃是重要的化学溶剂，也是有机合成工业重要的原料和中间体，因此，三氯甲烷（$CHCl_3$）、三氯乙烷（CH_3CCl_3）、四氯化碳（CCl_4）和氯乙烯（C_2H_3Cl）等可通过生产和使用过程挥发进入大气，成为大气中常见的污染物。它们主要是人为来源。

在对流层中，三氯甲烷和氯乙烯等可通过与 HO•自由基反应，转化为 HCl，然后经降水而被去除。例如：

$$CHCl_3 + HO\bullet \longrightarrow \bullet CCl_3 + H_2O$$

$$CCl_3 + O_2 \longrightarrow COCl_2 + ClO\bullet$$

$$ClO\bullet + NO \longrightarrow Cl\bullet + NO_2$$

$$ClO\bullet + HO_2\bullet \longrightarrow Cl\bullet + \bullet OH + O_2$$

$$Cl\bullet + CH_4 \longrightarrow HCl + CH_3\bullet$$

② 氟氯烃类

氟氯烃类化合物是指同时含有元素氯和氟的烃类化合物，其中比较重要的是一氟三氯甲烷（CFC-11 或 F-11）和二氟二氯甲烷（CFC-12 或 F-12）。它们可以用作制冷剂、气溶胶喷雾剂、电子工业的溶剂、制造塑料的泡沫发生剂和消防灭火剂等。大气中的氟氯烃类化合物主要是通过它们的生产和使用过程进入大气的。由于氟氯烃类化合物的生产量逐年递增，近年来，它们在大气中的体积分数每年要增加 $(5\sim6)\times10^{-9}$。

进入到平流层的氟氯烃类化合物，在平流层强烈的紫外线作用下，会发生下面的反应：

$$CCl_3F \ (175nm \leqslant \lambda \leqslant 220nm) \xrightarrow{hv} CCl_2F + Cl\bullet$$

$$Cl\bullet + O_3 \longrightarrow ClO + O_2$$

$$ClO\bullet + O \longrightarrow O_2 + Cl\bullet$$

从上述反应方程式可以看出，1 个 CCl_3F 分子的光解可释放出 1 个 Cl•，使 1 个 O_3 分子被破坏，通过 ClO•基团的链传递作用，可以使与 O 结合的 Cl•又被释放出，如此循环往复，每放出 1 个 Cl•就可以和 10^5 个臭氧分子发生反应。因此，目前人们普遍认为，人类排放到大气中的氟氯烃类化合物可以使臭氧层遭到破坏。

由于各种氟氯烃类化合物都能释放出 Cl•，因此，它们都可以导致臭氧层的破坏。一般来说，在大气中寿命越长的氟氯烃类化合物，危害性也越大。凡是被卤素全取代的氟氯烃类化合物（即分子中无氢原子），都具有很长的大气寿命，而在烷烃分子中尚有 H 未被取代的氟氯烃类化合物，寿命要短得多。这是因为含 H 的卤代烃在对流层大气中能与 HO• 发生反应：

$$CHCl_2F + HO\bullet \longrightarrow \bullet CCl_2F + H_2O$$

该反应导致 $CHCl_2F$ 的寿命约为 22 年。

目前，国际上正在致力于研究用寿命较短的含氢卤代烃替代寿命较长的氟氯烃类化合物，或用其他物质如氦（He）来代替氟氯烃类化合物。

氟氯烃类化合物也是温室气体，特别是 CFC-11 和 CFC-12，它们吸收红外线的能力要比 CO_2 强得多。大气中每增加一个氟氯烃类化合物的分子，就相当于增加了 10^4 个 CO_2 分子。

因此，氟氯烃类化合物既可以破坏臭氧层，也可以导致温室效应。

4.2.2 影响大气污染物迁移的因素

由污染源排放到大气中的污染物在迁移过程中要受到各种因素的影响，主要有空气的机械运动，如风和大气湍流，天气形势和地理地势造成的逆温现象以及污染源本身的特性等。

（1）风和大气湍流的影响

污染物在大气中的扩散取决于三个因素。风可使污染物向下风向扩散，湍流可使污染物向各方向扩散，浓度梯度可使污染物发生质量扩散，其中风和湍流起主导作用。大气中任一气块，它既可做规则运动，也可做无规则运动，而且这两种不同性质的运动可以共存。气块做有规则运动时，其速度在水平方向的分量称为风速，铅直方向上的分量则称为铅直速度。大尺度有规则运动中，铅直速度在每秒几厘米以下，称为系统性铅直运动；小尺度有规则运动中，铅直速度可达每秒几米以上，就称为对流。具有乱流特征的气层称为摩擦层，因而摩擦层又称为乱流混合层。摩擦层的底部与地面相接触，厚约 1000～1500m。地形、树木、湖泊、河流和山脉等使得地面粗糙不平，而且受热又不均匀，这就是使摩擦层具有乱流混合特征的原因。在摩擦层中大气稳定度较低，污染物可自排放源向下风向迁移，从而得到稀释，也可随空气的铅直对流运动使得污染物升到高空而扩散。

摩擦层顶以上的气层称为自由大气。自由大气中的乱流及其效应通常极微弱，污染物很少到达这里。

在摩擦层里，乱流的起因有两种。一种是动力乱流，也称为湍流，它是有规律水平运动的气流遇到起伏不平的地形扰动所产生的；另一种是热力乱流，也称为对流，它起因于地表面温度与地表面附近的温度不均一，近地面空气受热膨胀而上升，随之上面的冷空气下降，从而形成对流。在摩擦层内，有时以动力乱流为主，有时动力乱流与热力乱流共存，且主次难分。这些都是使大气中污染物迁移的主要原因。低层大气中污染物的分散在很大程度上取决于对流与湍流的混合程度。垂直运动程度越大，用于稀释污染物的大气容积量越大。

对于一静态平衡大气的流体元，有

$$dp = -\rho g dz \tag{4-13}$$

式中，p 为大气压；ρ 为大气密度；g 为重力加速度；z 为高度。

对于受热而获得浮力，正进行向上加速运动的气块，有

$$\frac{dv}{dt} = -g - \frac{1}{\rho'}\left(\frac{dp}{dz}\right) \tag{4-14}$$

式中，$\frac{dv}{dt}$ 为气块加速度；ρ' 为受热气块密度。

由于气块与周围空气的压力是相等的，将上面方程的 dp 代到此方程中，则有

$$\frac{dv}{dt} = \left(\frac{\rho - \rho'}{\rho'}\right)g \tag{4-15}$$

分别写出气块与周围空气的离线气体状态方程，并考虑到压力相等，于是有

$$p = \rho RT = \rho' RT' \tag{4-16}$$

用温度代替密度，便可得

$$\frac{dv}{dt} = \left(\frac{T' - T}{T}\right)g \tag{4-17}$$

该式即为由温差造成气块获得浮力加速度的方程。由此可以看到，受热气块会不断上升，直到 T' 与 T 相等为止。这时气块与周围达到中性平衡。这个高度定义为对流混合层上限，或称最大混合层高度。图 4-9 为不同情况下的最大混合层高度，T_0 表示地面温度，温度曲线由实线表示，$(dT/dz)_{env}$。MMD 表示最大混合层高度。图 4-9（a）中气块受太阳辐射升温到了 T_0'，它将会沿干绝热线膨胀而上升，如图中虚线。这两线相交处就是最大混合层高度。图 4-9（b）为稳定大气时的最大混合层高度，由图可见，在这种情况下最大混合层高度明显低。图 4-9（c）是有逆温出现时的最大混合层高度。

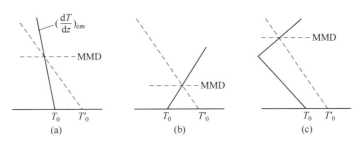

图 4-9 不同情况下的最大混合层高度（引自 Wark K, 1981）

夜间最大混合层高度较低，白天则升高。夜间逆温较重情况下，最大混合层高度甚至可以达到零。而在白天可能达到 2000~3000m。季节性的冬季平均最大混合层高度最小，夏初为最大。当最大混合层高度小于 1500m 时，城市会普遍出现污染现象。

（2）天气形势和地理地势的影响

天气形势是指大范围气压分布的状况，局部地区的气象条件总是受天气形势的影响。因此，局部地区的扩散条件与大型的天气形势是互相联系的。某些天气系统与区域性大气污染有密切联系。不利的天气形势和地形特征结合在一起常常可使某一地区的污染程度大大加重。例如，大气压分布不均，在高压区里存在着下沉气流，由此使气温绝热上升，于是形成上热下冷的逆温现象，这种逆温叫做下沉逆温。它可持续很长时间，范围分布很广，厚度也较厚。这样就会

使从污染源排放出来的污染物长时间地积累在逆温层中而不能扩散。世界上一些较大的污染事件大多是在这种天气形势下形成的。不同地形地面之间的物理性质存在着很大差异，从而引起热状况在水平方向上分布不均匀，这种热力差异在弱的天气系统条件下就有可能产生局地环流。海陆风就是一种典型的现象。

海洋和大陆的物理性质有很大差别，海洋由于有大量水其表面温度变化缓慢，而大陆表面温度变化剧烈。白天陆地上空的气温增加得比海面上空快，在海陆之间形成指向大陆的气压梯度，较冷的空气从海洋流向大陆而生成海风。夜间却相反，由于海水温度降低得比较慢，海面的温度较陆地高，在海陆之间形成指向海洋的气压梯度，于是陆地上空的空气流向海洋而生成陆风。

海陆风对空气污染的影响有如下几种作用。一种是循环作用。如果污染源处在局地环流之中，污染物就可能循环积累达到较高的浓度，直接排入上层反向气流的污染物，有一部分也会随环流重新带回地面，提高了下层上风向的浓度。另一种是往返作用。在海陆风转换期间，原来随陆风输向海洋的污染物又会被发展起来的海风带回陆地。海风发展侵入陆地时，下层海风的温度低，陆地上层气流的温度高，在冷暖空气的交界面上，形成一层倾斜的逆温顶盖，阻碍了烟气向上扩散，造成封闭型和漫烟型污染。

4.3 大气中污染物的转化

污染物的转化，是指污染物在大气中经过化学反应，如光解反应、氧化还原反应、酸碱中和反应以及聚合反应等，转化成无毒的化合物而被去除，或者转化成毒性更大的二次污染物而加重污染的过程。与污染物的迁移不同，污染物的转化使得污染物的化学成分发生了改变。

4.3.1 自由基化学基础

自由基也称为游离基，是指由于共价键均裂而生成的带有未成对电子的碎片。大气中常见的自由基包括 HO•、HO$_2$•、RO•、RO$_2$•、RC(O)O$_2$• 等都是非常活泼的，它们的存在时间一般只有几分之一秒。

（1）自由基的产生

自由基产生的方法很多，包括热裂解法、光解法、氧化还原法、电解法和诱导分解法等。在大气环境化学中，有机化合物的光解是产生自由基最重要的方法。许多物质在波长适当的紫外线或可见光的照射下，都可以发生键的均裂，生成自由基。例如：

$$NO_2 \xrightarrow{hv} NO\bullet + O\bullet$$

$$HNO_2 \xrightarrow{hv} NO\bullet + HO\bullet$$

$$RCHO \xrightarrow{hv} RCO\bullet + H\bullet$$

（2）自由基结构和性质的关系

自由基的性质包括稳定性和活性两种，稳定性是指自由基或多或少解离成较小碎片或通过键断裂进行重排的倾向，活性是指一种自由基和其他物质反应的难易程度。因此，讨论自由基时往往需要表明是和哪种物质反应，并应标明其反应条件。同一条件下的同一自由基，可以和某一反应物作用活泼，而和另一反应物作用不活泼。自由基的结构和自由基的稳定性密切相关，通常可以从 R—H 键的解离能（D 值）来推断自由基 R•的相对稳定性。D 值越大，自由基越不稳定，一般 D 值越大均裂所需的能量越高。在自由基链反应中，通常由夺取一步决定产物。自由基不会夺取二价、三价或四价的原子，它通常更倾向于夺取一价的原子，对于有机化合物来说，就是夺取氢或卤素。

（3）自由基反应

自由基反应无论是在气相中发生还是在液相中发生都十分相似，酸、碱的存在或溶剂极性的改变，对自由基反应都没有太大影响。自由基反应由典型的自由基源（引发剂），如过氧化物或光，引发或加速。清除自由基的物质，如 NO、O_2 或苯醌等，会使自由基反应的速率减慢或完全被抑制。自由基反应可分为单分子自由基反应、自由基-分子相互作用和自由基-自由基相互作用三种。单分子自由基反应是指不包括其他作用物的反应，这一类反应是由于开始生成的自由基不稳定，在实际反应过程中，这类自由基会全部碎裂或重排。碎裂是指自由基碎裂生成一个稳定的分子和一个新的自由基。例如，过氧酰基自由基和 NO 反应生成酰氧基自由基，酰氧基自由基碎裂生成烷基自由基和二氧化碳：

$$RC(O)O_2\bullet + NO \longrightarrow RC(O)O\bullet + NO_2$$

$$RC(O)O\bullet \longrightarrow R\bullet + CO_2$$

重排可以发生在环状体系中，通常是邻近氧的 C—C 键断裂，生成羰基和一个异构的自由基，或者是 1,2-或 1,5-氢原子或氯原子的转移。大气环境化学中，比较重要的自由基反应是自由基-分子相互作用。这种相互作用主要有两种方式，一种是加成反应，另一种是取代反应。加成反应是指自由基对不饱和体系的加成，生成一个新的饱和的自由基。如 HO•自由基对乙烯的加成：

$$HO\bullet + CH_2 = CH_2 \longrightarrow HOCH_2—CH_2\bullet$$

取代是指自由基夺取其他分子中的氢原子或卤素原子生成稳定化合物的过程。如：

$$RH + HO\bullet \longrightarrow R\bullet + H_2O$$

$$Ph\bullet + Br—CCl_3 \longrightarrow PhBr + \bullet CCl_3$$

自由基-自由基相互作用主要包括自由基二聚或偶联反应，此时生成稳定的物质。

链反应是自由基反应的典型性质。一般来说，从自由基的产生到自由基的终止，时间约为 1s。自由基链反应中最重要的反应是卤代反应，它的反应过程包括：

引发 $\qquad X_2 \xrightarrow{h\nu} 2X\bullet$

增长 $\qquad RH + X\bullet \longrightarrow R\bullet + HX$

$\qquad R\bullet + X_2 \longrightarrow RX + X\bullet$

终止 $\qquad R\bullet + R\bullet \longrightarrow R—R$

$\qquad R\bullet + X\bullet \longrightarrow R—X$

$\qquad X\bullet + X\bullet \longrightarrow X—X$

链反应是一个循环不止的过程，其中，从引发剂产生自由基是限速步骤。链反应中的引发，是体系中最弱共价键的断裂生成自由基。增长中的第一步为产生新的自由基，第二步为新的自由基与卤化物作用生成产物和原来的自由基。这个自由基又与反应物作用，再生成新的自由基，如此循环往复。终止是生成的自由基通过化合（偶联），重新生成稳定的分子化合物。理论上，链反应可以一直进行下去，直到反应物中两者之一消耗殆尽。而实际上，因为它会被与增长反应相竞争的自由基双分子反应终止，因此链反应不会无限进行。

4.3.2 光化学反应基础

光化学反应是指分子、原子、自由基或离子吸收光子而发生的化学反应，可以分为初级过程和次级过程。

（1）初级过程

初级过程包括化学物种吸收光量子形成激发态物种：

$$A \xrightarrow{h\nu} A^*$$

式中，A^* 为物种 A 的激发态；$h\nu$ 为光量子。

随后，激发态 A^* 可能发生如下几种反应：

辐射跃迁 $\quad\quad\quad\quad\quad\quad A^* \longrightarrow A + h\nu$

无辐射跃迁 $\quad\quad\quad\quad\quad A^* + M \longrightarrow A + M$

光解 $\quad\quad\quad\quad\quad\quad\quad A^* \longrightarrow B_1 + B_2 + K$

$\quad\quad\quad\quad\quad\quad\quad\quad\quad A^* + C \longrightarrow D_1 + D_2 + K$

辐射跃迁即激发态物种通过辐射荧光或磷光而失活；无辐射跃迁即碰撞失活，激发态物种通过与其他分子（M）碰撞，将能量传递给 M，本身又回到基态。以上两种过程均为光物理过程。光解即激发态物种解离成为两个或两个以上新物种；最后一个是激发态物种与其他分子反应生成新的物种。这两种过程均为光化学过程。

（2）次级过程

次级过程是指在初级过程中反应物、生成物之间进一步发生的反应。

光化学第一定律说明，首先，只有当激发态分子的能量足够使分子内的化学键断裂时，即光子的能量大于化学键能时，才能引起光解反应。其次，为使分子产生有效的光化学反应，光还必须被所作用的分子吸收，即分子对某特定波长的光要有特征吸收光谱才能产生光化学反应。光化学第二定律说明，分子吸收光的过程是单光子过程。这个定律的基础是电子激发态分子的寿命很短（$\leqslant 10^{-8}$s），在这样短的时间内，辐射强度比较弱的情况下，再吸收第二个光子的概率很小。当然若光很强，如高通量光子流的激光，即使在如此短的时间内也可以产生多光子吸收现象，这时光化学第二定律就不适用了。对于大气环境污染化学而言，反应大多发生在对流层，只涉及太阳光，是符合光化学第二定律的。

4.3.3 大气中重要吸光物质的光解

大气中的一些组分和某些污染物能够吸收不同波长的光从而产生各种效应。

(1) 氧分子和氮分子的光解

氧分子是空气的重要组分之一，氧分子的键能为493.8kJ/mol，通常认为240nm以下的紫外线可引起O_2的光解：

$$O_2 \xrightarrow{hv} O\cdot + O\cdot$$

氮分子的键能较大，为939.4kJ/mol，对应的光波长为127nm。它的光解反应仅限于臭氧层以上。N_2几乎不吸收120nm以上任何波长的光，只对低于120nm的光才有明显的吸收，其解离方式为：

$$N_2 \xrightarrow{hv} N\cdot + N\cdot$$

(2) 臭氧的光解

臭氧是一个弯曲的分子，键能为101.2kJ/mol。在低于1000km的大气中，由于气体分子密度比高空大得多，三个粒子碰撞的概率较大，O_2光解而产生的$O\cdot$可与O_2发生如下反应：

$$O\cdot + O_2 + M \longrightarrow O_3 + M$$

其中M是第三种物质。这一反应是平流层中O_3的主要来源，也是消除$O\cdot$的主要过程。O_3不仅吸收了来自太阳的紫外线而保护了地面的生物，同时也是上层大气能量的一个贮库。O_3的解离能较低，相对应的光波长为1180nm。O_3在紫外线和可见光范围内均有吸收，紫外区有两个吸收带，即200～300nm、300～360nm，最强吸收在254nm。O_3吸收紫外线后发生如下解离反应：

$$O_3 \xrightarrow{hv} O\cdot + O_2$$

当波长大于290nm，O_3对光的吸收就相当弱了。因此，O_3主要吸收的是来自太阳波长小于290nm的紫外线。而较长波长的紫外线则有可能透过臭氧层进入大气的对流层以至地面。O_3在可见光范围内也有一个吸收带，波长为440～850nm，该吸收较弱，O_3解离所产生的$O\cdot$和O_2的能量状态也较低。

(3) NO_2的光解

NO_2的键能为300.5kJ/mol。它在大气中很活泼，可参与许多光化学反应。NO_2是城市大气中重要的吸光物质，在低层大气中可吸收全部来自太阳的紫外线和部分可见光。NO_2吸收小于420nm波长的光可发生解离：

$$NO_2 \xrightarrow{hv} NO + O\cdot$$

$$O\cdot + O_2 + M \longrightarrow O_3 + M$$

据称这是大气中唯一已知O_3的人为来源。

(4) 亚硝酸和硝酸的光解

亚硝酸HO—NO间的键能为201.1kJ/mol，H—ONO间的键能为324.0kJ/mol。HNO_2对200～400nm的光有吸收，吸光后发生光解，一个初级过程：

$$HNO_2 \xrightarrow{hv} HO\cdot + NO$$

另一个初级过程为：

$$HNO_2 \xrightarrow{h\nu} H\cdot + NO_2$$

次级过程为：

$$HO\cdot + NO \longrightarrow HNO_2$$

$$HO\cdot + HNO_2 \longrightarrow H_2O + NO_2$$

$$HO\cdot + NO_2 \longrightarrow HNO_3$$

HNO_2 可以吸收 300nm 以上的光而解离，因而认为 HNO_2 的光解可能是大气中 $HO\cdot$ 的重要来源之一。

HNO_3 的 HO—NO_2 键能为 199.4kJ/mol，它对波长 120~335nm 的辐射均有不同程度的吸收。光解机理为：

$$HNO_3 \xrightarrow{h\nu} HO\cdot + NO_2$$

若有 CO 存在，则为

$$HO\cdot + CO \longrightarrow CO_2 + H\cdot$$

$$H\cdot + O_2 + M \longrightarrow HO_2\cdot + M$$

$$2HO_2\cdot \longrightarrow H_2O_2 + O_2$$

（5）SO_2 的光解

SO_2 的键能为 545.1kJ/mol，在它的吸收光谱中呈现出三条吸收带。第一条为 340~400nm，于 370nm 处有一最强的吸收，但它是一个极弱的吸收区。第二条为 240~330nm，是一个较强的吸收区。第三条从 240nm 开始，随波长下降吸收变得很强，它是一个很强的吸收区。由于 SO_2 的键能较大，240~400nm 的光不能使其解离，只能生成激发态：

$$SO_2 \xrightarrow{h\nu} SO_2^*$$

SO_2^* 在受到污染的大气中可以参与多种光化学反应。

（6）甲醛的光解

H—CHO 的键能为 356.5kJ/mol，它对 240~360nm 波长范围内的光有吸收。吸光后的初级过程包括：

$$H_2CO \xrightarrow{h\nu} H\cdot + HCO\cdot$$

$$H_2CO \xrightarrow{h\nu} H_2 + CO$$

次级过程包括：

$$H\cdot + HCO\cdot \longrightarrow H_2 + CO$$

$$2H\cdot + M \longrightarrow H_2 + M$$

$$2HCO\cdot \longrightarrow 2CO + H_2$$

在对流层中，由于 O_2 的存在，可发生如下反应：

$$H\cdot + O_2 \longrightarrow HO_2\cdot$$

$$HCO\cdot + O_2 \longrightarrow HO_2\cdot + CO$$

因此，空气中的甲醛光解可产生 $HO_2\cdot$ 自由基，其他醛类的光解也能够以同样的方式生成 $HO_2\cdot$，所以，醛类的光解是大气中 $HO_2\cdot$ 的重要来源之一。

（7）卤代烃的光解

在卤代烃中以卤代甲烷的光解对大气污染化学作用最大。卤代甲烷光解的初级过程可概括为：

① 卤代甲烷在近紫外线照射下解离：

$$CH_3X \xrightarrow{hv} CH_3\cdot + X\cdot$$

式中，X 代表 Cl、Br、I 或 F。

② 如果卤代甲烷中含有一种以上的卤素，则断裂的是最弱的键，其键的强弱顺序为 CH_3—F>CH_3—H>CH_3—Cl>CH_3—Br>CH_3—I。例如，CCl_3Br 光解首先生成 $\cdot CCl_3 + Br\cdot$ 而不是 $\cdot CCl_2Br + Cl\cdot$。

③ 高能量的短波长紫外线照射，可能发生两个键的断裂，为两个最弱的键。例如，CF_2Cl_2 解离成 $:CF_2 + 2Cl\cdot$。当然，解离成 $\cdot CF_2Cl + Cl\cdot$ 的过程也会同时存在。

④ 即使是最短波长的光，如 147nm，三键断裂也不常见。

$CFCl_3$（氟里昂-11）、CF_2Cl_2（氟里昂-12）的光解：

$$CFCl_3 \xrightarrow{hv} \cdot CFCl_2 + Cl\cdot$$

$$CFCl_3 \xrightarrow{hv} :CFCl + 2Cl\cdot$$

$$CF_2Cl_2 \xrightarrow{hv} \cdot CF_2Cl + Cl\cdot$$

$$CF_2Cl_2 \xrightarrow{hv} :CF_2 + 2Cl\cdot$$

4.3.4 大气中重要自由基的来源

自由基具有很高的活性和强氧化性，主要是因为在其电子壳外层有一个不成对的电子。大气中存在的重要自由基包括 $HO\cdot$、$HO_2\cdot$、$R\cdot$（烷基）、$RO\cdot$（烷氧基）和 $RO_2\cdot$（过氧烷基）等。其中以 $HO\cdot$ 和 $HO_2\cdot$ 更为重要。大气中 $HO\cdot$ 的全球平均值约为 7×10^5 个$/cm^3$，其最高含量出现在热带，因为此处温度高、太阳辐射强。在两个半球之间 $HO\cdot$ 分布不对称。自由基的光化学生成产率白天高于夜间，峰值出现在阳光最强的时间。夏季高于冬季。

（1）大气中 $HO\cdot$ 和 $HO_2\cdot$ 的来源

对于清洁的大气而言，O_3 的光解是大气中 $HO\cdot$ 的重要来源：

$$O_3 \xrightarrow{hv} O\cdot + O_2$$

$$O\cdot + H_2O \longrightarrow 2HO\cdot$$

对于污染的大气，如有 HNO_2 和 H_2O_2 存在，它们的光解也可以产生 $HO\cdot$：

$$HNO_2 \xrightarrow{hv} HO\cdot + NO$$

$$H_2O_2 \xrightarrow{hv} 2HO\cdot$$

其中 HNO_2 的光解是大气中 HO• 的重要来源。大气中 HO_2• 主要来源于醛的光解,尤其是甲醛的光解:

$$H_2CO \xrightarrow{hv} H•+HCO•$$

$$H•+O_2+M \longrightarrow HO_2•+M$$

$$HCO•+O_2 \longrightarrow HO_2•+CO$$

任何光解过程只要有 H• 或 HCO• 自由基的生成,它们都可以与空气中的 O_2 结合生成 HO_2•。其他醛类也有类似反应,但它们在大气中的含量远比甲醛低,因而不如甲醛重要。

另外,亚硝酸酯和 H_2O_2 的光解也可以导致 HO_2• 的生成:

$$CH_3ONO \xrightarrow{hv} CH_3O•+NO$$

$$CH_3O•+O_2 \longrightarrow HO_2•+H_2CO$$

$$H_2O_2 \xrightarrow{hv} 2HO•$$

$$HO•+H_2O_2 \longrightarrow HO_2•+H_2O$$

如体系中有 CO 存在,则

$$HO•+CO \longrightarrow CO_2+H•$$

$$H•+O_2 \longrightarrow HO_2•$$

(2) R•、RO• 和 RO_2• 等自由基的来源

大气中存在量最多的烷基是甲基,它的主要来源是乙醛和丙酮的光解:

$$CH_3CHO \xrightarrow{hv} CH_3•+HCO•$$

$$CH_3COCH_3 \xrightarrow{hv} CH_3•+CH_3CO•$$

这两个反应除了生成 CH_3• 外,还生成两个羰基自由基 HCO• 和 CH_3CO•。

O• 和 HO• 与烃类发生 H• 摘除反应时也可生成 R• 自由基:

$$RH+O• \longrightarrow R•+HO•$$

$$RH+HO• \longrightarrow R•+H_2O$$

大气中甲氧基主要来源于甲基亚硝酸酯和甲基硝酸酯的光解:

$$CH_3ONO \xrightarrow{hv} CH_3O•+NO$$

$$CH_3ONO_2 \xrightarrow{hv} CH_3O•+NO_2$$

大气中的 RO_2• 都是由 R• 与空气中的 O_2 结合而形成的:

$$R•+O_2 \longrightarrow RO_2•$$

4.3.5 氮氧化物的转化

氮氧化物是大气中重要的污染物之一,它们溶于水后可以生成亚硝酸和硝酸。当氮氧化物与其他污染物共存时,在阳光的照射下可以产生光化学烟雾。

（1）NO 的氧化

NO 是燃烧过程中直接向大气排放的污染物，它可通过许多氧化过程氧化成 NO_2。例如，O_3 为氧化剂：

$$NO+O_3 \longrightarrow NO_2+O_2$$

在 HO• 与烃反应时，HO• 可从烃中摘除一个 H• 而形成烷基自由基，该自由基与大气中的 O_2 结合生成 RO_2•，RO_2• 具有氧化性，可将 NO 氧化成 NO_2：

$$RH+HO• \longrightarrow R•+H_2O$$

$$R•+O_2 \longrightarrow RO_2•$$

$$NO+RO_2• \longrightarrow NO_2+RO•$$

生成的 RO• 即可进一步与 O_2 反应，O_2 从 RO• 中靠近 O• 的次甲基中摘除两个 H•，生成 HO_2• 和相应的醛：

$$RO•+O_2 \longrightarrow R'CHO+HO_2•$$

$$HO_2•+NO \longrightarrow HO•+NO_2$$

式中 R′ 比 R 少一个碳原子。在一个烃被 HO• 氧化的链循环中，往往有两个 NO 被氧化成 NO_2，同时 HO• 得到了复原。这类反应速率很快，能与 O_3 氧化反应竞争。在光化学烟雾形成过程中，HO• 引发了烃类化合物的链式反应，而使得 RO_2•、HO_2• 数量大增，从而迅速地将 NO 氧化成 NO_2，这样就使得 O_3 得以积累，以致成为光化学烟雾的重要产物。HO• 和 RO• 也可与 NO 直接反应生成亚硝酸或亚硝酸酯：

$$HO•+NO \longrightarrow HNO_2$$

$$RO•+NO \longrightarrow RONO$$

HNO_2 和 RONO 都极易发生光解。

（2）NO_2 的转化

NO_2 的光解可以引发大气中生成 O_3 的反应。NO_2 能与一系列自由基，如 HO•、O•、HO_3•、RO_2• 和 RO• 等反应，也能与 O_3 和 NO_3 反应。NO_2 与 HO• 反应可生成 HNO_3：

$$NO_2+HO• \longrightarrow HNO_3$$

此反应是大气中气态 HNO_3 的主要来源，同时也对酸雨和酸雾的形成起着重要作用。白天大气中 HO• 浓度较夜间高，因而这一反应在白天会有效地进行。所产生的 HNO_3 与 HNO_2 不同，它在大气中光解得很慢，沉降是它在大气中的主要去除过程。NO_2 也可与 O_3 反应：

$$NO_2+O_3 \longrightarrow NO_3+O_2$$

此反应在对流层中也是很重要的，尤其是在 NO_2 和 O_3 浓度都较高时，它是大气中 NO_3 的主要来源。NO_3 可与 NO_2 进一步反应：

$$NO_2+NO_3 \xrightleftharpoons{催化剂} N_2O_5$$

这是一个可逆反应，生成的 N_2O_5 又可分解为 NO_2 和 NO_3。当夜间 HO• 和 NO 浓度不高，而 O_3 有一定浓度时，NO_2 会被 O_3 氧化生成 NO_3，随后进一步发生如上反应而生成 N_2O_5。

4.3.6 碳氢化合物的转化

碳氢化合物的转化包括烷烃、烯烃、环烃和芳烃等的转化,这里以烷烃为例进行简单说明。烷烃可与大气中的 HO• 和 O• 发生 H 摘除反应:

$$RH+HO• \longrightarrow R•+H_2O$$

$$RH+O• \longrightarrow R•+HO•$$

这两个反应都有烷基自由基 R• 的生成,但另一个产物不同,前者是稳定的 H_2O,后者是活泼的自由基 HO•。前者的反应速率常数比后者大两个数量级以上。烷烃所发生的这两种氧化反应中,经 H 摘除反应所产生的 R• 与空气中的 O_2 结合生成 RO_2•,它可将 NO 氧化成 NO_2,并产生 RO•。O_2 还可从 RO• 中再摘除一个 H•,最终生成 HO_2• 和一个相应的稳定产物醛或酮。

如甲烷的氧化反应:

$$CH_4+HO• \longrightarrow CH_3•+H_2O$$

$$CH_4+O• \longrightarrow CH_3•+HO•$$

反应中生成的 CH_3• 与空气中的 O_2 结合:

$$CH_3•+O_2 \longrightarrow CH_3O_2•$$

大气中的 O• 主要来自 O_3 的光解,通过上述反应,CH_4 不断消耗 O•,可导致臭氧层的损耗。同时,生成的 CH_3O_2• 是一种强氧化性的自由基,它可将 NO 氧化为 NO_2:

$$NO+CH_3O_2• \longrightarrow NO_2+CH_3O•$$

$$CH_3O•+NO_2 \longrightarrow CH_3ONO_2$$

$$CH_3O•+O_2 \longrightarrow HO_2•+H_2CO$$

如果 NO 浓度低,自由基间也可发生如下反应:

$$RO_2•+HO_2• \longrightarrow ROOH+O_2$$

$$ROOH \xrightarrow{h\nu} RO•+HO•$$

O_3 一般不与烷烃发生反应。

烷烃亦可与 NO_3 发生反应。大气中的 NO_3 无天然来源,它的主要来源为:

$$NO_2+O_3 \longrightarrow NO_3+O_2$$

已证实在城市污染的大气中 NO_3 的体积分数可达 350×10^{-9}。NO_3 极易光解:

$$NO_3 \xrightarrow{h\nu} NO+O_2$$

$$NO_3 \xrightarrow{h\nu} NO_2+O•$$

其吸收波长小于 670nm。因此在有阳光的白天,NO_3 不易积累,只有在夜间,它才可达到一定的浓度。若 NO 浓度高时，会伴随有如下反应发生：

$$NO+O_3 \longrightarrow NO_2+O_2$$

$$NO+NO_3 \longrightarrow 2NO_2$$

因而 NO 的大量存在不利于 NO_3 的生成和积累。在污染的市区，由于近地面 NO 较多，即使在夜间也不易生成 NO_3，而在高空却有可能生成。

NO_3 与烷烃的反应速率很慢，不能与 HO· 相比。反应机制也是 H· 摘除反应：

$$RH+NO_3 \longrightarrow R·+HNO_3$$

这是城市夜间 HNO_3 的主要来源。

4.4 海洋与大气的相互作用

4.4.1 海洋对大气子系统的供给与调节作用

海洋覆盖了地球表面约 71%的面积，它所吸收的太阳辐射量也占据了地球表面辐射能总量的大部分，这是海水运动的主要能源。海洋在大气系统中的重要地位，首先缘于海洋对大气系统的巨大供给能力，特别是能量和水汽的供给。热带海洋吸收的巨额热量，既可以通过西边界流向高纬海域输送，也可以借助海气间的活跃热交换而输送给大气，成为大气运动的重要能源。大气中的水汽 86%是由海洋输入的，主要是中、低纬度海域的蒸发所提供的，伴随着蒸发的过程也有巨额的热量输送给大气。与此同时，海洋对大气的调节功能也很重要，海水运动比大气缓慢得多，导致其变化有滞后效应，能把大气环流变化的信息"记忆"于海洋之中，同时还能够通过海气耦合和反馈，使较高频率的大气变化转变为较低频率的变化。此外，广阔的海洋对大气中 CO_2 等温室气体也有重要的调节作用，对缓和温室效应带来的全球变暖具有重要的意义。

4.4.2 大气对海洋子系统的供给与调节作用

大气对海洋子系统的供给和调节作用主要体现在四个方面：①风对海流的驱动作用。海面风应力是最为广泛而持续的供给，大气环流的信风带、西风带、东风带分别与大洋环流中的赤道流系、西风流系、东风流系相对应，风对海流的驱动是公认的事实。北印度洋和南海的季风转换与季风海流的对应，也是大气对海洋提供驱动力的明显例证。②海洋上混合层的形成与风能量的供给息息相关。暖季借助风力搅拌使热量从海洋表面得以向下传递，形成了海洋上均匀层及其下界的季节性温跃层，冬季风力远远大于夏季，加剧了海水的显热和潜热损失，降温增密再加强风搅拌，则使暖季形成的季节性跃层逐渐变薄、下沉、减弱直至消亡。在浅海区域，冬季大风加对流混合甚至可以直达海底。与低纬度海域热量和水汽的供应方向相反，在极地区域则是大气向冰原供给热量和水分，促使极地区域洋面上形成冷高压，这些冷高压又是冬季入侵大陆的寒潮冷空气的源地。③海洋气体主要源自大气。大气中的氧是海水中溶解氧的主要供应者，为海洋生态系统提供了重要的支撑，不仅满足了海洋生物的生命活动所需，还参与了海洋环境的自净过程。海洋植物的光合作用也能产生部分氧，但需要大气中 CO_2 的供应，而海水中的 CO_2 相当部分也是由大气溶入的，对海洋环境的缓冲能力具有重要作用。氧和 CO_2 在海水的溶入和逸出，分别与海面上大气氧分压和 CO_2 分压的变化有关。④大气降水是海洋水分供应的重要来源。大气降水连同降于陆地通过径流入海的水量，折算成水位每年可达126cm之多。大气的干、湿沉降同时还把多种物质带入海洋，影响着海洋环境。

4.4.3　海上天气系统发展中的海–气相互作用

海洋除了和大气环流、气候变化等有强烈作用外，还与海洋上发生的天气系统，如热带辐合带、副热带高压以及热带气旋等存在着明显的相互作用。

（1）热带辐合带

热带辐合带在全球并未发展成一条完整的带，与海洋是密切相关的。在热带洋面上，辐合带导致暖湿的气流辐合上升，释放出大量的潜热能量，对流得以强烈发展，可以形成积雨云、雷暴和阵雨；反过来，又削弱了当地的太阳辐射，导致原有的辐合带减弱甚至消失，但是在云区的边缘仍有较强的太阳辐射，于是可以形成新的辐合区。由卫星云图分析可证实，热带辐合带并不是定常的连续云线，而是由一些自东向西移动着的云团组成的。热带辐合带在西太平洋和东印度洋的位置会随季节变化而有明显的移动，冬季可在南纬5°，夏季可达北纬15°附近，这与"暖池（warm pool）"及其轴线的季节变化密切相关。

所谓暖池是指在热带西太平洋和东印度洋长年存在的、上层海水温度超过28℃的宽广水域，占全球热带海洋面积的35%～45%。暖池的东西向轴线与热带辐合带的位置基本一致。正是暖池供给了大气充分的热量和水汽，有利于驱动大气产生对流。暖池及其轴线的季节变化，与热带辐合带的位置南移北推是相对应的。即使在暖池之外，如东太平洋和大西洋，热带辐合带与热带大洋表层水温暖水轴线也有很好的对应，以大西洋吻合最好，东太平洋次之。就全球而言，两半球的热带辐合带都是夏季与表层海温暖水轴的关系更好。

（2）副热带高压

副热带高压是反气旋式环流，高压区内下沉气流强，云量少，太阳辐射强，使海水蒸发旺盛，导致盐度增大，在北太平洋可达35以上，南太平洋和印度洋在36以上，大西洋可达37以上。反气旋式大气环流驱动海水运动的效应是使海水辐聚下沉，从而促进了大洋次表层高盐水团的形成。

（3）热带气旋

热带气旋之所以能发展为台风，其能量依赖于空气对流上升水汽凝结释放出大量的潜热，而高温高湿空气的供给，唯有在暖季高温的洋面上才可以充分保证。有研究表明，表层海水温度在27℃以上才能形成台风，因此，东南太平洋和南大西洋没有台风生成。统计指出，暖池内发生的台风大于45%，由太平洋暖水轴线向东延伸至中美洲西岸。洋面水温27℃以上者，可以生成16%。北大西洋相应海域能生成11%。台风形成需要大气低层有辐合流场，辐合上升能使之凝结释放潜热、加热大气而持续上升，继而引发海面气压再降，辐合气流进一步加强，有利于台风的形成。热带洋面上的辐合流场就有热带辐合带和东风波等，因此，80%~85%的热带气旋生成于热带辐合带，而全球每年发生的热带气旋中约有一半至三分之二可以达到台风或飓风的强度。在台风掠过的洋面，风力驱动使表层海水有从中心向外流动的分量，导致海水辐散，辐散将衍生下层海水向上涌升，致使海面水温降低，台风过后引起大范围海面水温下降而出现冷水区，称为"冷尾迹"或"冷尾流"。降温会导致洋面热量和水汽供应的降低，故不利于后续台风的形成和发展，反而可以使其减弱或改变路径。海面温度下降到最低值的时间，大约在台风过后 3 天，海面温度恢复到正常平均需 10 天左右。

4.5 海洋大气环境污染

4.5.1 光化学烟雾

含有氮氧化物和碳氢化合物等一次污染物的大气，在阳光照射下发生光化学反应而产生二次污染物，这种由一次污染物和二次污染物的混合物所形成的烟雾污染现象，称为光化学烟雾。

1943 年，在美国洛杉矶首次出现了这种污染现象，因此，光化学烟雾也称为洛杉矶型烟雾。光化学烟雾的形成条件包括大气中有氮氧化物和碳氢化合物存在、大气温度较低、有很强的阳光照射，这样在大气中就会发生一系列复杂的光化学反应，生成一些二次污染物，如臭氧（O_3）、醛和过氧化氢（H_2O_2）等，从而形成了光化学污染。光化学烟雾的主要特征包括蓝色烟雾、具有强氧化性、能使橡胶开裂、刺激人的眼睛、伤害植物的叶子、降低大气能见度，其刺激物浓度的高峰在中午和午后，污染区域往往在污染源的下风向几十到几百公里处。继洛杉矶之后，光化学烟雾在世界各地不断出现，如日本的东京、大阪，英国的伦敦，澳大利亚、德国等的大城市。从 20 世纪 50 年代至今，在光化学烟雾的发生源、发生条件、反应机制和模型、对生态系统的危害、如何监测和控制等方面都开展了大量的研究工作，并取得了许多成果。

（1）光化学烟雾的日变化

光化学烟雾白天生成、傍晚消失，污染高峰出现在中午或午后。在早晨交通繁忙的时刻，汽车尾气排放量大，NO 浓度高，而 NO_2 的浓度较低。随着太阳辐射的增强，NO_2、O_3 等的浓度迅速增大，中午时可以达到较高的水平，NO_2、O_3 和醛是在太阳辐射下由大气光化学反应生成的二次污染物，而早晨由汽车排放出来的尾气是发生这些光化学反应的直接原因。到了傍晚交通繁忙的时刻，虽然仍有很多的汽车尾气排放，但由于太阳辐射已经变弱，不足以引起光化学反应，因而不能发生光化学烟雾现象。

（2）光化学烟雾形成的简化机制

光化学烟雾形成的反应机制可以概括为以下 12 个反应：

① 引发反应

$$NO_2 \xrightarrow{h\nu} NO + O\cdot$$

$$O\cdot + O_2 + M \longrightarrow O_3 + M$$

$$NO + O_3 \longrightarrow NO_2 + O_2$$

② 自由基传递反应

$$RH + HO\cdot \xrightarrow{O_2} RO_2\cdot + H_2O$$

$$RCHO + HO\cdot \xrightarrow{O_2} RC(O)O_2\cdot + H_2O$$

$$RCHO \xrightarrow[hv]{2O_2} RO_2\cdot + HO_2\cdot + CO$$

$$HO_2\cdot + NO \longrightarrow NO_2 + HO\cdot$$

$$RO_2\cdot + NO \xrightarrow{O_2} NO_2 + R'CHO + HO_2\cdot$$

$$RC(O)O_2\cdot + NO \xrightarrow{O_2} NO_2 + RO_2\cdot + CO_2$$

③ 终止反应

$$HO\cdot + NO_2 \longrightarrow HNO_3$$

$$RC(O)O_2\cdot + NO_2 \longrightarrow RC(O)O_2NO_2$$

$$RC(O)O_2NO_2 \longrightarrow RC(O)O_2\cdot + NO_2$$

（3）光化学烟雾的控制对策

①控制反应活性高的有机物的排放。有机物反应活性表示有机物通过反应生成产物的能力。碳氢化合物是光化学烟雾形成过程中必不可少的重要组分，因此，控制反应活性高的有机物的排放，能够有效地控制光化学烟雾的形成和发展。描述有机物反应活性的因素包括很多，如反应速率、产物产额以及在混合物中暴露的效应等，但很难找到一个能够全面反映各种因素的指标。有学者提出依据有机物与 HO·反应的速率来将有机物的反应活性进行分类，其原因主要是大多数的有机物都可以与 HO·发生反应，且在光化学反应中，HO·是消耗有机物的主要物质。对极易与 O_3 反应的烯烃来说，在阳光照射的初期，其与 HO·反应也同样起主要作用。因此，有机化合物与 HO·之间的反应速率常数大体上反映了碳氢化合物的反应活性。无论采用哪种度量方法，反应活性大致的顺序为：有内双键的烯烃>二烷基或三烷基芳烃和有外双键的烯烃>乙烯>单烷基芳烃>C_5 以上的烷烃>C_2～C_5 的烷烃。

②控制臭氧的浓度。已知氮氧化物和碳氢化合物初始体积分数的大小会影响 O_3 的生成量和生成速率，因此，可以采用等体积分数曲线来为制定光化学烟雾污染控制对策提供依据。这一方法称为 EKMA（empirical kinetic modeling approach），它是用一臭氧等体积分数曲线模式（OZIPP）做出一系列臭氧等体积分数曲线，这些等体积分数曲线是由各种不同体积分数 RH 和 NO_x 的混合物为初始条件，算出 O_3 产生的日最大值，然后绘制三维图而得出的。

4.5.2 硫酸型烟雾

硫酸型烟雾主要是指由燃煤排放出来的 SO_2、颗粒物以及由 SO_2 氧化所形成的硫酸盐颗粒物所共同造成的大气污染现象。这种污染多发生在冬季、气温较低、湿度较高和日光较弱的气象条件下。

硫酸型烟雾也称为伦敦型烟雾，是因为其最早发生在英国伦敦。1952 年 12 月，伦敦上空受冷高压控制，高空中的云阻挡了来自太阳的光，其地面温度迅速降低，相对湿度高达 80%，于是形成了雾。地面温度低,上空又形成了逆温层,大量家庭的烟囱和工厂所排放出来的烟就积聚在低层大气中难以扩散,因此在低层大气中形成了很浓的黄色烟雾,即硫酸型烟雾。

在硫酸型烟雾的形成过程中,SO_2 转变为 SO_3 的氧化反应主要是靠雾滴中的锰、铁和氨的催化作用而加速完成的。当然,SO_2 的氧化速率还会受到其他污染物、温度以及光强等因素的影响。

硫酸型烟雾污染和光化学烟雾污染存在以下几点区别:①硫酸型烟雾的污染物,从化学上看属于还原性的混合物,故称此烟雾为还原烟雾,而光化学烟雾的污染物是高浓度氧化剂的混合物,因此也称为氧化烟雾;②两种烟雾发生污染的根源不同,硫酸型烟雾主要由燃煤引起,光化学烟雾则主要是由汽车尾气排放引起的;③两种烟雾具有很多相反的化学行为。目前,已发现两种类型的烟雾污染可以交替发生。

4.5.3 酸性降水

大气中的 SO_2 可以被氧化成 SO_3,随后 SO_3 被水吸收而生成硫酸,形成硫酸型烟雾或酸雨。酸雨是酸性降水中最常见的一种。酸性降水是指通过降水,如雨、雪、雾、冰雹等将大气中的酸性物质迁移到地面的过程。这种降水过程称为湿沉降,与其相对应的有干沉降,是指大气中的酸性物质在气流的作用下直接迁移到地面的过程。这两种过程统称为酸沉降。酸性降水的研究始于酸雨问题出现之后,尤其是当世界各地不断发现酸雨对地表水、土壤、森林以及植被等有严重的危害之后,酸雨问题成为了目前全球性的环境问题之一。这里主要讨论湿沉降过程。

(1) 降水的 pH 值

在未被污染的大气中,可溶于水且含量较高的酸性气体是 CO_2。如果只把 CO_2 作为影响天然降水 pH 值的因素,那么,根据 CO_2 的全球大气体积分数 330×10^{-6} 与纯水的平衡:

$$CO_2(g) + H_2O \xrightleftharpoons{K_H} CO_2 \cdot H_2O$$

$$CO_2 \cdot H_2O \xrightleftharpoons{K_1} H^+ + HCO_3^-$$

$$HCO_3^- \xrightleftharpoons{K_2} H^+ + CO_3^{2-}$$

式中,K_H 为 CO_2 水合平衡常数,即 Henry 常数;K_1、K_2 分别为二元酸 $CO_2 \cdot H_2O$ 的一级和二级电离常数。

它们的表达式为:

$$K_H = \frac{[CO_2 \cdot H_2O]}{p_{CO_2}}$$

$$K_1 = \frac{[H^+][HCO_3^-]}{[CO_2 \cdot H_2O]}$$

$$K_2 = \frac{[H^+][CO_3^{2-}]}{[HCO_3^-]}$$

各组分在溶液中的浓度为:

$$[CO_2 \cdot H_2O] = K_H p_{CO_2}$$

$$[HCO_3^-] = \frac{K_1[CO_2 \cdot H_2O]}{[H^+]} = \frac{K_1 K_H p_{CO_2}}{[H^+]}$$

$$[CO_3^{2-}] = \frac{K_2[HCO_3^-]}{[H^+]} = \frac{K_1 K_2 K_H p_{CO_2}}{[H^+]^2}$$

按电中性原理：

$$[H^+] = [OH^-] + [HCO_3^-] + 2[CO_3^{2-}]$$

将$[H^+]$、$[HCO_3^-]$和$[CO_3^{2-}]$代入上式，得下式：

$$[H^+] = \frac{K_W}{[H^+]} + \frac{K_1 K_H p_{CO_2}}{[H^+]} + \frac{2K_1 K_2 K_H p_{CO_2}}{[H^+]^2}$$

$$[H^+]^3 - (K_W + K_1 K_H p_{CO_2})[H^+] - 2K_1 K_2 K_H p_{CO_2} = 0$$

式中，p_{CO_2}为CO_2在大气中的分压；K_W为水的离子积。

在一定温度下，K_W、K_H、K_1、K_2和p_{CO_2}都有固定值，且可测得。将这些已知数值代入上式，可以得出pH值为5.6。多年来，国际上一直将此值看作是未受污染的大气水的pH值的背景值，把pH值为5.6作为判断酸雨的界限，pH值小于5.6的降雨称为酸雨。然而，近年来，通过对降水的多年观测研究，已经对pH值为5.6能否作为酸性降水的界限及判别人为污染的界限提出了异议。因为，在实际的大气中，除CO_2外，还存在各种酸性和碱性的气态物质和气溶胶物质。它们的量虽少，但对降水的pH值也是有贡献的，即未被污染的大气降水的pH值不一定正好是5.6。此外，作为对降水pH值影响较大的强酸，如硫酸和硝酸，其也有天然来源，对雨水的pH值也有贡献。与此同时，有些地域大气中碱性尘粒或其他碱性气体，如NH_3含量较高，也会导致降水pH值上升。因此，pH值为5.6不是一个判别降水是否受到酸化和人为污染的合理界限，于是有研究人员提出了降水pH背景值问题。

世界各地区自然条件不同，如地质、气象、水文等的差异会造成各地区降水pH值的不同，通过研究可以发现把5.0作为酸雨pH的界限更符合实际情况。研究认为，pH值大于5.6的降水未必受到酸性物质的人为干扰，因为即使有人为干扰，如果不是很强烈，因雨水有足够的缓冲容量，不会使雨水呈酸性。而pH值在5.0～5.6的雨水有可能受到人为活动的影响，但没有超过天然本底硫的影响范围，或者说人为影响即使存在，也不超出天然缓冲作用的调节能力，因为雨水与天然本底硫平衡时的pH即为5.0。如果雨水pH值小于5.0，就可以确信人为影响是存在的。因此提出了以5.0作为酸雨pH值的界限更为确切。

（2）降水的化学组成

① 降水的组成。降水的组成通常包括大气中固定的气体成分（如O_2、N_2和CO_2等）、无机物（如土壤衍生矿物离子、海洋盐类离子、气体转化产物和人为排放化合物等）、有机物（如有机酸、醛类和烃类等）、光化学反应产物（如H_2O_2和O_3等）和不溶物（主要来自土粒和尘粒中的不能溶于雨水的部分）。

② 降水中的离子成分。降水中最重要的离子是SO_4^{2-}、NO_3^-、Cl^-、NH_4^+、Ca^{2+}和H^+。因为这些离子参与了地表土壤的平衡，对陆地和水生生态系统有很大影响。降水中SO_4^{2-}含量各地

区有很大差别，大致为 1~20mg/L。除来自岩石矿物风化作用、土壤中有机物、动植物和废弃物的分解外，更多的是来自燃料燃烧排放出的颗粒物和 SO_2，因此，在工业区和城市的降水中 SO_4^{2-} 含量一般较高，且冬季高于夏季。降水中含氮化合物的存在形式是多种的，主要是 NO_3^-、NO_2^- 和 NH_4^+，含量小于 1~3mg/L，其中 NH_4^+ 含量高于 NO_3^-。NO_3^- 一部分来自人为污染源排放的 NO_x 和尘粒，另有相当一部分可能来自空气放电产生的 NO_x。NH_4^+ 的主要来源是生物腐败以及土壤和海洋挥发等天然来源。NH_4^+ 的分布与土壤类型有较明显的关系，碱性土壤地区降水中 NH_4^+ 含量相对较高。

③ 降水中的有机酸。目前，世界各地的降水中均已发现有机酸的存在。虽然通常认为降水酸度主要来自于硫酸和硝酸等强酸，但是多年来实测的结果表明有机弱酸（如甲酸、乙酸等）也对降水酸度有贡献。在美国城市地区，有机酸对降水自由酸度的贡献为 16%~35%，而在偏远地区，它们可能成为降水的主要致酸成分，对酸度的贡献有时高达 60% 以上。

④ 降水中的金属元素。降水中的金属元素，特别是有毒金属元素正逐渐引起人们的注意。通过调查研究已经证实，金属元素湿沉降受人为活动影响。

（3）酸雨的化学组成

酸雨是大气化学过程和物理过程的综合效应。酸雨中含有多种无机酸和有机酸，其中绝大部分是硫酸和硝酸，多数情况下以硫酸为主。从污染源排放出来的 SO_2 和 NO_x 是形成酸雨的主要起始物，其形成过程为：

$$SO_2+[O] \longrightarrow SO_3$$
$$SO_3+H_2O \longrightarrow H_2SO_4$$
$$SO_2+H_2O \longrightarrow H_2SO_3$$
$$H_2SO_3+[O] \longrightarrow H_2SO_4$$
$$NO+[O] \longrightarrow NO_2$$
$$2NO_2+H_2O \longrightarrow HNO_3+HNO_2$$

式中，[O] 为各种氧化剂。

大气中的 SO_2 和 NO_x 经氧化后溶于水形成硫酸、硝酸和亚硝酸，这是造成降水 pH 值下降的主要原因。除此之外，还有许多气态或固态物质进入大气影响降水的 pH 值。大气颗粒物中 Mn、Cu 等是酸性气体氧化的催化剂。大气光化学反应生成的 O_3 和 H_2O 等又是使 SO_2 氧化的氧化剂。飞灰中的氧化钙、土壤中的碳酸钙、天然和人为来源的 NH_3 以及其他碱性物质都可使降水中的酸中和，对酸性降水起"缓冲作用"。因此，降水的酸度是酸和碱平衡的结果。如降水中酸量大于碱量，就会形成酸雨。研究酸雨必须进行雨水样品的化学分析，通常分析测定的化学组分有如下几种离子：

阳离子：H^+，Ca^{2+}，NH_4^+，Na^+，K^+，Mg^{2+}；阴离子：SO_4^{2-}，NO_3^-，Cl^-，HCO_3^-。

由于降水要维持电中性，如果对降水中化学组分做全面测定，最后阳离子总量必然等于阴离子总量，已有资料表明，基本如此。

（4）影响酸雨形成的因素

① 酸性污染物的排放及其转化条件。从现有的监测数据来看，降水酸度的时空分布与大气中 SO_2 和降水中 SO_4^{2-} 浓度的时空分布存在着一定的相关性。也就是说，某地 SO_2 污染严重，

降水中 SO_4^{2-} 浓度就高,降水的 pH 值就低。

② 大气中的 NH_3。大气中的 NH_3 对酸雨的形成是非常重要的。已有研究表明,降水 pH 值取决于硫酸、硝酸与 NH_3 及碱性尘粒的相互关系。NH_3 是大气中唯一的常见气态碱,它易溶于水,能与酸性气溶胶或雨水中的酸起中和作用,从而降低雨水酸度。在大气中,NH_3 与硫酸气溶胶形成中性的 $(NH_4)_2SO_4$ 或 NH_4HSO_4。SO_2 也可因与 NH_3 反应而减少,从而避免进一步转化成硫酸。

③ 颗粒物酸度及其缓冲能力。酸雨不仅与大气的酸性和碱性气体有关,也与大气中颗粒物的性质有关。大气中颗粒物的组成复杂,主要来自于地面扬尘。扬尘的化学组成与土壤组成相似,因而颗粒物的酸碱性取决于土壤的性质。除土壤粒子外,大气颗粒物还有矿物燃料燃烧形成的飞灰、烟炱等,它们的酸碱性都会对酸雨有一定的影响。颗粒物对酸雨的形成有两方面的作用,一是所含的金属可催化 SO_2 氧化成硫酸,二是对酸起中和作用。但如果颗粒物本身是酸性的,就不能起中和作用,而且还会成为酸的来源之一。

④ 天气形势的影响。如果气象条件和地形有利于污染物的扩散,则大气中污染物浓度降低,酸雨就减弱,反之则加重。

4.5.4 大气颗粒物

大气是由各种固体或液体微粒均匀地分散在空气中所形成的一个庞大的分散体系,也称为气溶胶体系。气溶胶体系中分散的各种粒子称为大气颗粒物。大气颗粒物可以是无机物,也可以是有机物,或由两者共同组成;可以是无生命的,也可以是有生命的;可以是固态的,也可以是液态的。大气颗粒物是大气组分之一,例如,饱和的水蒸气可以以大气颗粒物为核心形成云、雾、雨、雪等,从而参与大气降水过程。同时,大气中的一些有毒污染物绝大部分也存在于颗粒物中,可以通过呼吸作用进入生物体内而危害生物健康。此外,大气颗粒物也是大气中一些污染物的载体或反应床,对大气中污染物的迁移转化有显著影响。在清洁的大气中,大气颗粒物很少,通常是无毒的;而在污染的大气中,大气颗粒物也属污染物,且携带着许多有毒的化学物质。大气颗粒物的污染特征与它本身的物理化学性质以及能够引起的大气非均相化学反应有着密切的关系,许多全球性的环境问题,如酸雨形成、烟雾事件的发生都与大气颗粒物的环境作用有关。大气颗粒物对人体健康、生物效应和气候变化同样发挥着独特的作用。

(1) 大气颗粒物的来源

大气颗粒物可以分为一次颗粒物和二次颗粒物,一次颗粒物是指直接由污染源排放出来的颗粒物,二次颗粒物是指大气中某些污染组分之间,或这些组分与大气成分之间发生反应而产生的颗粒物。大气颗粒物的来源分为天然来源和人为来源,其中,天然来源包括地面扬尘、森林火灾燃烧物、火山爆发释放物、海浪溅出的浪沫、宇宙陨星尘以及植物的花粉、孢子等,而人为来源主要包括燃料燃烧过程形成的煤、烟、飞灰等,工业生产排放的原料或产品微粒以及汽车尾气排放的污染物等。大气颗粒物有很多种类,按其大小和成因可分为粉尘、烟、灰、雾、霾、烟尘和烟雾等。

(2) 大气颗粒物的消除

大气颗粒物的消除与颗粒物的粒度以及化学性质密切相关。通常包括干沉降和湿沉降两种消除过程。

① 干沉降。干沉降是指颗粒物在重力的作用下或与其他物体碰撞后所发生的沉降。这种沉降存在着两种作用机制，一种是通过重力对颗粒物的作用使其降落在土壤、水面、植物、建筑物等物体上，其沉降速率与颗粒物的粒径、密度、空气运动黏滞系数等有关。粒径越大，沉降速率也越大。另一种是靠布朗运动扩散，相互碰撞而凝聚成较大的颗粒，通过大气湍流扩散到地面或碰撞而去除，通常是粒径小于 0.1μm 的颗粒。

② 湿沉降。湿沉降是指通过降雨、降雪等使颗粒物从大气中去除的过程，它是去除大气颗粒物和痕量气态污染物的有效方法。湿沉降包括雨除和冲刷两种机制。雨除是指一些颗粒物可以作为形成云的凝结核，成为云滴的中心，通过凝结过程和碰撞过程使其增大而成为雨滴，再进一步增大形成雨滴落到地面，颗粒物随之从大气中去除。雨除对半径小于 1μm 的颗粒物的去除效率较高，特别是对具有吸湿性和可溶性的颗粒物作用更加明显。冲刷是指降雨时在云下面的颗粒物与降下来的雨滴发生惯性碰撞或扩散、吸附，从而被去除。冲刷对半径为 4μm 以上颗粒物的去除效率较高。一般通过湿沉降去除的大气颗粒物的量约占总量的 80%～90%，而干沉降只有 10%～20%。但是，不论雨除还是冲刷，对半径为 2μm 左右的颗粒物都没有明显的去除作用，因此，它们可以随着气流被输送到几百公里甚至上千公里以外的地方，造成更大范围的污染。

（3）大气颗粒物的粒径分布

大气颗粒物的粒径通常是指颗粒物的直径，这意味着我们把大气颗粒物看作是一个球体，然而实际上，大气中粒子的形状极不规则，把粒子看成球体是不确切的，因此，对不规则形状的粒子，在实际工作中往往采用有效直径来表示粒径。对于大气粒子，目前普遍采用有效直径来表示粒径，其中最常用的是空气动力学直径（D_p）。其定义为与所研究粒子有相同终端降落速度的、密度为 1g/cm³ 的球体直径。D_p 可由下式求得：

$$D_p = D_g K \sqrt{\frac{\rho_p}{\rho_0}} \tag{4-18}$$

式中，D_g 为几何直径；ρ_p 为忽略了浮力效应的粒密度；ρ_0 为参考密度（ρ_0=1g/cm³）；K 为形状系数，当粒子为球状时，K=1.0。

从上式可知，对于球状粒子，ρ_p 对 D_p 是有影响的。当 ρ_p 较大时，D_p 会比 D_g 大。由于大多数大气粒子满足 $\rho_p \leqslant$10g/cm³，因此，D_p 和 D_g 差值因子必定小于 3。

大气颗粒物按其粒径大小可分为如下几类：

① 总悬浮颗粒物。用标准大容量颗粒采样器在滤膜上所收集到的颗粒物的总质量称为总悬浮颗粒物。用 TSP 表示。其粒径多在 100μm 以下，尤以 10μm 以下的为主。

② 飘尘。可在大气中长期飘浮的悬浮物称为飘尘。其粒径主要是小于 10μm 的颗粒物。

③ 降尘。能用采样罐采集到的大气颗粒物称为降尘。在总悬浮颗粒物中，一般直径大于 10μm 的粒子由于自身的重力作用会很快沉降下来。

④ 可吸入粒子。易于通过呼吸过程而进入呼吸道的粒子称为可吸入粒子。目前国际标准化组织（ISO）建议将其定为 $D_p \leqslant$10μm。

（4）大气颗粒物的表面性质

大气颗粒物有三种重要的表面性质，即成核作用、黏合和吸着。成核作用是指过饱和蒸气在颗粒物表面上形成液滴的现象。雨滴的形成就属于成核作用。在被水蒸气饱和的大气中，虽然存在着阻止水分子简单聚集而形成微粒或液滴的强势垒，但是，如果已经存在凝聚物质，那么水蒸气分子就很容易在已有的微粒上凝聚，即使已有的微粒不是由水蒸气凝结的液滴，而是由覆盖了水蒸气吸附层的物质所组成的，凝结也同样会发生。

粒子可以彼此相互紧紧地黏合或在固体表面上黏合。黏合或凝聚是小颗粒形成较大的凝聚体并最终达到能很快沉降粒径的过程。相同组成的液滴在它们相互碰撞时可能凝聚，固体粒子相互黏合的可能性随粒径的降低而增加，颗粒物的黏合程度与颗粒物及其表面的组成、电荷、表面膜组成（水膜或油膜）以及表面的粗糙度有关。当离子在颗粒物表面上黏合时，可获得负电荷或正电荷，电荷量受空气的电击穿强度和颗粒物表面积限制。在大气颗粒物上的电荷可以是正的，也可以是负的。基于颗粒物带电这一性质，可利用静电除尘法去除烟道气中的颗粒物。

如果气体或蒸气溶解在微粒中，这种现象称为吸收。若吸附在颗粒物表面上，则称为吸着。涉及特殊的化学相互作用的吸着，称为化学吸附作用。如大气中 CO_2 与 $Ca(OH)_2$ 的颗粒反应：

$$Ca(OH)_2(s) + CO_2 \longrightarrow CaCO_3 + H_2O$$

化学吸着的其他例子还有如 SO_2 与氧化铝或氧化铁气溶胶的反应、硫酸气溶胶与 NH_3 的反应等。

（5）大气颗粒物的化学组成

大气颗粒物的化学组成十分复杂，其中与人类活动密切相关的成分主要包括离子成分（以硫酸及硫酸盐颗粒物和硝酸及硝酸盐颗粒物为代表）、痕量元素成分（包括重金属和稀有金属等）和有机成分。按照组成，可将大气颗粒物划分为两大类，一般将只含有无机成分的颗粒物叫做无机颗粒物，而将含有有机成分的颗粒物叫做有机颗粒物。

① 无机颗粒物。无机颗粒物的成分是由颗粒物的形成过程决定的。天然来源的无机颗粒物，如扬尘的成分主要是所处地区的土壤粒子；火山爆发所喷出的火山灰，除主要由硅和氧组成的岩石粉末外，还含有一些如锌、锑、锰和铁等金属元素的化合物；海盐溅沫所释放出来的颗粒物，其成分主要有氯化钠粒子、硫酸盐粒子以及一些镁化合物。人为来源的无机颗粒物，如动力发电厂由于燃煤及石油而排放出来的颗粒物，其成分除大量的烟尘外，还含有铍、镍、钒等化合物；市政焚烧炉会排放出砷、镉、铬、铜、铁、汞、镁和锌等化合物；汽车尾气中则含有大量的铅。一般来说，粗粒子主要是土壤及污染源排放出来的尘粒，大多是一次颗粒物，这种粗粒子主要是由硅、铁、铝、钠、钙、镁、钛等 30 余种元素组成。细粒子主要是硫酸盐、硝酸盐、铵盐、痕量金属和炭黑等。不同粒径的颗粒物其化学组成差异很大，如硫酸盐粒子，其粒径属于积聚模，为细粒子，主要是二次污染物。土壤粒子大多属于粗粒子模，为粗粒子，其成分与地壳组成元素十分相近。

② 有机颗粒物。有机颗粒物是指大气中的有机物质凝聚而形成的颗粒物，或有机物质吸附在其他颗粒物上而形成的颗粒物。大气颗粒污染物主要是这些有毒或有害的有机颗粒物。有机颗粒物种类繁多，结构也极其复杂，主要包括烷烃、烯烃、芳烃和多环芳烃等各种烃类，另外还有少量的亚硝胺、氮杂环类、醚酮、酮类、酚类和有机酸等。这些有机颗粒物主要是由矿物燃料燃烧、废弃物焚化等各类高温燃烧过程所形成的。在各类燃烧过程中已鉴定出来的化合物有 300 多种，按类别可以分为多环芳香族化合物，芳香族化合物，含氮、氧、硫、磷类化合物，羟基化合物，脂肪族化合物，羰基化合物和卤化物等。有机颗粒物多数是由气态一次污染

物通过凝聚过程转化而来的。转化速率比 SO_2 转化为硫酸盐颗粒物要小。一次污染物转化为二次污染物时，通常都含有—COOH、—CHO、—CH_2ONO、—$C(O)SO_2$、—$C(O)OSO_2$ 等基团，这是由于转化反应过程中有 HO·、HO_2·和 CH_3O·自由基参与的结果。有机颗粒物的粒径一般比较小。

（6）大气颗粒物中的 $PM_{2.5}$

随着城市化进程的加快，大气颗粒物成为城市空气污染的重要来源。过去，人们一直着重于研究直接排放的一次颗粒物，到 20 世纪 50 年代后，人们逐渐从研究总悬浮颗粒物（TSP）转向研究可吸入颗粒物（PM_{10}，$D_p \leqslant 10\mu m$），而到了 20 世纪 90 年代后期，则开始重视二次颗粒物的问题。目前，人们对大气颗粒物的研究更侧重于 $PM_{2.5}$（$D_p \leqslant 2.5\mu m$）甚至超细颗粒（纳米）的研究，并从总体颗粒的研究过渡到单个颗粒的研究。

① 大气中 $PM_{2.5}$ 来源

通过对不同排放源、不同尺度细粒子的监测，可以确定各类排放源对细粒子（TSP，$PM_{2\sim10}$，$PM_{2.5}$）的贡献百分率。其中，土壤扬尘、海洋气溶胶和车辆尾气为重要来源。车辆排气管排放的主要是细小的颗粒物，即 $PM_{2.5}$。美国的资料表明，按 $PM_{2.5}$ 的排放源划分，上路车辆占总排放量的 10%，非上路活动排放源占 18%，固定源占 72%。可以看出，机动车辆是城市 $PM_{2.5}$ 污染的一个重要来源。

② $PM_{2.5}$ 的危害

$PM_{2.5}$ 对人类健康有重要影响。$PM_{2.5}$ 是人类活动所释放污染物的主要载体，携带有大量的重金属和有机污染物，如苯并[a]芘和铅 Pb。$PM_{2.5}$ 在呼吸过程中能深入到细胞而长期存留在人体中。被吸入人体后，约有 5% 的 $PM_{2.5}$ 吸附在肺壁上，并能渗透到肺部组织的深处引起气管炎、肺炎、哮喘、肺气肿和肺癌，导致心肺功能减退甚至衰竭。同时，颗粒物与气态污染物的联合作用，会使空气污染的危害进一步加剧，使得呼吸道疾病患者增多、心肺病死亡人数增加。$PM_{2.5}$ 的增加也会造成大气能见度大幅度降低。

4.5.5 温室效应

来自太阳各种波长的辐射，一部分在到达地面之前被大气反射回外空间或者被大气吸收之后再辐射而返回外空间，另一部分直接到达地面或者通过大气而散射到地面。到达地面的辐射有少量短波长的紫外线、大量的可见光和长波长的红外线。这些辐射在被地面吸收之后，最终都以长波辐射的形式又返回外空间，从而维持地球的热平衡。

大气中的许多组分对不同波长的辐射都有其特征吸收光谱，其中能够吸收长波长的主要有 CO_2 和水分子。水分子只能吸收波长为 700～850nm 和 1100～1400nm 的红外辐射，且吸收极弱，而对 850～1100nm 的辐射全无吸收。也就是说，水分子只能吸收一部分红外辐射，而且较弱。因此，当地面吸收了来自太阳的辐射，转变成为热能，再以红外线向外辐射时，大气中的水分子只能截留一小部分红外线。然而，大气中的 CO_2 虽然含量比水分子少很多，但是它能够强烈吸收波长为 1200～1630nm 的红外辐射，因而，CO_2 在大气中的存在对截留红外辐射能量影响较大，对维持地球热平衡也有重要影响。

CO_2 如温室的玻璃一样，它允许来自太阳的可见光射到地面，也能阻止地面重新辐射出的红外线返回外空间。因此，CO_2 起着单向过滤器的作用。大气中的 CO_2 吸收了地面辐射出来的红外线，把能量截留于大气之中，从而使大气温度升高，这种现象称为温室效应。能够引起温室效应的气体，称为温室气体。如果大气中温室气体增多，会有过多的能量保留在大气中而不能正常地向外空间辐射，这会使地表面和大气的平衡温度升高，对整个地球的生态平衡产生巨大影响。

矿物燃料的燃烧是大气中 CO_2 的主要来源。人们对能源利用的需求量不断增加，使大气中 CO_2 的排放浓度逐渐增高。此外，人类大量砍伐森林、毁坏草原，使地球表面的植被日趋减少，以致降低了植物对 CO_2 的吸收作用。通常情况下，CO_2 在一年内的周期变化呈现出夏季低、冬季高的结果。这是因为夏季植物对 CO_2 有吸收，而冬季 CO_2 排放量增大。除了 CO_2 之外，大气中还有一些痕量气体也会产生温室效应，其中有些比 CO_2 的温室效应还要强。有学者预计，到 2030 年左右，大气中温室气体的含量相当于 CO_2 含量增加 1 倍。因此，针对全球变暖问题，除 CO_2 外，还应考虑具有温室效应的其他气体和颗粒物的作用。

4.5.6 臭氧层损耗

臭氧层存在于平流层中，主要分布在距地面 10~50km 范围内，浓度峰值在 20~25km 处。臭氧层对地球上生命的出现、发展以及维持地球上的生态平衡起着重要作用。臭氧层能够吸收 99% 以上的来自太阳的紫外辐射，从而使地球上的生物不会受到紫外辐射的伤害。然而，人类活动的影响，使得臭氧层正在遭到破坏。

（1）臭氧层破坏的化学机理

平流层中的臭氧来源于平流层中 O_2 的光解：

$$O_2 \xrightarrow{h\nu(\lambda \leq 243nm)} O\bullet + O\bullet$$

$$O\bullet + O_2 + M \longrightarrow O_3 + M$$

平流层中臭氧的消除途径有两种。一种是臭氧光解的过程：

$$O_3 \xrightarrow{h\nu} O_2 + O\bullet$$

该过程是臭氧层能够吸收来自太阳的紫外辐射的根本原因。由于形成的 $O\bullet$ 很快就会与 O_2 反应，重新形成 O_3，因此，这种消除途径并不能使 O_3 真正被清除。能够使平流层中的 O_3 真正被清除的反应为 O_3 与 $O\bullet$ 的反应：

$$O_3 + O\bullet \longrightarrow 2O_2$$

上述 O_3 生成和消除的过程同时存在，正常情况下它们处于动态平衡，因而臭氧的浓度保持恒定。然而，由于人类活动的影响，水蒸气、氮氧化物、氟氯烃等污染物进入了平流层，在平流层形成了 $HO_x\bullet$、NO_x 和 $ClO_x\bullet$ 等活性基团，从而加速了臭氧的消除过程，破坏了臭氧层的稳定状态。这些活性基团在加速臭氧层破坏的过程中可以起到催化剂的作用。

①平流层中 NO_x 对臭氧层破坏的影响。

平流层中 NO_x 主要存在于 25km 以上的大气中，其体积分数约为 10×10^{-9}。在 25km 以下的平流层大气中所存在的含氮化合物主要是 HNO_3。平流层中 NO_x 的来源包括 N_2O 的氧化、超音速和亚音速飞机的排放以及宇宙射线的分解。其中，N_2O 在平流层的氧化是平流层中 NO 和 NO_2 的主要天然来源。N_2O 是对流层大气中含量最高的含氮化合物，主要来自于土壤中硝酸盐的脱氮和铵盐的硝化，因此，天然来源是其产生的主要途径。由于 N_2O 不易溶于水，在对流层中比较稳定，停留时间较长，因此，可以通过扩散作用进入平流层，进入平流层的 N_2O 有 90%会通过光解形成 N_2，有 2%会氧化形成 NO。

NO_x 清除 O_3 的催化循环反应如下：

$$NO+O_3 \longrightarrow NO_2+O_2$$

$$NO_2+O\bullet \longrightarrow NO+O_2$$

总反应：
$$O_3+O\bullet \longrightarrow 2O_2$$

该反应主要发生在平流层的中上部。如果是在较低的平流层，由于 O• 的浓度低，形成的 NO_2 更容易发生光解，然后与 O• 作用，进一步形成 O_3，因此，在平流层底部 NO 并不会促使 O_3 减少。

由于 NO 和 NO_2 都易溶于水，当它们被下沉的气流带到对流层时，就可以随着对流层的降水被消除，这是 NO_x 在平流层大气中的主要消除方式。此外，在平流层层顶紫外线的作用下，NO 可以发生光解，这种消除方式所起的作用较小。

② 平流层中 $HO_x\bullet$ 对臭氧层破坏的影响。

平流层中 $HO_x\bullet$ 主要是指 H• 和 HO•，它们主要存在于 40km 以上的大气中，在 40km 以下的平流层大气中 $HO_x\bullet$ 会以 $HO_2\bullet$ 的形式存在。平流层中 $HO_x\bullet$ 的来源主要是甲烷、水蒸气和氢气与激发态原子氧的反应，而激发态原子氧是由 O_3 光解产生的。

$HO_x\bullet$ 清除 O_3 的催化循环反应如下：

a. 在较高的平流层，由于 O• 的浓度相对较大，此时 O_3 可通过以下两种途径被消除：

$$\bullet H+O_3 \longrightarrow \bullet OH+O_2$$

$$\bullet OH+O\bullet \longrightarrow H+O_2$$

总反应：
$$O_3+O\bullet \longrightarrow 2O_2$$

$$2\bullet OH+O_3 \longrightarrow H_2O\bullet+2O_2$$

$$H_2O\bullet+3O\bullet \longrightarrow 2\bullet OH+O_2$$

总反应：
$$O_3+O\bullet \longrightarrow 2O_2$$

b. 在较低的平流层，由于 O• 的浓度较小，O_3 可通过如下反应被消除：

$$2\bullet OH+O_3 \longrightarrow H_2O+2O_2$$

$$H_2O\bullet+O_3 \longrightarrow 2\bullet OH+O_2$$

总反应：
$$2O_3 \longrightarrow 3O_2$$

无论哪种途径，与氧原子的反应是决定整个消除速率的步骤。

平流层中 $HO_x\bullet$ 的消除包括自由基复合反应以及与 $NO_x\bullet$ 的反应。

③平流层中 $ClO_x\bullet$ 对臭氧层破坏的影响。

平流层中 $ClO_x\bullet$ 的来源包括甲基氯的光解、氟氯甲烷的光解和氟氯甲烷与 $O\bullet(^1D)$ 的反应。甲基氯是由天然的海洋生物产生的，在对流层大气中可被 HO• 分解生成可溶性的氯化物，然后被降水清除。但也有少量的甲基氯会进入平流层,在平流层紫外线的作用下光解形成 $Cl\cdot$,这种途径产生的 $Cl\cdot$ 数量很少。氟氯烃类化合物在对流层中很稳定,停留时间较长,因而可以扩散进入平流层,在平流层紫外线的作用下发生光解。每个氟氯烃类化合物通过光解最终将把分子内全部的 $Cl\cdot$ 都释放出来。同样,每个氟氯烃类化合物最终把分子内全部的 $Cl\cdot$ 都转化成 $ClO\cdot$。

$ClO_x\cdot$ 清除 O_3 的催化循环反应如下:

$$Cl\cdot + O_3 \longrightarrow ClO\cdot + O_2$$

$$ClO\cdot + O\cdot \longrightarrow Cl\cdot + O_2$$

总反应:
$$O_3 + O\cdot \longrightarrow 2O_2$$

与 $O\cdot$ 的反应是决定整个消除速率的步骤。

$ClO_x\cdot$ 的消除主要是在平流层中形成 HCl,HCl 是平流层中含氯化合物的主要存在形式,部分 HCl 可以通过扩散进入对流层,然后随降水而被清除。在 30km 以上的大气中,$ClONO_2$ 的含量也很显著。

④ 平流层中 NO_x、$HO_x\cdot$、$ClO_x\cdot$ 的重要反应。

NO_x、$HO_x\cdot$、$ClO_x\cdot$ 在平流层中可以相互反应,也可以与平流层中的其他组分发生反应,所形成的产物相当于将这些活性基团暂时储存起来,在一定条件下再重新释放。例如形成 $HONO_2$、HO_2NO_2、$ClONO_2$、N_2O_5、$HOCl$、H_2O_2 以及 HCl。上述活性基团和一些原子($O\cdot$)或分子化合物都已在平流层观测到,这进一步证实了人们所提出的臭氧层的破坏机理。因此,平流层中 NO_x、$HO_x\cdot$、$ClO_x\cdot$ 之间有着紧密的联系,它们在平流层所发生的一系列反应影响着平流层中 O_3 的浓度和分布。

(2)南极"臭氧洞"的形成机理

1985 年英国南极探险家 J.C. Farman 等首先提出南极出现了"臭氧空洞"。他发表了 1957 年以来哈雷湾考察站(南纬 76°,西经 27°)臭氧总量测定数据,说明自 1957 年以来每年冬末春初臭氧异乎寻常地减少。随后美国宇航局从人造卫星雨云 7 号的监测数据进一步证实了这一点,也引起了全世界的高度关注。关于南极"臭氧洞"成因有太阳活动学说、大气动力学学说以及人们普遍认为的大量氟氯烃化合物的使用和排放造成臭氧层破坏。

第5章 海洋水环境化学

5.1 海水的基本化学特性

5.1.1 海水的化学组成

在地球的形成过程中，水合物慢慢地分解，并向地球上方移动，向地表层供水，最后聚集在地球表面，形成海洋的"雏形"。随着地球表面冷却固化并形成地壳后，水便在固化地壳的低温部分冷凝和积聚，最后形成海洋。在海洋的演替过程中，原始海水与现代海水的化学组成是不同的。

研究海水的化学组成和变迁有两种方法。一种是"以古论今"，即设想原始海水的化学物质的组成，探讨原始海水经历种种过程和进行各种变化后，是如何变成现代海水的化学组成和浓度的。另一种方法是"以今证古"，即研究现代海水的样品的化学组成，假定经历种种逆过程及相应的逆反应后，提出原始海水的化学组成和数量，证明其可行性。

（1）原始海水的体量和化学组成

"元素地球化学平衡法"是一种经典的研究原始海水化学组成的方法，它研究的是供给海水的元素量和从海水中除去的元素量之间的动态平衡。与化学平衡/络合平衡理论相比，该法属另一类的动态平衡方法。这一方法假设地球历史之初，球面开始有了海洋时，就进行着"蒸发-凝聚"所构成的水循环；水对其接触的岩石进行风化，岩石变成碎屑，元素溶于水中，形成海水。海水中的多数阳离子组分由此而来。通过海洋生物地球化学过程，海水中又进行生成沉淀物和成岩作用等一系列二次过程。在整个海洋发育和地球化学历史中，元素就这样反复地运动着。因此，地球历史上岩石被风化、溶解，而由河川带入海洋的物质量等于海水中溶存物质量加上沉积物（即碎屑和化学沉积物）的量，海洋处于元素地球化学的动态平衡。

估计地球内部的水量并非易事。有人以陨石的数据作参考，估计存在于地壳和地幔中的水量约 2×10^{25} g。在 45 亿年间从地球内部逸出并停留在地表，变成海洋的水量为该水量的 10%，约为 $1.63\times10^{24} \sim 1.66\times10^{24}$ g。

CO_2 体系对于研究海水的化学组成至关重要。如果 CO_2 从一开始就存在于原始大气中，那么推测大气中 CO_2 分压约是 1.5 MPa，这当然与目前的状况不符。只能假定在最初大气中 CO_2 几乎不存在，目前大气中的 CO_2，是近 45 亿年间从地球内部逸出的。逸出的 CO_2 溶入海水，使海水因酸-碱平衡而以 CO_3^{2-}、HCO_3^- 等化学物种形式存在。又因沉淀-溶解平衡而形成方解石沉积物及其溶解形式 Ca^{2+}、CO_3^{2-} 等。CO_3^{2-} 和 HCO_3^- 又与海水中的金属发生络合作用，使金属以较稳定的溶解形式存在于海水中。这对于镍、铁等尤为重要。海水中的硫最初以 H_2S 的形式存在，受大气中氧的氧化作用而变成 SO_2，溶入海水后以 SO_4^{2-} 的形式存在。之后也因沉淀溶解作用、氧化还原作用、酸碱作用、络合作用等与海水中常量组分和微（或痕）量组分反应，使原始海水组成不断变化并逐渐进化成现代海水。

（2）现代海水的化学组成

表 5-1 是现代海水重要溶解元素的化学形态和浓度，此表说明，海水中含量最多的元素是水（氢和氧）以及氯、钠、锌、镁、钙、硫、碳、氟、硼、溴、铝，称为常量元素，分成 A 和 B 两类，其量分别>50mmol/kg 和 0.05～50mmol/kg。元素量在 0.05～50μmol/kg 的称作微量元素，为 C 类。痕量元素分成 D 和 E 两类，其量分别为 0.05～50nmol/kg 和<50pmol/kg。在一些书中，A 和 B 类元素通称常量元素；C、D、E 类元素通称为少量元素或微量元素。

表 5-1　现代海水重要溶解元素的化学形态和浓度

元素	平均浓度	范围	主要存在形态[①]
Li	174μg/kg	未报道	Li^+
B	4.5mg/kg	未报道	H_3BO_3
C	27.6mg/kg	24～30	HCO_3^-、CO_3^{2-}
N[②]	420μg/kg	<1～630	NO_3^-
F	1.3mg/kg	未报道	F^-、MgF^+
Na	10.77g/kg	未报道	Na^+
Mg	1.29g/kg	未报道	Mg^{2+}
Al	540ng/kg	<10～1200	$[Al(OH)_4]^-$、$Al(OH)_3^0$
Si	2.8mg/kg	<0.02～5	$H_4SiO_4^0$
P	70μg/kg	0.1～110	HPO_4^{2-}、$NaHPO_4^-$、$MgHPO_4^0$
S	0.904g/kg	未报道	SO_4^{2-}、$NaSO_4^-$、$MgSO_4^0$
Cl	19.354g/kg	未报道	Cl^-
K	0.399g/kg	未报道	K^+
Ca	0.412g/kg	未报道	Ca^{2+}
Mn	14ng/kg	5～200	Mn^{2+}、$MnCl^+$
Fe	55ng/kg	5～140	$Fe(OH)_3^0$
Ni	0.50μg/kg	0.10～0.70	Ni^{2+}、$NiCO_3^0$、$NiCl^+$
Cu	0.25μg/kg	0.03～0.40	$CuCO_3^0$、$CuOH^+$、Cu^{2+}
Zn	0.40μg/kg	<0.01～0.60	Zn^{2+}、$ZnOH^+$、$ZnCO_3^0$、$ZnCl^+$
As	1.7μg/kg	1.1～1.9	$HAsO_4^{2-}$
Br	67mg/kg	未报道	Br^-
Rb	120μg/kg	未报道	Rb^+
Sr	7.9mg/kg	未报道	Sr^{2+}
Cd	80ng/kg	0.1～120	$CdCl_2^0$
I	50ng/kg	25～65	IO_3^-
Cs	0.29μg/kg	未报道	Cs^+

续表

元素	平均浓度	范围	主要存在形态①
Ba	14μg/kg	4~20	Ba^{2+}
Hg	1ng/kg	0.4~2	$HgCl_4^{2-}$
Pb	2ng/kg	1~35③	$PbCO_3^0$、$Pb(CO_3)_3^{2-}$、$PbCl^+$
U	3.3μg/kg	未报道	$UO_2(CO_3)_3^{4-}$

① 指氧化水体中的无机形态；
② 浓度对于化合的氮，元素也以氮气形式存在；
③ 浓度受到大气中含铅汽油燃烧影响。

与原始海水相比，现代海水的特点如下：

① 海水中常量元素占总量的 99%以上。即使以钠、镁、氯、硫酸根计亦占总量的 97%以上。由此，一种最简单的人工海水就是由"氯化钠+硫酸镁"配制而成的。

② 海水是电中性的。海水中正、负离子的浓度相等。

③ 海水中主要成分（Mg^{2+}、Ca^{2+}、Na^+、K^+、Cl^-、SO_4^{2-} 等）含量比值恒定，符合 Marcet 恒比定律。

④ 海水化学组成主要由下述原理调节：a. 元素全球变化和循环原理。b. 化学平衡原理和相关的五大作用，即：酸碱作用，沉淀溶解作用，氧化还原作用，络合作用，液气、液固、气固等界面作用。c. 元素海洋生物地球化学的过程、反应和生态学原理。

⑤ 海水的 pH 值是 8.0 左右，近似中性。海水的主要成分 H^+、Na^+、K^+、Ca^{2+}、Mg^{2+}、Cl^-、SO_4^{2-}、PO_4^{3-}、CO_3^{2-}、F^-等，它们与海底沉积物中的矿物相平衡，海水中元素的浓度由这种平衡关系所决定，同时使海水的 pH 值为 8.0 左右。

5.1.2 海水的盐度

本部分内容可参考第二章 2.2.2 小节关于海水盐度的讲解。

5.1.3 海水的氯度

（1）海水氯度的定义

根据大洋海水主要成分的占比关系，可以看出，对于大洋海水只要测定其中某一主要成分的含量，就可以相对地反映出溶解物质总量的大小。只要找出海水中氯度和盐度的关系式，便可由氯度计算海水的盐度。氯是海水中含量最高的元素，而氯含量（包括溴、碘）的测定，可用硝酸银标准溶液滴定，既方便又准确。因此，在 1899 年成立了一个国际委员会，专门研究盐度的替代方法。他们用许多海水水样研究海水的密度、盐度和卤化物（包括溴和碘）之间的关系。

他们发现盐度和卤化物浓度之间呈线性关系。

$$S = 0.030 + 1.8050 c(x) \tag{5-1}$$

式中，S 为盐度（‰）；$c(x)$ 为卤化物浓度（‰）。

这一系统使用多年，但是，在 1900 年发现了一个缺点，即所使用的原子量不够准确。因此，每一次原子量的修订，都出现定义上的微小的改动。基于这一原因，1937 年氯度按下列方法重新定义：海水水样的氯度（以‰表示）在数值上等于刚好沉淀 0.3285234kg 海水水样所需的原子量银的质量（g）。

（2）海水氯度的测定

Mohr 法在 20 世纪初已应用于海水氯度的测定。Knudsen 结合海洋调查特点作了一些特殊的规定和改进。国际海洋学会为统一海水氯度测定方法推荐使用 Mohr Knudsen 法作为标准方法。其规定有：分析方法是 Mohr 银量法；测定仪器要使用海水移液管和氯度滴定管；以国际标准海水为标准；硝酸银溶液配制恰当，使用上述仪器滴定时，终点滴定管读数加一校正值，即为海水样品氯度值；使用 Knudsen 表计算结果。化学方法测定海水氯度值，一般只能准确到±0.01 Cl‰，若需更准确测定时，则要改用其他方法，如电位滴定法。电位滴定法确定终点不带主观误差，能比较准确地测定滴定终点，另外和重量法结合，只要电极处理适宜，方法准确度可以达到±0.001Cl‰。关于电位滴定法已研究很多，主要区别在于所用电极系统上。有的使用石墨-钨和铂电极、Ag/AgCl-铂电极、银-银电极等。双银电极系统的电位滴定，也就是我国标准海水氯度分析所使用的方法，方法较为简单，准确度可达±0.001 Cl‰。

5.2 海水中的主要污染物

海水中污染物的主要来源有天然的和人为的，天然来源主要是火山爆发、海洋风暴潮、海啸等自然灾害，人为来源主要是人类的生产和生活活动，主要包括海上石油开采、交通运输、港口建设、海上渔业开发等人类活动排放的污染物、陆源输入性污染物、大气沉降污染物等。这些入海污染物按照化学成分又可分为合成有机物、营养物、重金属、放射性物质和热污染。这些污染物进入海水后通常以可溶态或悬浮态存在，其在水体中的迁移转化及生物可利用性均直接与污染物的存在形态相关。重金属对鱼类和其他水生生物的毒性，不是与溶液中重金属总浓度相关，而是主要取决于游离（水合）的金属离子，如对镉主要取决于游离 Cd^{2+} 浓度，铜则取决于游离 Cu^{2+} 及其氢氧化物浓度。而其大部分稳定配合物及与胶体颗粒结合的形态则是低毒的，不过脂溶性金属配合物例外，因为它们能迅速透过生物膜，并对细胞产生很大的破坏作用。

近年来的研究表明，通过各种途径进入水体中的金属，绝大部分将迅速转入沉积物或悬浮物内，因此许多研究者都把沉积物作为金属污染水体的研究对象。目前已基本明确了水体固相中金属结合形态受到吸附、沉淀、共沉淀等的化学转化过程及某些生物、物理因素的影响。水体中金属形态多变，转化过程及其生态效应复杂，因此，金属形态及其转化过程的生物可利用性研究是环境化学的一个研究热点。

水环境中有机污染物的种类繁多，其环境化学行为一直受到人们的关注，特别是多环芳烃、多氯联苯等持久性有机污染物（POPs），它们在环境中难以降解，蓄积性强，能长距离迁移到偏远的极地地区,并通过食物链对人类健康和生态环境造成危害,因而引起各国政府、学术界、工业界及公众的广泛重视。这些有机物往往含量低、异构体多、毒性大小悬殊。例如,四氯二噁英有 22 种异构体,如将其按毒性大小排列,排在首位的结构式与排在第二位的结构式,其毒性竟然相差 1000 倍。此外,有机污染物本身的物理化学性质如溶解度、分子的极性、蒸气压、电子效应、空间效应等同样影响到有机污染物在水环境中的归趋及生物可利用性。下面简要叙述难降解有机物和金属污染物在水环境中的分布和存在形态。

5.2.1 合成有机物

（1）农药

水中常见的农药概括起来主要为有机氯和有机磷农药,此外还有氨基甲酸酯类农药。农药们通过喷施、地表径流及农药工厂的废水排入水体中。

有机氯农药由于难以被化学降解和生物降解,因此,在环境中的滞留时间很长,由于其具有较低的水溶性和高的正辛醇-水分配系数,故很大一部分被分配到沉积物有机质和生物脂肪中。在世界各地区土壤、沉积物和水生生物中都已发现这类污染物,并有相当高的含量。与沉积物和生物体中的含量相比,水中农药的含量是很低的。目前,有机氯农药如滴滴涕（DDT）由于持久性和通过食物链的累积性,已被许多国家禁用,然而仍能在海水中检测出来。

有机磷农药和氨基甲酸酯类农药与有机氯农药相比,较易被生物降解,它们在环境中的滞留时间较短,在土壤和地表水中降解速率较快,杀虫力较高,常用来消灭那些不能被有机氯杀虫剂有效控制的害虫。大多数氨基甲酸酯类和有机磷杀虫剂,由于它们的溶解度较大,其沉积物吸附和生物累积过程是次要的,然而当它们在水中含量较高时,有机质含量高的沉积物和脂质含量高的水生生物也会吸收相当量的该类污染物。目前在地表水中能检出的不多,污染范围较小。

此外,近年来除草剂的使用量逐渐增加,可用来杀死杂草和水生植物。它们具有较高的水溶解度和低的蒸气压,通常不易发生生物富集、沉积物吸附和从溶液中挥发等反应。根据它们的结构性质,主要分为有机氯类、氮取代物、脲基取代物和二硝基苯胺类四个类型。

（2）多氯联苯

多氯联苯（PCBs）是联苯经氯化而成的。氯原子在联苯的不同位置取代 1～10 个氢原子,可以合成 210 种化合物,通常获得的为混合物。由于它们化学稳定性和热稳定性较好,被广泛用作变压器和电容器的冷却剂、绝缘材料、耐腐蚀的涂料等。PCBs 极难溶于水,不易分解,但易溶于有机溶剂和脂肪,具有高的正辛醇-水分配系数,能强烈地分配到沉积物有机质和生物脂肪层中,因此,即使它在水中含量很低,在水生生物体内和沉积物中的含量仍然可以很高。由于 PCBs 在环境中的持久性及对人体健康的危害,1973 年以后,各国陆续开始减少或停止生产。

（3）卤代脂肪烃

大多数卤代脂肪烃属挥发性化合物,可以挥发至大气,并进行光解。这些高挥发性化合物,在地表水中能进行生物或化学降解,但与挥发速率相比,其降解速率是很慢的。卤代脂肪烃类化合物在水中的溶解度高，因而其正辛醇-水分配系数低。在沉积物有机质或生物脂肪层中的分配趋势较弱，大多通过测定其在水中的含量来确定分配系数。

此外，六氯环戊二烯和六氯丁二烯在底泥中是长效剂，能被生物蓄积，而二氯溴甲烷、氯二溴甲烷和三溴甲烷等化合物在水环境中的最终归宿，目前还不清楚。

（4）醚类

有七种醚类化合物属美国联邦环境保护局（EPA）公布的优先污染物，它们在水中的性质及存在形式各不相同。其中五种，即双(氯甲基)醚、双(2-氯甲基)醚、双(2-氯异丙基)醚、2-氯乙基乙烯基醚及双(2-氯乙氧基)甲烷大多存在于水中，正辛醇-水分配系数很低，因此它的潜在生物蓄积和在底泥上的吸附能力都低。4-氯苯苯基醚和 4-溴苯苯基醚的正辛醇-水分配系数较高，因此有可能在底泥有机质和生物体内蓄积。

（5）单环芳香族化合物

多数单环芳香族化合物也与卤代脂肪烃一样，在地表水中主要是挥发，然后是光解。它们在沉积物有机质或生物脂肪层中的分配趋势较弱。在优先污染物中已发现六种化合物，即氯苯、1,2-二氯苯、1,3-二氯苯、1,4-二氯苯、1,2,4-三氯苯和六氯苯，可被生物蓄积。但总的来说，单环芳香族化合物在地表水中不是持久性污染物，其生物降解和化学降解速率均比挥发速率低（个别除外），因此，对这类化合物来说，吸附和生物富集均不是重要的迁移转化过程。

（6）苯酚类和甲酚类

酚类化合物具有高的水溶性、低的正辛醇-水分配系数等性质，因此，大多数酚并不能在沉积物和生物脂肪层中发生富集，主要残留在水中。然而，苯酚分子氯代程度增高时，其化合物溶解度下降，正辛醇-水分配系数增加，如五氯苯酚等易被生物蓄积。酚类化合物的主要迁移、转化过程是生物降解和光解，它们在自然沉积物中的吸附及生物富集作用通常很小（高氯代酚除外），挥发、水解和非光解氯化作用通常也不很重要。

（7）酞酸酯类

该类物质有六种被列入优先污染物，除双(2-甲基己基)酞酸酯外，其他化合物的资料都比较少。这类化合物由于在水中的溶解度小，正辛醇-水分配系数高，因此主要富集在沉积物有机质和生物脂肪层中。

（8）多环芳烃类

多环芳烃（PAH）在水中溶解度很小，正辛醇-水分配系数高，是地表水中滞留性污染物，主要蓄积在沉积物、生物体内和溶解的有机质中。已有证据表明多环芳烃化合物可以发生光解反应，其最终归趋可能是吸附到沉积物中，然后进行缓慢的生物降解。多环芳烃的挥发过程与水解过程均不是重要的迁移转化过程，显然，沉积物是多环芳烃的蓄积库，在海水中其浓度通常较低。

（9）亚硝胺和其他化合物

优先污染物中二甲基亚硝胺和二正丙基亚硝胺可能是水中长效剂，二苯基亚硝胺、3,3-二氯联苯胺、1,2-二苯基肼、联苯胺和丙烯腈五种化合物主要残留在沉积物中，有的也可在生物体中蓄积。丙烯腈生物蓄积可能性不大，但可长久存在于沉积物和海水中。

随着工业技术的发展，目前世界上合成化学品销售已达7万～8万种，且每年有1000～1600种新化学品进入市场。除少数品种外，人们对进入环境中的绝大部分化学物质，特别是有毒有机化学物质在环境中的行为（光解、水解、微生物降解、挥发、生物富集、吸附、淋溶等）及其可能产生的潜在危害至今尚无所知或知之甚微。然而，一次次严重的有毒化学物质污染事件的发生，使人们的环境意识不断得到提高。但是由于有毒物质品种繁多，不可能对每一种污染物都制定控制标准，因而提出在众多污染物中筛选出潜在危险大的作为优先研究和控制对象，称之为优先控制污染物。

我国已把环境保护作为一项基本国策，有毒化学物质污染防治工作已经列入国家环境保护科技计划，开展了大量研究工作。为了更好地控制有毒污染物排放，近年来我国也开展了水中优先污染物筛选工作，提出初筛名单 249 种，通过多次专家研讨会，初步提出我国的水中优先控制污染物黑名单 58 种，详见表 5-2，将为我国优先污染物控制和监测提供依据。

表 5-2 我国水中优先控制污染物黑名单

序号	类别	物质名称
1	挥发性卤代烃类	二氯甲烷、三氯甲烷、四氯化碳、1,2-二氯乙烷、1,1,1-三氯乙烷、1,1,2-三氯乙烷、1,1,2,2-四氯乙烷、三氯乙烯、四氯乙烯、三溴甲烷（溴仿），计 10 个
2	苯系物	苯、甲苯、乙苯、邻二甲苯、间二甲苯、对二甲苯，计 6 个
3	氯代苯类	氯苯、邻二氯苯、对二氯苯、六氯苯，计 4 个
4	多氯联苯	多氯联苯，计 1 个
5	酚类	苯酚、间甲酚、2,4-二氯酚、2,4,6-三氯酚、五氯酚、对硝基酚，计 6 个
6	硝基苯类	硝基苯、对硝基甲苯、2,4-二硝基甲苯、三硝基甲苯、对硝基氯苯、2,4-二硝基氯苯，计 6 个
7	苯胺类	苯胺、二硝基苯胺、对硝基苯胺、2,6-二氯硝基苯胺，计 4 个
8	多环芳烃类	萘、荧蒽、苯并[b]荧蒽、苯并[k]荧蒽、苯并[a]芘、茚并[1,2,3-c,d]芘、苯并[ghi]芘，计 7 个
9	酞酸酯类	酞酸二甲酯、酞酸二丁酯、酞酸二辛酯，计 3 个
10	农药	六六六、滴滴涕、敌敌畏、乐果、对硫磷、甲基对硫磷、除草醚、敌百虫，计 8 个
11	丙烯腈	丙烯腈，计 1 个
12	亚硝胺类	N-亚硝基二乙胺、N-亚硝基二正丙胺，计 2 个

5.2.2 营养物

水中的 N、P、C、O 和微量元素如 Fe、Mn、Zn 是水体中生物的必需元素。营养元素丰富的水体通过光合作用，产生大量的植物生命体和少量的动物生命体。近年来的研究表明，海水水质恶化和富营养化的发展，与海水内积累营养物有着非常直接的关系。

这些营养物质进入海水后会导致水体富营养化。富营养化是指生物所需的氮、磷等营养物质大量进入湖泊、河口、海湾等缓流水体，引起藻类及其他浮游生物迅速繁殖，水体溶解氧量下降，鱼类及其他生物大量死亡的现象。在受影响的湖泊、缓流河段或某些水域增加了营养物，光合作用使藻类的个数迅速增加，种类逐渐减少，水体中原以硅藻和绿藻为主藻类，变成以蓝藻为主。在自然状况下，这一过程很缓慢地发生，但人类活动可加速这一过程的进行。

5.2.3 重金属

(1) 镉

工业含镉废水的排放，大气镉尘的沉降和雨水对地面的冲刷，都可使镉进入水体。镉是水迁移性元素，除了硫化镉外，其他镉的化合物均能溶于水。在水体中镉主要以 Cd^{2+} 状态存在。进入水体的镉还可与无机和有机配体生成多种可溶性配合物，如 $CdOH^+$、$Cd(OH)_2$、$HCdO_2^-$、CdO_2^{2-}、$CdCl^+$、$CdCl_2$、$CdCl_3^-$、$CdCl_4^{2-}$、$Cd(NH_3)^{2+}$、$Cd(NH_3)_2^{2+}$、$Cd(NH_3)_3^{2+}$、$Cd(NH_3)_4^{2+}$、$Cd(NH_3)_5^{2+}$、$Cd(HCO_3)_2$、$Cd(HCO_3)_3^-$、$CdCO_3$、$CdHSO_4^+$、$CdSO_4$ 等。实际上天然海水中镉的溶解度受碳酸根或羟基浓度所制约。

水体中悬浮物和沉积物对镉有较强的吸附能力。已有研究表明，悬浮物和沉积物中镉的含量占水体总镉量的 90%以上。

水生生物对镉有很强的富集能力。对 32 种淡水植物的测定表明，所含镉的平均浓度可高出邻接水相 1000 多倍。因此，水生生物吸附、富集是水体中重金属迁移转化的一种形式，通过食物链的作用可对人类造成严重威胁。

(2) 汞

天然水体中汞的含量很低，一般不超过 1.0g/L。水体中汞的污染主要来自生产汞的厂矿、有色金属冶炼以及使用汞的生产部门排出的工业废水。尤以化工生产中汞的排放为主要污染来源。

水体中汞以 Hg^{2+}、$Hg(OH)_2$、CH_3Hg^+、$CH_3Hg(OH)$、CH_3HgCl、$C_6H_5Hg^+$ 为主要形态。在悬浮物和沉积物中主要以 Hg^{2+}、HgO、HgS、$CH_3Hg(SR)$、$(CH_3Hg)_2S$ 为主要形态。在生物相中，汞以 Hg^{2+}、CH_3Hg^+、CH_3HgCH_3 为主要形态。汞与其他元素等形成配合物是汞能随水流迁移的主要因素之一。当天然水体中含氧量减少时，水体氧化还原电位可能降至 50～200mV，从而使 Hg^{2+} 易被水中有机质、微生物或其他还原剂还原为 Hg，即形成气态汞，并由水体逸散到大气中。溶解在水中的汞约有 1%～10%转入大气中。

水体中的悬浮物和底质对汞有强烈的吸附作用。水中悬浮物能大量摄取溶解性汞，使其最终沉降到沉积物中。水体中汞的生物迁移在数量上是有限的，但由于微生物的作用，沉积物中的无机汞能转变成剧毒的甲基汞而不断释放至水体中，甲基汞有很强的亲脂性，极易被水生生物吸收，通过食物链逐级富集最终对人类造成严重威胁，它与无机汞的迁移不同，是一种危害人体健康与威胁人类安全的生物地球化学迁移，日本著名的水俣病就是食用含有甲基汞的鱼造成的。

(3) 铅

由于人类活动及工业的发展，几乎在地球上每个角落都能检测出铅。矿山开采、金属冶炼、汽车废气、燃煤、油漆、涂料等都是环境中铅的主要来源。岩石风化及人类的生产活动，使铅不断由岩石向大气、水、土壤、生物转移，从而对人体的健康构成潜在威胁。

天然水中铅主要以 Pb^{2+} 状态存在，其含量和形态明显地受 CO_3^{2-}、SO_4^{2-}、OH^- 和 Cl^- 等含量的影响，铅可以 $PbOH^+$、$Pb(OH)_2$、$Pb(OH)_3^-$、$PbCl^+$、$PbCl_2$ 等多种形态存在。在中性和弱碱性的水中，铅的含量受氢氧化铅所限制。水中铅含量取决于 $Pb(OH)_2$ 的溶度积。在偏酸性天然水中，Pb^{2+} 的含量被硫化铅所限制。

水体中悬浮颗粒物和沉积物对铅有强烈的吸附作用,因此铅化合物的溶解度和水中固体物质对铅的吸附作用是导致天然水中铅含量低、迁移能力小的重要因素。

(4) 砷

岩石风化、土壤侵蚀、火山作用以及人类活动都能使砷进入天然水中。天然水中砷可以 H_3AsO_3、$H_2AsO_3^-$、H_3AsO_4、$H_2AsO_4^-$、$HAsO_4^{2-}$、AsO_4^{3-} 等形态存在,在适中的氧化还原电位(E_h)和 pH 值呈中性的水中,砷以 H_3AsO_3 为主。但在中性或弱酸性富氧水体环境中则以 $H_2AsO_4^-$、$HAsO_4^{2-}$ 为主。

砷可被颗粒吸附、共沉淀而沉积到底部沉积物中。水生生物能很好富集水体中的无机和有机砷化合物。水体无机砷化合物还可被环境中的厌氧细菌还原而甲基化,形成有机砷化合物。但一般认为甲基胂及二甲基胂的毒性仅为砷酸钠的 1/200,因此,砷的生物有机化过程,亦可认为是自然界的解毒过程。

(5) 铬

铬是广泛存在于环境中的元素。冶炼、电镀、制革、印染等工业活动将含铬废水排入水体,均会使水体受到污染。天然水中铬的含量为 1~40μg/L,主要以 Cr^{3+}、CrO_2^-、CrO_4^{2-}、$Cr_2O_7^{2-}$ 四种离子形态存在,因此水体中铬主要以三价和六价铬的化合物为主。铬的存在形态决定着其在水体中的迁移能力,三价铬大多数被底泥吸附转入固相,少量溶于水,迁移能力弱。六价铬在碱性水体中较为稳定并以溶解状态存在,迁移能力强。因此,水体中若三价铬占优势,可在中性或弱碱性水体中水解,生成不溶的氢氧化铬,其水解产物可被悬浮颗粒物吸附,转入沉积物中。若六价铬占优势则多溶于水中。

六价铬毒性比三价铬大。它可被还原为三价铬,还原作用的强弱主要取决于溶解氧(DO)、五日生化需氧量(BOD_5)、化学需氧量(COD)值。DO 值越小,BOD_5 值和 COD 值越高,则还原作用越强。因此,水中六价铬可先被有机物还原成三价铬,然后被悬浮物强烈吸附而沉降至底部颗粒物中。这也是水体中六价铬的主要净化机制之一。因为三价铬和六价铬之间能相互转化,所以近年来又倾向考虑以总铬量作为水质标准。

(6) 铜

冶炼、金属加工、机器制造、有机合成及其他工业排放含铜废水是造成水体铜污染的重要原因。水生生物对铜特别敏感,故渔业用水铜的容许含量为 0.01mg/L,是饮用水容许含量的百分之一。水体中铜的含量与形态与 OH^-、CO_3^{2-} 和 Cl^- 等的含量有关,同时受 pH 的影响。如 pH 为 5~7 时,以碱式碳酸铜 $Cu_2(OH)_2CO_3$ 溶解度最大,二价铜离子存在较多;当 pH>8 时,则 $Cu(OH)_2$、$Cu(OH)_3^-$、$CuCO_3$ 及 $Cu(CO_3)_2^{2-}$ 等形态逐渐增多。

水体中大量无机和有机颗粒物,能强烈地吸附或整合铜离子,使铜最终进入底部沉积物中,因此,河流对铜有明显的自净能力。

(7) 锌

天然水中锌含量为 2~330μg/L,但不同地区和不同水源的水体,锌含量有很大差异。各种工业废水的排放是引起水体锌污染的主要原因。天然水中锌以二价离子状态存在,但在天然水的 pH 范围内,锌都能水解生成多核羟基配合物 $Zn(OH)_n^{n-2}$,还可与水中的 Cl^-、有机酸和氨基酸等形成可溶性配合物。锌可被水体中悬浮颗粒物吸附或生成化学沉积物向底部沉积物迁移,沉积物中锌含量为水中的 1 万倍。水生生物对锌有很强的吸收能力,因而可使锌向生物体内迁移,富集倍数达 10^3~10^5 倍。

（8）铊

铊是分散元素，大部分铊以分散状态的同晶形杂质存在于铅、锌、铁、铜等硫化物和硅酸盐矿物中。铊在矿物中替代了钾和铷。黄铁矿和白铁矿中有最大的含铊量。目前，铊主要从处理硫化矿时所得到的烟道灰中制取。

天然水中铊含量为 1.0μg/L，但受采矿废水污染的河水中含铊量可达 80μg/L，水中的铊可被黏土矿物吸附迁移到底部沉积物中，使水中铊含量降低。环境中一价铊化合物比三价铊化合物稳定性要大得多。Tl_2O 溶于水，生成水合物 TlOH，其溶解度很高，并且有很强的碱性。Tl_2O_3 几乎不溶于水，但可溶于酸。铊对人体和动植物都是有毒元素。

（9）镍

岩石风化，镍矿的开采、冶炼及使用镍化合物的各个工业部门排放废水等，均可导致水体镍污染。天然水中镍含量约为 1.0μg/L，常以卤化物、硝酸盐、硫酸盐以及某些无机和有机配合物的形式溶解于水中。水中可溶性离子能与水结合形成水合离子$[Ni(H_2O)_6]^{2+}$，与氨基酸、胱氨酸、富里酸等形成可溶性有机配合离子随水流迁移。

水中的镍可被水中悬浮颗粒物吸附、沉淀和共沉淀，最终迁移到底部沉积物中，沉积物中镍含量为水中含量的 3.8 万～9.2 万倍。水体中的水生生物也能富集镍。

（10）铍

目前铍只是局部污染。主要来自生产铍的矿山、冶炼及加工厂排放的废水和粉尘。天然水中铍的含量很低，为 0.005～2.0μg/L。溶解态的 Be^{2+} 可水解为 $Be(OH)^+$、$Be_3(OH)_3^{3+}$ 等羟基或多核羟基配合离子；难溶态的铍主要为 BeO 和 $Be(OH)_2$。天然水中铍的含量和形态取决于水的化学特征，一般来说，铍在接近中性或酸性的天然水中以 Be^{2+} 形态存在为主，当水体 pH>7.8 时，则主要以不溶的 $Be(OH)_2$ 形态存在，并聚集在悬浮物表面，沉降至底部沉积物中。

5.2.4 放射性物质

海洋中的放射性物质主要来自天然放射性核素和人工放射性核素。天然放射性核素主要包括单个放射性元素 ^{40}K、三个天然放射系元素（铀系、锕系、钍系）和宇宙射线产物（^3H、^{14}C、^{10}Be、^{32}Si、^{129}I），人工放射性核素主要来自核武器试验所、核动力舰船、原子能工业和实验室等。表 5-3 列举了海水中几种重要天然放射性核素的放射强度。

表 5-3　海水中几种重要天然放射性核素的放射强度

核素	A/(pCi①/L)	核素	A/(pCi/L)
^3H	0.6～3	^{226}Ra	4～4.5
^{14}C	0.16～0.18	^{222}Rn	≈2×10⁻²
^{40}K	320	^{210}Pb	(1～6.8)×10⁻²
^{87}Ra	2.9	^{210}Po	(0.6～4.2)×10⁻²
^{238}U	1.2	^{232}Th	(0.1～7.8)×10⁻⁴
^{234}U	1.3	^{228}Th	(0.2～3.1)×10⁻³
^{230}Th	(0.6～4)×10⁻⁴	^{235}U	5×10⁻²

① 1Ci=3.7×10¹⁰Bq。

海洋放射性物质入海后，其中大部分具有颗粒活性，可以吸附在悬浮颗粒上，或通过凝聚、絮凝等途径沉于海底。因此，海洋沉积物是放射性元素的贮藏所。海洋沉积物的放射性强度与沉积物粒径密切相关，一般地，泥沉积物的放射性大于沙沉积物，细颗粒沉积物的放射性大于粗颗粒沉积物，表 5-4 列出了沉积物中不同大小粒子的放射强度。沉积物的放射性也与沉积物的深度有关，表层沉积物放射性较高，随深度增加，放射性不断降低。沉积物的放射性受海洋环境理化条件影响，沉积物的氧化还原状态、扩散作用、海流冲击、底栖生物扰动均会改变其放射性。

表 5-4 沉积物中不同大小粒子的放射强度

粒径/μm	质量分数/%	放射强度/(pCi/L)（以干重计）
100~200	26.0	2.0×10^{-4}
50~100	27.4	3.0×10^{-4}
20~50	22.6	9.0×10^{-4}
10~20	14.0	2.5×10^{-4}
4~10	6.1	4.6×10^{-4}
<4	4.0	6.2×10^{-4}

放射性物质可以通过生物表面吸附、摄食作用等过程进入海洋生物体内。不同海洋生物可以选择性累积某种放射性物质，如贝类体内 ^{66}Zn 的浓度是周围海水的 4 万倍，海参体内 ^{55}Fe 的浓度是周围海水的 8 万倍。几种典型食用水产品对主要放射性同位素的富集系数见表 5-5。

表 5-5 典型食用水产品对主要放射性同位素的富集系数

生物种类	^{90}Sr	^{137}Cs	^{66}Zn	^{60}Co	^{55}Fe	^{54}Mn
鱼类	0.1~0.3	10~20	$(3~4) \times 10^4$	20~80	500~3000	100~300
虾类	0.1~1	10~30	$(1~4) \times 10^3$	4×10^3	$(1~4) \times 10^3$	800
贝类	0.1~3.2	10	100~1000	100~800	$(8~15) \times 10^3$	$10^3~10^4$
藻类	1~10	1~10	100~1000	30~60	$(2~5) \times 10^3$	$(1~2) \times 10^3$

5.2.5 热污染

长期将超过周围海水正常水温 4℃以上（有人认为是 7~8℃）的热水排到海洋里就会产生热污染。这些热水主要来源于工业冷却水，包括冶金、化工、石油、造纸和机械工业，最主要是电力工业。如原子发电厂几乎全部的废热都进入冷却水，约占总热量的 3/4，能使海水温度升高 5℃左右。

受纳海域热环境的改变将直接影响海洋生态系统的理化性状以及海洋生物的生活和繁殖。理化性状的改变主要包括盐度、余氯和污染物转移条件的改变，从而引发海水富营养化等环境问题。海洋生物的生活和繁殖的改变主要包括海洋生物的种类、丰度、多样性指数和叶绿素浓度的改变。对于生物周期只有几小时至几天的浮游植物而言，温度的变化将显著影响其生长。海洋桡足类是海洋生态系统中次级生产力的主要承担者，占净浮游动物生物量的 60%~80%，在生态系统的物质循环与能量流动中起着重要作用。温度是决定桡足类生活范围的重要环境因素，可影响其代谢、生长、发育、繁殖和行为等。鱼类属于变温动物，其生长、代谢也受温度影响，在水生动物中对水温的反应最为敏感和迅速。不同桡足类最适的生长温度见表5-6。

表5-6 桡足类产卵、孵化适宜温度和最适温度

物种	产地	产卵温度/℃		孵化温度/℃	
		适宜	最适	适宜	最适
汤氏纺锤水蚤 Acartia tonsa	波罗的海	5~34	22.4	5~34	20
胸刺水蚤 Centropages hamatus	北海/地中海	2~25	12.5	2~25	22.5
Centropages typicus	北海	2~25	20	5~25	25
Temora longicorni	北海/地中海	0~22.5	20	0~22.5	22.5
异尾宽水蚤 Temora stylifera	北海/地中海	8~30	15	10~28	28

5.3 海水中无机污染物的迁移转化

无机污染物，特别是重金属和准金属等污染物，一旦进入海水环境中，均不能被生物降解，主要通过沉淀-溶解、氧化还原、配合作用、胶体形成、吸附-解吸等一系列物理化学作用进行迁移转化，参与和干扰各种环境化学过程和物质循环过程，最终以一种或多种形态长期存留在环境中，造成永久性的潜在危害。本节将重点介绍重金属污染物在海水环境中迁移转化的基本原理。

5.3.1 吸附与解吸

（1）水中颗粒物的类别

天然水中的颗粒物主要包括各类矿物微粒，含有铝、铁、锰、硅水合氧化物等的无机高分子，含有腐殖质、蛋白质等的有机高分子。此外，还有油滴、气泡构成的乳状液和泡沫、表面活性剂等半胶体以及藻类、细菌、病毒等生物胶体。下面分别叙述天然水体中颗粒物的类别。

① 矿物微粒和黏土矿物

天然水中常见矿物微粒为石英（SiO_2）、长石（$KAlSi_3O_8$）、云母及黏土矿物等硅酸盐矿物。石英、长石等不易碎裂，颗粒较粗，缺乏黏结性。云母、蒙脱石、高岭石等黏土矿物则是层状结构，易于碎裂，颗粒较细，具有黏结性，可以生成稳定的聚集体。

天然水中具有显著胶体化学特性的微粒是黏土矿物。黏土矿物是由其他矿物经化学风化作用而生成的，主要为铝或镁的硅酸盐，它具有晶体层状结构，种类很多，可以按照其结构特征和成分加以分类。

② 金属水合氧化物

铝、铁、锰、硅等金属的水合氧化物在天然水中以无机高分子及溶胶等形态存在，在水环境中发挥重要的胶体化学作用。

铝在岩石和土壤中是丰量元素，但在天然水中浓度较低，一般不超过 0.1mg/L。铝在水中水解，主要形态是 Al^{3+}、$Al(OH)^{2+}$、$Al_2(OH)_2^{4+}$、$Al(OH)_2^+$、$Al(OH)_3$ 和 $Al(OH)_4^-$ 等，并随 pH 的变化而改变形态浓度的比例。实际上，铝在一定条件下会发生聚合反应，生成多核配合物或无机高分子，最终生成 $[Al(OH)_3]_n$ 的无定形沉淀物。

铁也是广泛分布的丰量元素，它的水解反应和形态与铝有类似的情况。在不同 pH 下，Fe(Ⅲ)的存在形态是 Fe^{3+}、$Fe(OH)^{2+}$、$Fe(OH)_2^+$、$Fe_2(OH)_2^{4+}$ 和 $Fe(OH)_3$ 等。固体沉淀物可转化为 FeOOH 的不同晶形物。同样，它也可以聚合成为无机高分子和溶胶。

锰与铁类似，其丰度虽然不如铁，但溶解度比铁高，因而也是常见的水合金属氧化物。

硅酸的单体 H_4SiO_4 若写成 $Si(OH)_4$，则类似于多价金属，是一种弱酸，过量的硅酸将会生成聚合物，并可生成胶体以至沉淀物。硅酸的聚合相当于缩聚反应。

$$2Si(OH)_4 \rightleftharpoons H_6Si_2O_7 + H_2O$$

所生成的硅酸聚合物，也可认为是无机高分子，一般分子式为 $Si_nO_{2n-m}(OH)_{2m}$。

所有的金属水合氧化物都能结合水中微量物质，同时其本身又趋向于结合在矿物微粒和有机物的界面上。

③ 腐殖质

腐殖质是一种带负电的高分子弱电解质，其形态构型与官能团的解离程度有关。在 pH 较高的碱性溶液中或离子强度低的条件下，羟基和羧基大多解离，沿高分子呈现的负电荷相互排斥，构型伸展，亲水性强，因而趋于溶解。在 pH 较低的酸性溶液中，或有较高浓度的金属阳离子存在时，各官能团难以解离而电荷减少，高分子趋于卷缩成团，亲水性弱，因而趋于沉淀或凝聚。富里酸因分子量低受构型影响小，故仍溶解，腐殖酸则变为不溶的胶体沉淀物。

④ 水体悬浮沉积物

天然水体中各种胶体物质往往并非单独存在，而是相互作用结合成为某种聚集体，即成为水中悬浮沉积物，它们可以沉降进入水体底部，也可重新再悬浮进入水中。

悬浮沉积物的结构组成并不是固定的，它随着水质和水体组成及水动力条件而变化。一般来说，悬浮沉积物是以矿物微粒，特别是黏土矿物为核心骨架，有机物和金属水合氧化物结合在矿物微粒表面上，成为各微粒间的黏附架桥物质，把若干微粒组合成絮状聚集体（聚集体在水体中的悬浮颗粒粒度一般在数十微米以下），经絮凝为较粗颗粒而沉积到水体底部。

⑤ 其他

海洋中的藻类、细菌、病毒，以及随废水排入的表面活性剂、油滴等，都有类似的胶体化学表现，起类似的作用。

（2）吸附原理

吸附是指溶液中的溶质在界面层浓度升高的现象。海水中胶体颗粒的吸附作用大体可分为表面吸附、离子交换吸附和专属吸附等。表面吸附是由于胶体具有巨大的比表面和表面能，因此固-液界面存在表面吸附作用，胶体表面积愈大，所产生的表面吸附能也愈大，胶体的吸附作用也就愈强，它属于物理吸附。离子交换吸附是由于环境中大部分胶体带负电荷，容易吸附各种阳离子，在吸附过程中，胶体每吸附一部分阳离子，同时也放出等量的其他阳离子，因此把这种吸附称为离子交换吸附，它属于物理化学吸附。这种吸附是一种可逆反应，而且能够迅速地达到平衡。该反应不受温度影响，在酸碱条件下均可进行，其交换吸附能力与溶质的性质、浓度及吸附剂性质等有关。对于那些具有可变电荷表面的胶体，当体系 pH 高时，也带负电荷并能进行交换吸附。离子交换吸附对于从概念上解释胶体颗粒表面对水合金属离子的吸附是有用的，但是对于那些在吸附过程中表面电荷改变符号，甚至可使离子化合物吸附在同号电荷的表面上的现象无法解释。因此，近年来有学者提出了专属吸附作用。

专属吸附是指吸附过程中，除了化学键的作用外，尚有加强的憎水键和范德华力或氢键在起作用。专属吸附作用不但可使表面电荷改变符号，而且可使离子化合物吸附在同号电荷的表面上。在水环境中，配合离子、有机离子、有机高分子和无机高分子的专属吸附作用特别强烈。例如，简单的 Al^{3+}、Fe^{3+} 等高价离子并不能使胶体电荷因吸附而变号，但其水解产物却可达到这点。这就是发生专属吸附的效果。

水合氧化物胶体对重金属离子有较强的专属吸附作用，这种吸附作用发生在胶体双电层的斯恩特双电层（Stern 层）中，被吸附的金属离子进入 Stern 层后，不能被通常提取交换性阳离子的提取剂提取，只能被亲和力更强的金属离子取代，或在强酸性条件下解吸。专属吸附的另一特点是它在中性表面甚至在与吸附离子带相同电荷符号的表面也能进行吸附作用。例如，水锰矿对碱金属（K、Na）及过渡金属（Co、Cu、Ni）离子的吸附特性就很不相同。对于碱金属离子，在低浓度时，当体系 pH 在水锰矿零电位点（ZPC）以上时，发生吸附作用。这表明该吸附作用属于离子交换吸附。而对于 Co、Cu、Ni 等离子的吸附则不相同，当体系 pH 在 ZPC 处或小于 ZPC 时，都能进行吸附作用，这表明水锰矿不带电荷或带正电荷均能吸附过渡金属元素。表 5-7 列出水合氧化物对金属离子的专属吸附与非专属吸附的区别。

表 5-7　水合氧化物对金属离子的专属吸附与非专属吸附的区别

项目	非专属吸附	专属吸附
发生吸附的表面净电荷的符号	−	−、0、+
金属离子所起的作用	反离子	配位离子
吸附时所发生的反应	阳离子交换	配体交换
发生吸附时要求体系的 pH	>零电位点	任意值
吸附发生的位置	扩散层	内层
对表面电荷的影响	无	负电荷减少，正电荷增加

① 吸附等温线和等温式

水体中颗粒物对溶质的吸附是一个动态平衡的过程，在固定的温度条件下，当吸附达到平衡时，颗粒物表面上的吸附量（G）与溶液中溶质平衡浓度（c）之间的关系，可用吸附等温线来表达。水体中常见的吸附等温线有三类，即 Henry 型、Freundlich 型和 Langmuir 型，简称为 H 型、F 型和 L 型。

H 型等温线为直线型，其等温式为

$$G = kc \tag{5-2}$$

式中，k 为分配系数。

该等温式表明溶质在吸附剂与溶液之间按固定比值分配。

F 型等温式为

$$G = kc^{1/n} \tag{5-3}$$

若两侧取对数，则有

$$\lg G = \lg k + \frac{1}{n}\lg c \tag{5-4}$$

以 $\lg G$ 对 $\lg c$ 作图可以得一直线。$\lg k$ 为截距，因此，k 值是 $\lg c = 0$ 时的吸附量，它大致表示吸附能力的强弱。$1/n$ 为斜率，它表示吸附量随浓度增长的强度。该等温线不能给出饱和吸附量。

L 型等温式为

$$G = G^0 c / (A + c) \tag{5-5}$$

式中，G^0 为单位表面上达到饱和时的最大吸附量；A 为半饱和常数。

G 对 c 作图得到一条双曲线，其渐近线为 $G = G^0$，即当 $c \to \infty$ 时，$G \to G^0$。在等温式中 A 为吸附量达到 $G^0/2$ 时溶液的平衡浓度。

将式（5-5）两边取倒数，则可转化为

$$\frac{1}{G} = \frac{1}{G^0} + \left(\frac{A}{G^0}\right)\left(\frac{1}{c}\right) \tag{5-6}$$

以 $1/G$ 对 $1/c$ 作图，同样得到一直线。

等温线在一定程度上反映了吸附剂与吸附物的特性，其形式在许多情况下与实验所用溶质浓度区段有关。当溶质浓度甚低时，可能在初始区段中呈现 H 型；当浓度较高时，曲线可能表现为 F 型，但统一起来仍属于 L 型的不同区段。

影响吸附作用的因素很多，首先是溶液 pH 对吸附作用的影响。在一般情况下，颗粒物对重金属的吸附量随 pH 升高而增大。当溶液 pH 超过某元素的临界 pH 时，则该元素在溶液中的水解、沉淀起主要作用。表 5-8 为某些重金属的临界 pH 和最大吸附量。

表 5-8 重金属的临界 pH 和最大吸附量

元素	Zn	Co	Cu	Cd	Ni
临界 pH	7.6	9.0	7.9	8.4	9.0
最大吸附量/(mg/g)	6.7	3.3	3.9	8.2	2.2

注：本表摘自王晓蓉等，1993。

吸附量（G）与 pH、平衡浓度（c）之间的关系可用下式表示：

$$G = A \cdot c \cdot 10^{B\mathrm{pH}} \tag{5-7}$$

式中，A、B 为常数。

其次是颗粒物的粒度和浓度对重金属吸附量的影响。颗粒物对重金属的吸附量随粒度增大而减少，并且，当溶质浓度范围固定时，吸附量随颗粒物浓度增大而减少。此外，温度变化、几种离子共存时的竞争作用均对吸附产生影响。

② 氧化物表面吸附的配合模式

在水环境中，硅、铝、铁的氧化物和氢氧化物是悬浮沉积物的主要成分，对这类物质表面上发生的吸附机理特别是对金属离子的吸附，曾有许多学者提出过各种模型来说明，并试图建立定量计算规律，例如离子交换、水解吸附、表面沉淀等。20 世纪 70 年代初期，由 Stumm 和 Shindler 等人提出的表面配合模式，逐步得到了更多的承认和推广应用，目前已成为吸附机理的主流理论之一，在水环境化学中发挥很大作用。

这一模式的基本点是把氧化物表面对 H^+、OH^-、金属离子、阴离子等的吸附看作是一种表面配合反应。金属氧化物表面都含有 ≡MeOH 基团，这是由于其表面离子的配位不饱和，在水溶液中与水配位，水发生解离吸附而生成羟基化表面。一般氧化物表面有 4～10 个 OH^-/nm^2，其总量是可观的。

表面羟基在溶液中可发生质子迁移，其质子迁移平衡具有相应的酸度常数，即表面配合常数。

$$\equiv MeOH_2^+ \rightleftharpoons \equiv MeOH + H^+$$

$$K_{a_1}^s = \frac{\{\equiv MeOH\}[H^+]}{\{\equiv MeOH_2^+\}}$$

$$\equiv MeOH \rightleftharpoons \equiv MeO^- + H^+$$

$$K_{a_2}^s = \frac{\{\equiv MeO^-\}[H^+]}{\{\equiv MeOH\}}$$

式中，[ ]和{ }分别表示溶液中化合态的浓度和表面化合态的浓度。

表面≡MeOH 基团在溶液中可以与金属离子和阴离子生成表面配位化合物，表现出两性表面特性及相应的电荷变化。其相应的表面配合反应为：

$$\equiv MeOH + M^{z+} \rightleftharpoons \equiv MeOM^{(z-1)+} + H^+ \quad {}^*K_1^s$$

$$2\equiv MeOH + M^{z+} \rightleftharpoons (\equiv MeOH)_2 M^{(z-2)+} + 2H^+ \quad {}^*\beta_2^s$$

$$\equiv MeOH + A^{z-} \rightleftharpoons \equiv MeA^{(z-1)-} + OH^- \quad K_1^s$$

$$2\equiv MeOH + A^{z-} \rightleftharpoons \equiv Me_2 A^{(z-2)-} + 2OH^- \quad \beta_2^s$$

表面配合反应使其电荷随之增减，平衡常数则可反映出吸附程度及电荷与溶液 pH 和离子浓度的关系。如果可以求出平衡常数的数值，则由溶液 pH 和离子浓度可求得表面的吸附量和相应电荷。图 5-1 为氧化物表面配合模式。现在该模式的吸附剂被扩展到黏土矿物和有机物上，吸附离子已被扩展到许多阳离子、阴离子、有机高分子物等，成为广泛的吸附模式。

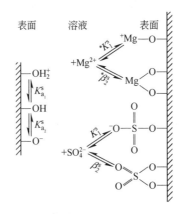

图 5-1　氧化物表面配合模式（引自 Stumm W, 1981）

表面配合模式的实质内容就是把具体表面看作一种聚合酸，其大量羟基可以发生表面配合反应，但在配合平衡过程中需将邻近基团的电荷影响考虑在内，由此区别于溶液中的配合反应。

这种模式建立了一套实验和计算方法,可以求得各种固有平衡常数。这样就把原来以实验求得吸附等温式的吸附过程转化为可以定量计算的过程,使吸附从经验方法走向理论计算方法有了很大的进展。

求表面配合常数是比较复杂而精密的实验与计算过程。为了考察表面配合常数与溶液中配合常数的相关性,有关学者进行了一系列的实验。其实验结果如图 5-2 和图 5-3 所示。从图中可看出,无论对金属离子还是对有机阴离子的吸附,表面配合常数与溶液中的吸附常数之间都存在较好的相关性。表面吸附中对金属离子的配合为:

$$\equiv MeOH + M^{z+} \rightleftharpoons \equiv MeOM^{(z-1)+} + H^+ \quad {}^*K_1^s$$

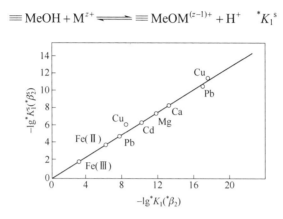

图 5-2 金属离子表面配合与溶液配合的比较(引自 汤鸿霄,1986)

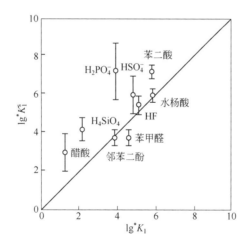

图 5-3 有机物表面配合与溶液配合的比较(引自 Stumm W,1981)

它与溶液中金属离子的水解是相对应的。

$$\equiv H_2O + M^{z+} \rightleftharpoons \equiv MOH^{(z-1)+} + H^+ \quad K_1$$

图 5-2 金属离子表面配合与溶液配合的比较表明,$-\lg{}^*K_1^s({}^*\beta_2^s)$ 与 $-\lg{}^*K_1({}^*\beta_2)$ 是线性相关的。同样,有机酸和无机酸的表面配合反应:

$$\equiv MeOH + H_2A \rightleftharpoons \equiv MeHA + H_2O \quad {}^*K_1^s$$

与溶液中有机酸和无机酸的反应:

$$MeOH + H_2A \rightleftharpoons MeHA + H_2O \quad {}^*K_1$$

也是相互对应的。

图 5-3 有机物表面配合与溶液配合的比较中 $\lg{}^*K_1^s$ 与 $\lg{}^*K_1$ 也有明显的相关性。这样，就有可能近似地应用溶液中已求得的大量配合常数来求得表面配合常数，大大扩展了表面配合模式的数据库及应用的广泛性。

表面配合模式及其实验计算方面尽管存在着表面配合的固有平衡常数不能精确地确定，电荷与平衡常数之间的相关性难以清楚表述及实验时表面平衡难以达到或只能达到介稳状态等局限性，但应用此模式所得的结果可以半定量地反映吸附量和电荷随 pH 及溶液参数、表面积浓度等变化的关系。

（3）吸附的影响因素

影响颗粒物吸附的因素较多，如海水盐度、氧化还原状态、pH 和海水中配合剂的含量等。重金属从海洋悬浮物或沉积物中重新释放属于二次污染问题，不仅对于海洋生态系统，而且对海水的水质都是很危险的。诱发重金属从悬浮物或沉积物中解吸释放的主要因素有如下几种。

① 盐浓度升高

碱金属和碱土金属阳离子可将被吸附在固体颗粒上的金属离子交换出来，这是金属从沉积物中释放出来的主要途径之一。例如水体中 Ca^{2+}、Na^+、Mg^{2+} 对悬浮物中铜、铅和锌的交换释放作用。在 0.5mol/L Ca^{2+} 作用下，悬浮物中的铅、铜、锌可以解吸出来，这三种金属被钙离子交换的能力不同，其顺序为 Zn>Cu>Pb。

② 氧化还原电位的变化

在河口及近岸沉积物中一般均有较多的耗氧物质，使一定深度以下沉积物中的氧化还原电位急剧降低，并将使铁、锰氧化物部分或全部溶解，故被其吸附或与之共沉淀的重金属离子也同时释放出来。

③ 降低 pH

pH 降低，导致碳酸盐和氢氧化物的溶解，H^+ 的竞争作用增加了金属离子的解吸量。在一般情况下，沉积物中重金属的释放量随着反应体系 pH 的升高而降低，如图 5-4 所示的美国 White 河中 Zn 和 Cu 释放量与 pH 的关系。其原因既有 H^+ 的竞争吸附作用，也有金属在低 pH 条件下致使金属难溶盐类以及配合物的溶解等。

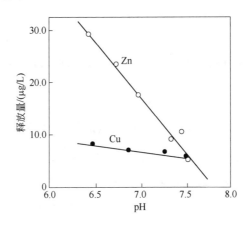

图 5-4　美国 White 河中 Zn 和 Cu 释放量与 pH 的关系（引自 金相灿，1990）

④ 增加水中配合剂的含量

天然或合成的配合剂使用量增加,能和重金属形成可溶性配合物,有时这种配合物稳定度较大,可以溶解态形态存在,使重金属从固体颗粒上解吸下来。

除上述因素外,一些生物化学迁移过程也能引起金属的重新释放,从而引起重金属从沉积物中迁移到动、植物体内——可能沿着食物链进一步富集,或者直接进入海水,或者通过动植物残体的分解产物进入海水。

5.3.2 凝聚和絮凝

胶体颗粒的聚集亦可称为凝聚或絮凝。这里把由电解质促成的聚集称为絮凝,把由聚合物促成的聚集称为凝聚。胶体颗粒是长期处于分散状态还是相互作用聚集结合成为更粗粒子,将决定着水体中胶体颗粒及其上面的污染物的粒度分布变化规律,影响到其迁移输送和沉降归宿的距离和去向。

典型胶体的相互作用以胶体稳定性理论(DLVO 理论)为定量基础。DLVO 理论把范德华(van der Waals)吸引力和扩散双电层排斥力考虑为作用因素,它适用于没有化学专属吸附作用的电解质溶液中,而且假设颗粒是粒度均等、球体形状的理想状态。这种颗粒在溶液中进行热运动,其平均动能为 $3/2kT$,两颗粒在相互接近时产生几种作用力,即多分子范德华力、静电排斥力和水化膜阻力。这几种力相互作用的综合位能随相隔距离所发生的变化,如图 5-5 所示。

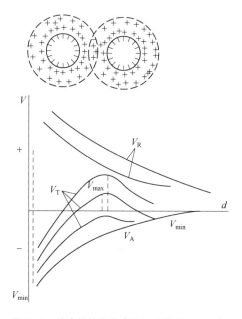

图 5-5 综合位能曲线(引自 肖衍繁,2000)

总的综合位能为:

$$V_T = V_R + V_A \tag{5-8}$$

式中,V_A 为由范德华力所产生的位能;V_R 为由静电排斥力所产生的位能。

由图中曲线可见：①不同溶液离子强度有不同 V_R 曲线，V_R 随颗粒间的距离按指数规律下降；②V_A 则只随颗粒间的距离变化，与溶液中离子强度无关；③不同溶液离子强度有不同的 V_T 曲线。在溶液离子强度较小时，综合位能曲线上出现较大位能峰（V_{max}），此时，排斥作用占较大优势，颗粒借助于热运动能量不能超越此位能峰，彼此无法接近，体系保持分散稳定状态。当离子强度增大到一定程度时，V_{max} 由于双电层被压缩而降低，则一部分颗粒有可能超越该位能峰。当离子强度相当高时，V_{max} 可以完全消失。

颗粒超过位能峰后，吸引力占优势，促使颗粒间继续接近，当其达到综合位能曲线上近距离的极小值（V_{min}）时，两颗粒就可以结合在一起。不过，此时颗粒间尚隔有水化膜。在某些情况下，综合位能曲线上较远距离也会出现一个极小值（V_{min}），成为第二极小值，它有时也会使颗粒相互结合。

凝聚物理理论说明了凝聚作用的因素和机理，但它只适用于电解质浓度升高压缩扩散层造成颗粒聚集的典型情况，即一种理想化的最简单的体系，天然水或其他实际体系中的情况则要复杂得多。

异体凝聚理论适用于处理物质本性不同、粒径不等、电荷符号不同、电位高低不等之类的分散体系。异体凝聚理论的主要论点为：如果两个电荷符号相异的胶体微粒接近时，吸引力总是占优势；如果两颗粒电荷符号相同但电性强弱不等，则位能曲线上的能峰高度总是取决于荷电较弱而电位较低的一方。因此，在异体凝聚时，只要其中有一种胶体的稳定性甚低而电位达到临界状态，就可以发生快速凝聚，而不论另一种胶体的电位高低如何。天然水环境和水处理过程中所遇到的颗粒聚集方式，大体可概括如下。

（1）压缩双电层凝聚

水中电解质浓度增大而离子强度升高，压缩扩散层，使颗粒相互吸引结合凝聚。

（2）专属吸附凝聚

胶体颗粒专属吸附异电荷的离子化合态，降低表面电位，即产生电中和现象，使颗粒脱稳而凝聚。这种凝聚可以出现超荷状况，使胶体颗粒改变电荷符号后，又趋于稳定分散状况。

（3）胶体相互凝聚

两种电荷符号相反的胶体相互中和而凝聚，或者其中一种荷电很低而相互凝聚，都属于异体凝聚。

（4）"边对面"絮凝

黏土矿物颗粒形状呈板状，其板面荷负电而边缘荷正电，各颗粒的边与面之间可由静电引力结合，这种聚集方式的结合力较弱，且具有可逆性，因而，往往生成松散的絮凝体，再加上"边对边""面对面"的结合，构成水中黏土颗粒自然絮凝的主要方式。

（5）第二极小值絮凝

在一般情况下，综合位能曲线上的第二极小值较微弱，不足以发生颗粒间的结合，但若颗粒较粗或在某一维方向上较长，就有可能产生较深的第二极小值，使颗粒相互聚集。这种聚集属于较远距离的接触，颗粒本身并未完全脱稳，因而比较松散，具有可逆性。这种絮凝在实际体系中有时是存在的。

（6）聚合物黏结架桥絮凝

胶体微粒吸附高分子电解质而凝聚，属于专属吸附类型，主要是异电中和作用。不过，即使负电胶体颗粒也可吸附非离子型高分子或弱阴离子型高分子，这也是异体凝聚作用。此外，聚合物具有链状分子，它也可以同时吸附在若干个胶体微粒上，在微粒之间架桥黏结，使它们聚集成团。这时，胶体颗粒可能并未完全脱稳，也是借助于第三者的絮凝现象。如果聚合物同时可发挥电中和及黏结架桥作用，就表现出较强的絮凝能力。

（7）无机高分子的絮凝

无机高分子化合物的尺度远低于有机高分子，它们除对胶体颗粒有专属吸附电中和作用外，也可结合起来在较近距离起黏结架桥作用，当然，它们要求颗粒在适当脱稳后才能黏结架桥。

（8）絮团卷扫絮凝

已经发生凝聚或絮凝的聚集体絮团物，在运动中以其巨大表面吸附卷带胶体微粒，生成更大絮团，使体系失去稳定而沉降。

（9）颗粒层吸附絮凝

水溶液透过颗粒层过滤时，颗粒表面的吸附作用，使水中胶体颗粒相互接近而发生凝聚或絮凝。吸附作用强烈时，可对凝聚过程起强化作用，使在溶液中不能凝聚的颗粒得到凝聚。

（10）生物絮凝

藻类、细菌等微小生物在水中也具有胶体性质，带有电荷，可以发生凝聚。特别是它们往往可以分泌出某种高分子物质，发挥絮凝作用，或形成胶团状物质。

在实际水环境中，上述种种凝聚、絮凝方式并不是单独存在的，往往是数种方式同时发生，综合发挥聚集作用。悬浮沉积物是最复杂的综合絮凝体，其中的矿物微粒和黏土矿物、水合金属氧化物和腐殖质、有机物等相互作用，几乎囊括了上述十种聚集方式。

5.3.3 溶解和沉淀

溶解和沉淀是污染物在水环境中迁移的重要途径。一般金属化合物在水中的迁移能力，可以直观地用溶解度来衡量。溶解度小者，迁移能力小。溶解度大者，迁移能力大。不过，溶解反应时常是一种多相化学反应，在固-液平衡体系中，一般需用溶度积来表征溶解度。天然水中各种矿物质的溶解度和沉淀作用也遵守溶度积规则。

在溶解和沉淀现象的研究中，平衡关系和反应速率两者都非常重要。知道平衡关系就可预测污染物溶解或沉淀作用的方向，并可以计算平衡时溶解或沉淀的量。但是经常发现用平衡计算所得结果与实际观测值相差甚远，造成这种差别的原因很多，但主要是自然环境中非均相沉淀溶解过程影响因素较为复杂所致。例如：①某些非均相平衡进行得缓慢，在动态环境下不易达到平衡。②根据热力学原理对于一组给定条件预测的稳定固相不一定就是所形成的相。例如，硅在生物作用下可沉淀为蛋白石，它可进一步转变为更稳定的石英，但是这种反应进行得十分缓慢且常需要高温。③可能存在过饱和现象，即出现物质的溶解量大于溶解度极限值的情况。④固体溶解所产生的离子可能在溶液中进一步进行反应。⑤引自不同文献的平衡常数有差异等。

下面着重介绍金属氧化物、氢氧化物、硫化物、碳酸盐及多种成分共存时的溶解-沉淀平衡问题。

（1）氧化物和氢氧化物

金属氢氧化物沉淀有好几种形态，它们在水环境中的行为差别很大。氧化物可看成是氢氧化物脱水而成的。由于这类化合物直接与pH有关，实际涉及水解和羟基配合物的平衡过程，该过程往往复杂多变，这里用强电解质的最简单关系式表述：

$$\text{Me(OH)}_n(s) \rightleftharpoons \text{Me}^{n+} + n(\text{OH}^-)$$

根据溶度积：

$$K_{sp}=[\text{Me}^{n+}][\text{OH}^-]^n \tag{5-9}$$

可转换为：

$$[\text{Me}^{n+}]=K_{sp}/[\text{OH}^-]^n=K_{sp}[\text{H}^+]^n/K_w^n \tag{5-10}$$

$$-\lg[\text{Me}^{n+}]=-\lg K_{sp}-n\lg[\text{H}^+]+n\lg K_w \tag{5-11}$$

$$pc=pK_{sp}-npK_w+npH \tag{5-12}$$

根据式（5-11），可以给出溶液中金属离子饱和浓度对数值与 pH 的关系图，如图 5-6，直线斜率等于 n，即金属离子价。当离子价为+3、+2、+1 时，则直线斜率分别为-3、-2 和-1。

直线横轴截距是 $-\lg[\text{Me}^{n+}]=0$ 或 $[\text{Me}^{n+}]=1.0\text{mol/L}$ 时的 pH：

$$\text{pH}=14-\frac{1}{n}pK_{sp} \tag{5-13}$$

各种金属氢氧化物的溶度积数值列于表 5-9。根据其中部分数据给出的对数浓度图 5-6 可看出，同价金属离子的各线均有相同的斜率，靠图右边斜线代表的金属氢氧化物的溶解度大于靠图左边的溶解度。根据此图大致可查出各种金属离子在不同 pH 溶液中所能存在的最大饱和浓度。

表5-9 金属氢氧化物的溶度积

氢氧化物	K_{sp}	pK_{sp}	氢氧化物	K_{sp}	pK_{sp}
Ag(OH)	1.6×10^{-8}	7.80	Fe(OH)$_3$	3.2×10^{-38}	37.50
Ba(OH)$_2$	5×10^{-3}	1.30	Mg(OH)$_2$	1.8×10^{-11}	10.74
Ca(OH)$_2$	5.5×10^{-6}	5.26	Mn(OH)$_2$	1.1×10^{-13}	12.96
Al(OH)$_3$	1.3×10^{-33}	32.90	Hg(OH)$_2$	4.8×10^{-26}	25.32
Cd(OH)$_2$	2.2×10^{-14}	13.66	Ni(OH)$_2$	2.0×10^{-15}	14.70
Co(OH)$_2$	1.6×10^{-15}	14.80	Pb(OH)$_2$	1.2×10^{-15}	14.93
Cr(OH)$_3$	6.3×10^{-31}	30.20	Th(OH)$_4$	4.0×10^{-45}	44.40
Cr(OH)$_2$	5.0×10^{-20}	19.30	Ti(OH)$_3$	1.0×10^{-40}	40.00
Fe(OH)$_2$	1.0×10^{-15}	15.00	Zn(OH)$_2$	7.1×10^{-18}	17.15

不过上述表征的关系，并不能充分反映出氧化物或氢氧化物的溶解度，应该考虑这些固体还能与羟基金属离子配合物$[\text{Me(OH)}_n^{z-n}]$处于平衡。如果考虑到羟基配合作用的情况，可以把金属氧化物或氢氧化物的溶解度（Me_T）表征如下：

$$\text{Me}_T=[\text{Me}^{z+}]+\sum_{1}^{n}[\text{Me(OH)}_n^{z-n}]$$

图 5-7 给出考虑到固相还能与羟基金属离子配合物处于平衡时溶解度的例子。在 25℃固相与溶质化合态之间所有可能的反应如下：

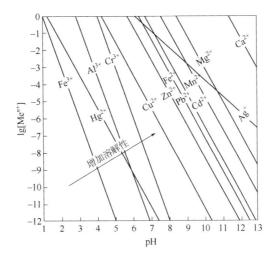

图 5-6　氢氧化物溶解度（引自 戴树桂，2006）

$$PbO(s) + 2H^+ \rightleftharpoons Pb^{2+} + H_2O$$

$$\lg{}^*K_{S_0} = 12.7 \tag{5-14}$$

$$PbO(s) + H^+ \rightleftharpoons PbOH^+$$

$$\lg{}^*K_{S_1} = 5.0 \tag{5-15}$$

$$PbO(s) + H_2O \rightleftharpoons Pb(OH)_2^0$$

$$\lg{}^*K_{S_2} = -4.4 \tag{5-16}$$

$$PbO(s) + 2H_2O \rightleftharpoons Pb(OH)_3^- + H^+$$

$$\lg{}^*K_{S_3} = -15.4 \tag{5-17}$$

根据式（5-14）～式（5-17），Pb^{2+}、$PbOH^+$、$Pb(OH)_2^0$ 和 $Pb(OH)_3^-$ 作为 pH 函数的特征线分别有斜率 -2、-1、0 和 $+1$，把所有化合态都结合起来，可以得到图 5-7 中包围着阴影区域的线。因此，$[Pb(\mathrm{II})_T]$ 在数值上可由下式得出：

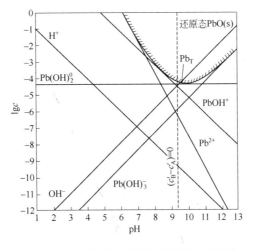

图 5-7　PbO 的溶解度（引自 戴树桂，2006）

$$Pb(\text{II})_T = {}^*K_{S_0}[H^+]^2 + {}^*K_{S_1}[H^+] + {}^*K_{S_2} + {}^*K_{S_3}[H^+]^{-1} \tag{5-18}$$

图 5-7 表明固体的氧化物和氢氧化物具有两性的特征。它们和质子或羟基离子都发生反应，存在有一个 pH，在此 pH 下溶解度为最小值，在碱性或酸性更强的 pH 区域内，溶解度都变得更大。

（2）硫化物

金属硫化物是比氢氧化物溶度积更小的一类难溶沉淀物。重金属硫化物在中性条件下实际上是不溶的，在盐酸中，Fe、Mn 和 Cd 的硫化物是可溶的，而 Ni 和 Co 的硫化物是难溶的。Cu、Hg 和 Pb 的硫化物只有在硝酸中才能溶解。表 5-10 列出重金属硫化物的溶度积。

表 5-10　重金属硫化物的溶度积

金属硫化物	K_{sp}	pK_{sp}	金属硫化物	K_{sp}	pK_{sp}
Ag_2S	6.3×10^{-50}	49.20	HgS	4.0×10^{-53}	52.40
CdS	7.9×10^{-27}	26.10	MnS	2.5×10^{-13}	12.60
CoS	4.0×10^{-21}	20.40	NiS	3.2×10^{-19}	18.50
Cu_2S	2.5×10^{-48}	47.60	PbS	8×10^{-28}	27.90
CuS	6.3×10^{-36}	35.20	SnS	1×10^{-25}	25
FeS	3.3×10^{-18}	17.50	ZnS	1.6×10^{-24}	23.80
Hg_2S	1.0×10^{-45}	45.00	Al_2S_3	2×10^{-7}	6.70

由表 5-10 可看出，只要水环境中存在 S^{2-}，几乎所有重金属均可从水体中除去。因此，当水中有硫化氢气体存在时，溶于水中气体呈二元酸状态，其分级电离为：

$$H_2S \rightleftharpoons H^+ + HS^- \quad K_1 = 8.9 \times 10^{-8}$$

$$HS^- \rightleftharpoons H^+ + S^{2-} \quad K_2 = 1.3 \times 10^{-15}$$

两者相加可得：

$$H_2S \rightleftharpoons 2H^+ + S^{2-}$$

$$K_{1,2} = [H^+]^2[S^{2-}]/[H_2S] = K_1 K_2 = 1.16 \times 10^{-22} \tag{5-19}$$

在饱和水溶液中，H_2S 浓度总是保持在 0.1mol/L，因此可认为饱和溶液中 H_2S 分子浓度也保持在 0.1mol/L，代入式中得

$$[H^+]^2[S^{2-}] = 1.16 \times 10^{-22} \times 0.1 = 1.16 \times 10^{-23} = K'_{sp}$$

因此可把 1.16×10^{-23} 看成是一个溶度积（K'_{sp}），它是在任何 pH 的 H_2S 饱和溶液中必须保持的一个常数。由于 H_2S 在纯水溶液中的二级电离甚微，故可根据一级电离，近似认为 $[H^+] = [HS^-]$，可求得此溶液中 $[S^{2-}]$：

$$[S^{2-}] = K'_{sp}/[H^+]^2 = [1.16 \times 10^{-23}/(8.9 \times 10^{-9})]\,\text{mol/L} = 1.3 \times 10^{-15}\,\text{mol/L}$$

在任一 pH 的水中，则：

$$[S^{2-}] = K'_{sp}/[H^+]^2 \tag{5-20}$$

溶液中促成硫化物沉淀的是 S^{2-}，若溶液中存在二价金属离子 Me^{2+}，则有

$$[Me^{2+}][S^{2-}] = K_{sp} \tag{5-21}$$

因此在硫化氢和硫化物均达到饱和的溶液中，可算出溶液中金属离子的饱和浓度为：

$$[Me^{2+}] = K_{sp}/[S^{2-}] = K_{sp}[H^+]^2/K'_{sp} = K_{sp}[H^+]^2/(0.1K_1K_2) \tag{5-22}$$

（3）碳酸盐

海水中存在大量碳的化合物，其中无机碳的主要存在形态是 HCO_3^-、CO_3^{2-}、H_2CO_3、CO_2。二氧化碳-碳酸盐体系是海洋中重要而复杂的体系，它涉及许多学科，如气象学、地质学和海洋学科。另外，它与生态学也有密切的联系。

二氧化碳-碳酸盐体系参与大气-海洋界面、海洋沉积物与海水界面以及海水介质中的化学反应，它控制着海水的pH值并直接影响海洋中许多化学平衡。在形成和维持生命的起源和生态环境方面，该体系也有重要作用。

多年来，由于人类大量燃烧矿物燃料，CO_2 越来越多地进入大气中。大气中 CO_2 的含量每年以 0.7mg/kg 的速率递增，CO_2 的增加所引起的"温室效应"可以影响全球的气候，而海洋可作为大气 CO_2 的调节器。因此，二氧化碳-碳酸盐体系对控制 CO_2 含量具有重要作用。

海水中二氧化碳和溶解氧相似，大部分从大气溶入。少部分来自海洋动物的呼吸、生物残骸的腐解和海底沉积物中有机质的分解。CO_2 在海水中的平衡溶解度仍然服从亨利定律，但与亨利定律的偏差比 N_2、O_2 或 Ar 大得多。其原因是 CO_2 与 N_2、O_2 等其他气体不同，对水溶液来说，它在化学上不是惰性的。也就是说，除了通常的水合作用（如下式）外，

$$CO_2(g) \xrightarrow{-H_2O} CO_2(aq)$$

还同水反应生成碳酸，即

$$CO_2(aq) + H_2O \xrightarrow{-H_2O} H_2CO_3(aq)$$

$$K = \frac{\alpha_{H_2CO_3}}{\alpha_{CO_2(aq)} \cdot \alpha_{H_2O}} \tag{5-23}$$

式中，$\alpha_{H_2CO_3}$ 为水中 H_2CO_3 浓度，$\alpha_{CO_2(aq)}$ 为气相中 CO_2 浓度，α_{H_2O} 为水的浓度。

K 值约为 $2×10^{-3}$。虽然 CO_2 的平衡溶解度并不严格遵守亨利定律，但在海洋学的研究范围内，它还是基本上符合亨利定律的。因此，CO_2 的平衡溶解度 $C_{CO_2(T)}$ 与 CO_2 的平衡分压 p_{CO_2} 之间的线性关系可表示为：

$$C_{CO_2(T)} = a_s \cdot p_{CO_2} \tag{5-24}$$

式中，a_s 是溶解度系数，为一定温度、盐度下，p_{CO_2} 为 101325Pa 时，海水中 CO_2 的溶解度。

Murray（1971）等测定的 a_s 值，Weiss（1974）经非理想气体的校正得出 a_s 值与温度、盐度的关系式为：

$$\ln a_s = -46.5820 + 90.5069(100/T) + 22.2940\ln(T/100) + [0.027766 - 0.025888(T/100)$$
$$+ 0.005078(T/100)^2]S \tag{5-25}$$

式中，T 为热力学温度；S 为盐度；a_s 单位为 $mol/(dm^3 \cdot Pa)$。按上式计算的结果列于表 5-11 中。

表 5-11　CO_2 在纯水及不同盐度海水中的溶解度 a_s [×10³ mol/(L·Pa)]

温度/℃	盐度								
	0	10	20	30	34	35	36	38	40
-1	—	—	7.458	6.739	6.579	6.539	6.500	6.422	6.345
0	7.758	7.305	6.880	6.479	6.325	6.287	6.249	6.175	6.101
1	7.458	7.024	6.616	6.232	6.085	6.048	6.012	5.941	5.870
2	7.174	6.758	6.367	5.999	5.857	5.822	5.788	5.719	5.651
3	6.904	6.506	6.131	5.777	5.642	5.608	5.575	5.509	5.444
4	6.649	6.267	5.907	5.568	5.438	5.405	5.374	5.310	5.248
5	6.407	6.040	5.695	5.369	5.244	5.213	5.188	5.122	5.062
6	6.177	5.825	5.493	5.180	5.060	5.031	5.001	4.943	4.885
8	5.752	5.427	5.120	4.831	4.720	4.693	4.666	4.612	4.588
10	5.367	5.067	4.784	4.516	4.413	4.388	4.363	4.313	4.263
12	5.019	4.741	4.479	4.231	4.136	4.112	4.089	4.042	3.997
14	4.703	4.446	4.202	3.972	3.884	3.862	3.840	3.797	3.755
16	4.416	4.177	3.951	3.738	3.665	3.635	3.615	3.575	3.536
18	4.155	3.933	3.723	3.524	3.448	3.429	3.410	3.373	3.336
20	3.916	3.710	3.515	3.330	3.258	3.241	3.223	3.189	3.154
22	3.699	3.507	3.325	3.152	3.086	3.069	3.053	3.021	2.989
24	3.499	3.321	3.131	2.990	2.928	2.912	2.897	2.867	2.837
26	3.317	3.150	2.992	2.841	2.783	2.769	2.775	2.727	2.699
28	3.149	2.994	2.846	2.705	2.651	2.638	2.624	2.598	2.572
30	2.995	2.580	2.712	2.850	2.530	2.517	2.505	2.480	2.455
32	2.854	2.718	2.589	2.466	2.418	2.406	2.395	2.372	2.349
34	2.723	2.596	2.476	2.360	2.316	2.309	2.294	2.272	2.250
36	2.603	2.484	2.371	2.263	2.221	2.211	2.201	2.180	2.160
38	2.492	2.381	2.271	2.174	2.134	2.125	2.115	2.096	2.077
40	2.389	2.285	2.186	2.091	2.054	2.045	2.036	2.018	2.000

如果 CO_2 的溶解度 a'_s 的单位为 $mol/(dm^3 \cdot Pa)$，那么 a'_s 可由下述方程得出，即：

$$\ln a'_s = -48.72800 + 93.4517(100/T) + 23.358\ln(T/100) + [0.023517 - 0.023656(T/100) + 0.0047036(T/100)^2]S \tag{5-26}$$

按上式计算的 CO_2 溶解度值列于表 5-12 中。

① 海水中碳酸盐体系的电离平衡

CO_2 的溶解度随温度及盐度的升高而降低。CO_2 比大气 N_2 及 O_2 的溶解度大许多倍，大气中 CO_2 的分压为 32.4Pa，$N_2：O_2：CO_2$ 的分压比为 2400：630：1，而它们在海水中浓度比则为 18：19：1。海水（Cl‰=19）中 CO_2 与大气平衡时的物质的量比在 0℃ 和 25℃ 分别是 15 和 0.70。

表 5-12　CO_2 在纯水及不同盐度海水中的溶解度 a'_s [$\times 10^3$ mol/(dm^3·Pa)]

湿度/℃	盐度								
	0	10	20	30	34	35	36	38	40
			7.273	6.903	6.760	6.724	6.689	6.620	6.551
-1	7.758	7.364	6.990	6.635	6.498	6.465	6.431	6.364	6.288
0	7.458	7.081	6.723	6.382	6.251	6.219	6.187	6.123	6.060
1	7.714	6.813	6.469	6.143	6.017	5.986	5.955	5.894	5.833
2	6.905	6.558	6.229	5.916	5.795	5.766	5.736	5.677	5.619
34	6.650	6.317	6.001	5.701	5.585	5.557	5.528	5.472	5.416
5	6.408	6.088	5.785	5.497	5.386	5.358	5.331	5.277	5.223
6	6.178	5.871	5.580	5.303	5.196	5.170	5.144	5.092	5.040
8	5.751	5.469	5.200	4.945	4.846	4.822	4.797	4.749	4.702
10	5.366	5.105	4.857	4.621	4.529	4.507	4.485	4.440	4.396
12	5.017	4.776	4.546	4.327	4.243	4.222	4.201	4.160	4.119
14	4.700	4.477	4.264	4.062	3.983	3.964	3.945	3.906	3.869
16	4.412	4.205	4.008	3.820	3.747	3.129	3.712	3.676	3.641
18	4.149	3.958	3.775	3.600	3.533	3.516	3.499	3.466	3.434
20	3.910	3.732	3.562	3.400	3.337	3.322	3.306	3.275	3.245
22	3.691	3.526	3.368	3.217	3.158	3.144	3.130	3.101	3.013
24	3.491	3.337	3.190	3.050	2.995	2.982	2.968	2.942	2.915
26	3.307	3.164	3.027	2.897	2.846	2.833	2.821	2.796	2.771
28	3.138	3.005	2.878	2.756	2.704	2.697	2.685	2.662	2.639
30	2.983	2.859	2.741	2.627	2.583	2.572	2.561	2.540	2.518
32	2.840	2.725	2.615	2.509	2.468	2.457	2.447	2.427	2.407
34	2.708	2.601	2.498	2.400	2.361	2.352	2.342	2.323	2.305
36	2.587	2.487	2.391	2.299	2.263	2.254	2.246	2.228	2.211
38	2.474	2.382	2.292	2.207	2.173	2.165	2.157	2.140	2.124
40	2.370	2.284	2.201	2.121	2.090	2.082	2.074	2.059	2.044

二氧化碳溶解在海水中可以同水反应生成 H_2CO_3，然后进行两步电离，即

$$H_2CO_3 \rightleftharpoons H^+ + HCO_3^-$$

$$K_1 = \frac{\alpha_{H^+} \cdot \alpha_{HCO_3^-(T)}}{\alpha_{H_2CO_3(T)}} \tag{5-27}$$

$$HCO_3^- \rightleftharpoons H^+ + CO_3^{2-}$$

$$K_2 = \frac{\alpha_{H^+} \cdot \alpha_{CO_3^{2-}(T)}}{\alpha_{HCO_3^-(T)}} \tag{5-28}$$

式中，K_1、K_2 为热力学常数。为了在实用上方便，海洋学上一般采用表观电离常数 K_1' 和 K_2'，即

$$K_1' = \frac{\alpha_{H^+} \cdot c_{HCO_3^-}}{c_{H_2CO_3(T)}} = K_1 \frac{r_{H_2CO_3}}{r_{HCO_3^-}} \tag{5-29}$$

$$K_2' = \frac{\alpha_{H^+} \cdot c_{CO_3^{2-}}}{c_{HCO_3^-}} = K_2 \frac{r_{HCO_3^-}}{r_{CO_3^{2-}}} \tag{5-30}$$

二氧化碳溶解阶段，进行较为缓慢，而电离阶段，进行得很迅速。因为在海水中 $CO_2(aq)$ 和 H_2CO_3 是无法区分的，所以用游离 CO_2 这个概念表示两者的总和。因此，通常合并为：

$$CO_2(aq) + H_2O \rightleftharpoons H^+ + HCO_3^-$$

$$K = \frac{\alpha_{H^+} \cdot \alpha_{HCO_3^-(T)}}{\alpha_{CO_2} \cdot \alpha_{H_2O}} \tag{5-31}$$

碳酸的第一和第二表观电离常数先后有许多海洋学者进行过研究。但是由于测定的方法和技术不同，各个学者所得常数的数值就不完全一样。在此，仅介绍海洋化学上常用的几组常数值，即 Buch（1951）、Lyman（1956）和 Hansson（1973）等。为了便于区分，分别以 K_{1B}'、K_{1L}' 和 K_{1H}' 表示，则三种 K_1' 值的定义如下：

Buch：

$$K_{1B}' = \frac{\alpha_{H^+} \cdot c_{HCO_3^-(T)}}{\alpha_{CO_2} \cdot \alpha_{H_2O}} = \frac{\alpha_{H^+} \cdot c_{HCO_3^-(T)}}{\alpha_s \cdot p_{CO_2} \cdot \alpha_{H_2O}} \tag{5-32}$$

Lyman：

$$K_{1L}' = \frac{\alpha_{H^+} \cdot c_{HCO_3^-(T)}}{\alpha_{CO_2(T)}} = \frac{\alpha_{H^+} \cdot c_{HCO_3^-(T)}}{\alpha_s \cdot p_{CO_2}} \tag{5-33}$$

Hansson：

$$K_{1H}' = \frac{c_{H^+} \cdot c_{HCO_3^-(T)}}{\alpha_{CO_2(T)}} = \frac{c_{H^+} \cdot c_{HCO_3^-(T)}}{\alpha_s \cdot p_{CO_2(T)}} \tag{5-34}$$

$$K_{1L}' = K_{1B}' \cdot \left(\frac{\alpha_0}{\alpha_s}\right) \cdot \left(\frac{p_{sw}}{p_0}\right) \tag{5-35}$$

由以上式子可看出，就 K_1' 的定义而言，三者是不同的。而且在测定 pH 值时，三者使用了不同的 pH 标度：Buch 使用的是 Sørensen 的 pH 标度，Lyman 使用的是 NBS 的 pH 标度（苯二甲酸氢钾标准溶液，pH=4.008，25℃），而 Hansson 使用的则是 Hansson 海水的 pH 标度。

由于 Buch 和 Lyman 所使用的 pH 标度不同，两者间的差值为：

$$pH（Sørensen 标度）= pH（NBS 标度）- x\Delta pH \tag{5-36}$$

式中，$x\Delta pH$ 值随温度变化的情况见表 5-13。

表 5-13　不同温度下的 $x\Delta\mathrm{pH}$

$t/℃$	12	20	25	30	35
$x\Delta\mathrm{pH}$	0.034	0.036	0.034	0.028	0.023

碳酸的第二表观电离常数 K_2'，三者采用同一表达形式，即

$$K_2' = \frac{\alpha_{\mathrm{H}^+} \cdot c_{\mathrm{CO}_3^{2-}(\mathrm{T})}}{c_{\mathrm{HCO}_3^-(\mathrm{T})}} \tag{5-37}$$

但是三者所采用的 pH 标度仍然不同。

如硼酸的电离常数为：

$$K_\mathrm{B}' = \frac{\alpha_{\mathrm{H}^+} \cdot c_{\mathrm{H}_2\mathrm{BO}_3^-(\mathrm{T})}}{c_{\mathrm{H}_3\mathrm{BO}_3(\mathrm{T})}} \tag{5-38}$$

② 海水中碳酸体系电离常数与 t、Cl‰ 的关系

根据上述碳酸表观电离常数的定义，以及温度、压力、盐度和离子组成对其的影响，现将几位学者测定的 K_1'、K_2' 和 K_B' 分述如下：

a. Buch 值（1951）

$$\mathrm{p}K_1' = 6.47 - 0.118\mathrm{Cl}^{1/3} \quad (20℃) \tag{5-39}$$

$$\mathrm{p}K_2' = 10.38 - 0.510\mathrm{Cl}^{1/3} \quad (20℃) \tag{5-40}$$

$$\mathrm{p}K_\mathrm{B}' = 9.92 - 0.0086\mathrm{Cl} - 0.123\mathrm{Cl}^{1/3} \quad (20℃) \tag{5-41}$$

温度校正值：

$$\Delta\mathrm{p}K_1' = \begin{cases} -0.0084\Delta t & (10\sim15℃,\ \mathrm{Cl} = 19\times10^{-3}) \\ -0.0080\Delta t & (15\sim20℃,\ \mathrm{Cl} = 19\times10^{-3}) \\ -0.0064\Delta t & (20\sim25℃,\ \mathrm{Cl} = 19\times10^{-3}) \end{cases} \tag{5-42}$$

$$\Delta\mathrm{p}K_2' = \begin{cases} -0.0012\Delta t & (5℃左右,\ \mathrm{Cl} = 19\times10^{-3}) \\ -0.0011\Delta t & (20℃左右,\ \mathrm{Cl} = 19\times10^{-3}) \end{cases} \tag{5-43}$$

b. Lyman 值（1956）

$$\mathrm{p}K_{1\mathrm{L}}' = 6.34 - 0.01\mathrm{Cl} - (0.008 - 0.00008t)t \tag{5-44}$$

$$\Delta\mathrm{p}K_2' = 9.78 - 0.02\mathrm{Cl} - 0.012t \tag{5-45}$$

$$\Delta\mathrm{p}K_\mathrm{L} = 9.26 - 0.016\mathrm{Cl} - 0.010t \tag{5-46}$$

$$0℃ \leqslant t \leqslant 25℃,\ 16\times10^{-3} \leqslant \mathrm{Cl} \leqslant 21\times10^{-3} \tag{5-47}$$

c. Edmond 及 Gieskes（1970）值

Edmond 等（1970）将 Buch 测定值换算成 Lyman 的条件（pH 标度及 $K_{1\mathrm{L}}'$ 形式），然后与 Lyman 值对比，并且与已测定的热力学常数及在 NaCl 溶液中测定值相互进行比较，并提出

K'与温度、盐度的函数关系如下：

$$pK_1' = 3404.71/T + 0.032786T - 14.7122 - 0.19178\text{Cl}^{1/3} \quad (5\text{-}48)$$

$$pK_2' = 2902.39/T - 0.02379T - 6.4710 - 0.4693\text{Cl}^{1/3} \quad (5\text{-}49)$$

$$pK_B' = 2291.90/T - 0.01756T - 3.3850 - 0.32051\text{Cl}^{1/3} \quad (5\text{-}50)$$

式中，T为热力学温度；Cl为氯度。

d. Hansson（1973）值

$$pK_{1H}' = 841/T + 3.272 - 0.0101S + 0.0001S^2 \quad (5\text{-}51)$$

$$pK_{2H}' = 1373/T + 4.854 - 0.01935S + 0.000135S^2 \quad (5\text{-}52)$$

$$pK_{BH}' = 1026/T + 5.527 - 0.0158S + 0.00016S^2 \quad (5\text{-}53)$$

式中，T为热力学温度；S为盐度。

③ 压力对平衡常数的影响

一般在凝固相的物理化学研究过程中，往往对压力的效应可略而不计。但海洋深度如此之大，平均深度达3800m，致使不同水层承受压力差别较大。在10000m深度海水体积由于压缩可变化近4%，这样就使离子浓度稍有增加。压力不仅对海水体积有影响，而且对溶液中的平衡常数亦有影响。因此，压力对化学平衡的效应是不可忽视的。压力对平衡常数的影响可以表示为：

$$\frac{\partial \ln K_1'}{\partial P}TC = \frac{-\Delta V}{RT} \quad (5\text{-}54)$$

Edmond 及 Gieskes（1970）将ΔV表示为

$$K_1'\Delta V_1' = -(24.2 - 0.085t)\text{cm}^3/\text{mol} \quad (5\text{-}55)$$

$$K_2'\Delta V_2' = -(16.4 - 0.040t)\text{cm}^3/\text{mol} \quad (5\text{-}56)$$

$$K_B'\Delta V_B' = -(27.5 - 0.095t)\text{cm}^3/\text{mol} \quad (5\text{-}57)$$

式中，t为温度，以℃表示。

Culberson 及 Pytkowicz 等所求得的压力对$\Delta pK'$的影响，得出如下公式：

$S=34.8$

$$\Delta pK_{1L}' = 0.013 + 1.319 \times 10^{-3}P - 3.061 \times 10^{-6}PT$$
$$-0.161 \times 10^{-6}T^2 - 0.020 \times 10^{-6}P^2 \quad (5\text{-}58)$$

$$\Delta pK_2' = -0.015 + 0.839 \times 10^{-3}P - 1.908 \times 10^{-6}PT$$
$$+0.182 \times 10^{-6}T^2 \quad (5\text{-}59)$$

$$\Delta pK_B' = 1.809 \times 10^{-3}P - 4.515 \times 10^{-6}PT$$
$$-0.169 \times 10^{-6}P^2 + 1.759 \times 10^{-12}P^2T^2 \quad (5\text{-}60)$$

$S=38.5$

$$\Delta pK_{1L}' = 0.467 \times 10^{-3}P - 4.4 \times 10^{-8}P^2 \quad (5\text{-}61)$$

$$\Delta pK_2' = 0.280 \times 10^{-3}P \quad (5\text{-}62)$$

$$\Delta pK_B' = 0.492 \times 10^{-3}P - 1.4 \times 10^{-8}P^2 \quad (5\text{-}63)$$

式中，P 为大气压，T 为热力学温度。

（4）海水中碳酸钙的沉淀与溶解平衡

海水中二氧化碳体系的化学性质很复杂，包括了水圈同大气圈、岩石圈和生物圈之间的相互作用。本节将要讨论的是固相与海水界面的平衡，即碳酸钙的沉淀与溶解平衡。

有关调查表明：世界大洋表层海水中 $CaCO_3$ 是处于过饱和状态的，而深层海水 $CaCO_3$ 则不饱和，由表层的过饱状态过渡到深层的不饱和状态，其间必有一个饱和层，此深度称为 $CaCO_3$ 的饱和深度。在大于饱和深度的某一范围，$CaCO_3$ 的溶解速率突然增加，称之为 $CaCO_3$ 的溶跃层。在溶跃层稍下一点的某深度上，$CaCO_3$ 的沉积速率和溶解速率相等，该深度称之为 $CaCO_3$ 的补偿深度。不同大洋的饱和深度及补偿深度各不相同，饱和深度一般在几百至几千米之间，补偿深度常常位于饱和深度以下 2000m 或更深处。

海洋生物由表层吸收 Ca^{2+} 及 CO_3^{2-} 形成 $CaCO_3$，然后下沉至深层。这些碳酸钙部分溶解于水，部分沉积于海底，因此生物过程是把 $CaCO_3$ 由表层向深层及海底的转移过程。河流每年向海洋输送一定数量的 Ca^{2+}，如海洋处于稳定状态，则每年进入海洋的钙量应等于沉积于海底的量。

$CaCO_3$ 的形成与溶解过程，不仅会影响海水 ΣCO_2、碱度和钙的含量分布，而且与海洋生物活动有着密切的关系。尤其重要的是，它控制着海水的 pH 值，因此，$CaCO_3$ 的形成与溶解平衡是海洋中碳和钙循环的主要课题之一。

天然 $CaCO_3$ 主要存在 3 种晶型，即方解石、文石和球文石。其中球文石不普遍，无一般意义，故通常只讨论方解石和文石。图 5-8 表示方解石和文石具有明显不同的晶型。它们具有不同的生成自由能，具有不同的溶度积。

$$CaCO_3（固，方解石）\rightleftharpoons Ca^{2+}+CO_3^{2-} \quad K_{SO(C)}=\{Ca^{2+}\}\{CO_3^{2-}\}$$

$$CaCO_3（固，文石）\rightleftharpoons Ca^{2+}+CO_3^{2-} \quad K_{SO(A)}=\{Ca^{2+}\}\{CO_3^{2-}\}$$

$$CaCO_3（固，文石）\rightleftharpoons CaCO_3（固，方解石）$$

在温度为 25℃和盐度为 36.00‰的海水中，方解石的表观溶度积约为文石的一半，方解石较稳定，反应式向右进行。故在海洋中这两种晶型虽都有发现，但方解石更重要些。

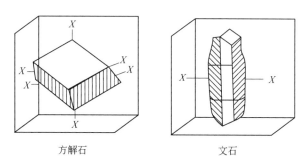

图 5-8　方解石和文石的晶型结构（引自 戴树桂，2006）

对碳酸钙的溶解沉淀平衡，按热力学原理有

$$\mu_{CaCO_3(s)}=\mu_{Ca^{2+}}+\mu_{CO_3^{2-}} \tag{5-64}$$

式中，$\mu_{CaCO_3(s)}$、$\mu_{Ca^{2+}}$、$\mu_{CO_3^{2-}}$ 分别是 $CaCO_3$、Ca^{2+}、CO_3^{2-} 的化学势，因

$$\left.\begin{array}{l}\mu_{Ca^{2+}} = \mu_{Ca^{2+}}^{\circ}(P,T) + RT\ln\alpha_{Ca^{2+}}\\ \mu_{CO_3^{2-}} = \mu_{CO_3^{2-}}^{\circ}(P,T) + RT\ln\alpha_{CO_3^{2-}}\end{array}\right\} \quad (5\text{-}65)$$

故得：

$$K_{SO(CaCO_3)} = \{Ca^{2+}\}\{CO_3^{2-}\} = \exp\left[\frac{\mu_{CaCO_3}^{\circ}(\mu_{Ca^{2+}}^{\circ} + \mu_{CO_3^{2-}}^{\circ})}{RT}\right] \quad (5\text{-}66)$$

在 0.1MPa 下海水中方解石和文石的表观溶度积见表 5-14。

表5-14 海水中方解石和文石的表观溶度积 K_s（0.1MPa）

类型	t/℃	S（盐度）	$K/(\times 10^7 \text{mol}^2/\text{kg}^2)$
方解石	20	34.51	4.24
	25	31.72	3.55
	30	31.72	3.07
	35	31.72	2.69
	15	33.15	4.62
	25	34.34	5.17
	30	33.28	4.65
	15	36.31	5.31
	25	36.31	4.91
	0	34.32	5.78
	5	34.32	5.14
	10	34.32	5.00
	15	34.32	5.41
	20	34.32	4.82
	25	34.32	5.03
	30	34.32	4.55
	35	34.32	4.03
	2	43.00	5.27
	13	43.00	5.29
	35	43.00	534
	2	35.00	4.34
	13	35.00	4.46
	35	35.00	4.59
	2	27.00	3.05
	13	27.00	3.01
	5	27.00	3.25*
	5		7.98*
	25		5.94*
	25		4.39

续表

类型	$t/℃$	S（盐度）	$K/(×10^7 mol^2/kg^2)$
方解石	5	18.29	2.84
	5	24.45	3.52
	5	34.57	4.79
	10	18.29	2.49
	10	24.45	3.40
	10	34.57	4.70
	15	18.29	2.37
	15	24.45	3.15
	15	34.57	4.73
	25	18.29	2.23
	25	24.45	3.10
	25	34.57	4.70
文石	5	34.32	8.9*
	25	34.32	10.6*
	5		11.4*
	25		8.76*
	25		6.65*
	25	32.00	8.69*

压力对 K_s 的影响在海水条件下可写成：

$$\ln \frac{(K_s)_P}{(K_s)_1} = -\frac{\Delta \overline{V'}}{RT}(P-1) \tag{5-67}$$

$$\Delta \overline{V'} = \Delta \overline{V}° \frac{RT}{P-1} \ln \frac{(\gamma_{\pm CaCO_3})_1}{(\gamma_{\pm CaCO_3})_P} \tag{5-68}$$

式中，K_s 为表观溶度积，R 为气体常数，T 为绝对温度，P 为大气压，V 为海水体积，γ 为电离度。

5.3.4 氧化还原

氧化还原平衡对水环境中污染物的迁移转化具有重要意义。水体中氧化还原的类型、反应速率和化学平衡常数，在很大程度上决定了水中主要溶质的性质。例如，一个厌氧性湖泊，其湖下层的元素都将以还原态存在：碳形成 CH_4，氮形成 NH_4^+，硫形成 H_2S，铁形成可溶性 Fe^{2+}。而表层水由于可以被大气中的氧饱和，成为相对氧化性介质，如果达到热力学平衡时，上述元素将以氧化态存在：碳形成 CO_2，氮形成 NO_3^-，硫形成 SO_4^{2-}，铁形成 $Fe(OH)_3$ 沉淀。显然这种变化对水生生物和水质影响很大。

需要注意的是，下面所介绍的体系都假定它们处于热力学平衡状态。实际上这种平衡在天然水或污水体系中是几乎不可能达到的,这是因为许多氧化还原反应非常缓慢,很少达到平衡状态,即使达到平衡,往往也是在局部区域内。如海洋或湖泊中,在接触大气中氧气的表层和沉积物的最深层之间,氧化还原环境有着显著的差别。在两者之间有无数个局部的中间区域,它们是由于混合或扩散不充分以及各种生物活动所造成的。所以,实际体系中存在的是几种不同的氧化还原反应的混合行为。但这种平衡体系的设想,对于用一般方法去认识污染物在水体中发生化学变化趋向会有很大帮助,通过平衡计算,可提供体系必然发展趋向的边界条件。

(1) 电子活度和氧化还原电位

① 电子活度的概念

酸碱反应和氧化还原反应之间存在着概念上的相似性,酸和碱可用质子给予体和质子接受体来解释。故 pH 的定义为:

$$\text{pH} = -\lg a_{\text{H}^+} \tag{5-69}$$

式中,a_{H^+} 为氢离子在水溶液中的活度,它衡量溶液接受或迁移质子的相对趋势。

与此相似,还原剂和氧化剂可以定义为电子给予体和电子接受体,同样可以定义 pE 为:

$$\text{p}E = -\lg a_{\text{e}} \tag{5-70}$$

式中,a_{e} 水溶液中电子的活度。

因为 a_{H^+} 可以在好几个数量级范围内变化,所以可以很方便地用 pH 来表示 a_{H^+}。同样,一个稳定的水系统的电子活度可以在 20 个数量级范围内变化,所以也可以很方便地用 pE 来表示 a_{e}。

pE 严格的热力学定义是由 Stumm 和 Morgan 提出的,基于下列反应:

$$2\text{H}^+(\text{aq}) + 2\text{e}^- \rightleftharpoons \text{H}_2(\text{g})$$

当这个反应的全部组分都以 1 个单位活度存在时,该反应的自由能变 ΔG 可定义为零。水中氧化还原反应的 ΔG 也是在溶液中全部离子的生成自由能的基础上定义的。

在离子强度为零的介质中,[H$^+$]=1.0×10^{-7}mol/L,故 α_{H^+}=1.0×10^{-7},则 pH=7.0。但是,当 H$^+$(aq)在 1 单位活度与 H$_2$ 平衡分压 1.0130×10^{5}Pa(同样活度也为 1)的介质中,电子活度才为 1.00 及 pE=0.0。如果电子活度增加 10 倍[正如 H$^+$(aq)活度为 0.100 与 H$_2$ 平衡分压为 1.0130×10^{5}Pa 时的情况],那么电子活度将为 10,并且 pE=-1.0。

因此,pE 是平衡状态下(假想)的电子活度,它衡量溶液接受或给出电子的相对趋势,在还原性很强的溶液中,其趋势是给出电子。从 pE 概念可知,pE 越小,电子浓度越高,体系给出电子的倾向就越强。反之,pE 越大,电子浓度越低,体系接受电子的倾向就越强。

② 氧化还原电位 E 和 pE 的关系

如一个氧化还原半反应为:

$$\text{Ox} + n\text{e}^- \rightleftharpoons \text{Red}$$

根据 Nernst 方程一般式,则上述反应可写成:

$$E = E^{\ominus} - \frac{2.303RT}{nF} \lg \frac{[\text{Red}]}{[\text{Ox}]} \tag{5-71}$$

当反应平衡时，

$$E^\ominus = \frac{2.303RT}{nF}\lg K \tag{5-72}$$

从理论上考虑亦可将平衡常数（K）表示为

$$K = \frac{[\text{Red}]}{[\text{Ox}][e^-]^n} \tag{5-73}$$

$$[e^-] = \left\{\frac{[\text{Red}]}{K[\text{Ox}]}\right\}^{1/n} \tag{5-74}$$

根据 pE 的定义，则上式可改写为

$$pE = -\lg[e^-] = \frac{1}{n}\left\{\lg K - \lg\frac{[\text{Red}]}{[\text{Ox}]}\right\} = \frac{EF}{2.303RT} = \frac{1}{0.059\text{V}}E \quad (25℃) \tag{5-75}$$

pE 是量纲为 1 的指标，它衡量溶液中可供给电子的水平。同样，

$$pE^\ominus = \frac{E^\ominus F}{2.303RT} = \frac{1}{0.059\text{V}}E^\ominus \tag{5-76}$$

因此，根据 Nernst 方程，pE 的一般表示形式为

$$pE = pE^\ominus + \frac{1}{n}\lg\frac{[\text{反应物}]}{[\text{生成物}]} \tag{5-77}$$

对于包含有 n 个电子的氧化还原反应，其平衡常数为

$$\lg K = \frac{nE^\ominus F}{2.303RT} = \frac{nE^\ominus}{0.059\text{V}} \quad (25℃) \tag{5-78}$$

此处 $E^\ominus$ 是这个反应的 $E^\ominus$ 值，故平衡常数：

$$\lg K = n(pE^\ominus) \tag{5-79}$$

同样，对于一个包括 n 个电子的氧化还原反应，自由能变可从以下两个方程中任一个给出：

$$\Delta G = -nFE \tag{5-80}$$

$$\Delta G = -2.303nRT(pE) \tag{5-81}$$

若将 F 值 96500J/(V·mol)代入，便可获得以 J/mol 为单位的自由能变化值。当所有反应组分都处于标准状态下（纯液体、纯固体、溶质的活度为 1.00）：

$$\Delta G^\ominus = -nFE^\ominus \tag{5-82}$$

$$\Delta G^\ominus = -2.303nRT(pE^\ominus) \tag{5-83}$$

（2）天然水的 pE 和决定电位

天然水中含有许多无机及有机氧化剂和还原剂。水中主要的氧化剂有溶解氧、Fe(Ⅲ)、Mn(Ⅳ)和 S(Ⅵ)，其作用后本身依次转变为 H_2O、Fe(Ⅱ)、Mn(Ⅱ)和 S(-Ⅱ)。水中主要还原剂

有种类繁多的有机物、Fe(Ⅱ)、Mn(Ⅱ)和S(-Ⅱ)，在还原物质的过程中，有机物本身的氧化产物是非常复杂的。

由于天然水是一个复杂的氧化还原混合体系，其 pE 应是介于其中各个单体系的电位之间，而且接近于含量较高的单体系的电位。若某个单体系的含量比其他体系高得多，则此时该单体系电位几乎等于混合复杂体系的 pE，称之为"决定电位"。在一般天然水环境中，溶解氧是"决定电位"物质，而在有机物累积的厌氧环境中，有机物是"决定电位"物质，介于两者之间者，则其"决定电位"为溶解氧体系和有机物体系的结合。

从这个概念出发，可以计算天然水中的 pE。

水的氧化限度：

$$\frac{1}{4}O_2 + H^+ + e^- \rightleftharpoons \frac{1}{2}H_2O \qquad pE^\ominus = +20.75 \qquad (5\text{-}84)$$

$$pE = pE^\ominus + \lg\{p_{O_2}^{1/4}[H^+]\} \qquad (5\text{-}85)$$

$$pE = 20.75 - pH \qquad (5\text{-}86)$$

若水中 $p_{O_2} = 0.21 \times 10^5$ Pa，以[H$^+$]=1.0×10^{-7}mol/L 代入式（5-94），则

$$pE = 20.75 - \lg\{(p_{O_2}/1.013\times10^5)^{0.25}\times[H^+]\}$$
$$= 20.75 + \lg\{[(0.21\times10^5)/(1.013\times10^5)]^{0.25}\times1.0\times10^{-7}\} = 13.58$$

说明这是一种好氧的水，这种水存在夺取电子的倾向。

若是有机物丰富的厌氧水，例如一个由微生物作用产生 CH$_4$ 及 CO$_2$ 的厌氧水，假定 $p_{CO_2} = p_{CH_4}$ 和 pH=7.00，其相关的半反应为

$$\frac{1}{8}CO_2 + H^+ + e^- \rightleftharpoons \frac{1}{8}CH_4 + \frac{1}{4}H_2O$$

$$pE^\ominus = 2.87$$

$$pE = pE^\ominus + \lg\{(p_{CO_2}^{0.125}[H^+]/p_{CH_4}^{0.125}\} = 2.87 + \lg[H^+] = -4.13$$

这个数值并没有超过水在 pH=7.00 时还原极限-7.00，说明这是还原性环境，有给予电子的倾向。

从上面计算可以看到，天然水的 pE 随水中溶解氧的减少而降低，因而表层水呈氧化性环境，深层水及底泥呈还原性环境，同时天然水的 pE 随 pH 减小而增大。

经过调查，各类天然水 pE 及情况如图 5-9 所示。此图反映了不同水质区域的氧化还原特性，氧化性最强的是上方同大气接触的富氧区，这一区域代表大多数海洋水的表层情况，还原性最强的是下方富含有机物的缺氧区，这一区域代表富含有机物的海洋底层水情况。

5.3.5 配合与螯合

污染物特别是重金属污染物，大部分以配合物形态存在于水体中，其迁移、转化及毒性等

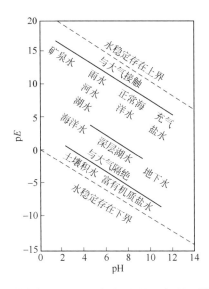

图 5-9 不同天然水在 pE-pH 图中的近似位置（引自 戴树桂，2006）

均与配合作用有密切关系。例如迁移过程中，大部分重金属在水体中可溶态是配合形态，随环境条件改变而运动和变化。至于毒性，自由铜离子的毒性大于配合态铜，甲基汞的毒性大于无机汞已是众所周知的。此外，已发现一些有机金属配合物增加水生生物的毒性，而有的则减少其毒性，因此，配合作用的实质问题是哪一种污染物的结合态更能为生物所利用。

天然水体中有许多离子，其中某些阳离子是良好的配合物中心体，某些阴离子则可作为配体，它们之间的配合作用和反应速率等概念与机制，可以应用配合物化学基本理论予以描述，如软硬酸碱理论、Owen-Williams 顺序等。

天然水体中重要的无机配体有 OH^-、Cl^-、CO_3^{2-}、HCO_3^-、F^-、S^{2-} 等。以上离子除 S^{2-} 外，均属于 Lewis 硬碱，它们易与硬酸进行配合。如 OH^- 在水溶液中将优先与某些作为中心离子的硬酸结合（如 Fe^{3+}、Mn^{2+} 等），形成羟基配合离子或氢氧化物沉淀，而 S^{2-} 则更易和重金属如 Hg^{2+}、Ag^+ 等形成多硫配合离子或硫化物沉淀。按照这一规则，可以定性地判断某个金属离子在水体中的形态。

有机配体情况比较复杂，天然水体中包括动植物组织的天然降解产物，如氨基酸、糖、腐殖酸，以及生活废水中的洗涤剂、清洁剂、氨基三乙酸（NTA）、EDTA、农药和大分子环状化合物等。这些有机物相当一部分具有配合能力。

（1）配合物在溶液中的稳定性

配合物在溶液中的稳定性是指配合物在溶液中解离成中心离子（原子）和配体，当解离达到平衡时解离程度的大小。这是配合物特有的重要性质。为了讨论中心离子（原子）和配体性质对稳定性的影响，先简述配位化合物的形成特征。

水中金属离子，可以与电子供给体结合，形成一个配位化合物（或离子），例如，Cd^{2+} 和一个配体 CN^- 结合形成 $CdCN^+$ 配合离子：

$$Cd^{2+} + CN^- \longrightarrow CdCN^+$$

$CdCN^+$ 还可继续与 CN^- 结合逐渐形成稳定性变弱的配合物 $Cd(CN)_2$、$[Cd(CN)_3]^-$ 和 $[Cd(CN)_4]^{2-}$。在这个例子中，CN^- 是一个单齿配体，它仅有一个位置与 Cd^{2+} 成键，所形成的单齿配合物对于天然水的重要性并不大,更重要的是多齿配体。具有不止一个配位原子的配体,如甘氨酸、乙二胺是二齿配体,二亚乙基三胺是三齿配体,乙二胺四乙酸根是六齿配体,它们与中心原子形成环状配合物称为螯合物。例如,乙二胺与铬离子所形成的环状配合物即是螯合物,其结构如下:

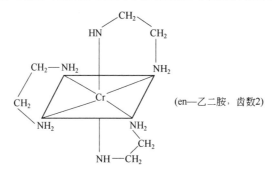

(en—乙二胺,齿数2)

显然,螯合物比单齿配体所形成的配合物的稳定性要大得多。

稳定常数是衡量配合物稳定性大小的尺度,例如$[ZnNH_3]^{2+}$可由下面反应生成:

$$Zn^{2+} + NH_3 \rightleftharpoons ZnNH_3^{2+}$$

生成常数 K_1 为:

$$K_1 = \frac{[ZnNH_3^{2+}]}{[Zn^{2+}][NH_3]} = 3.9 \times 10^2 \qquad (5-87)$$

在上述反应中为了简便起见,把水合水省略了,然后$[ZnNH_3]^{2+}$继续与 NH_3 反应,生成$[Zn(NH_3)_2]^{2+}$:

$$[ZnNH_3]^{2+} + NH_3 \rightleftharpoons [Zn(NH_3)_2]^{2+}$$

生成常数 K_2 为:

$$K_2 = \frac{[Zn(NH_3)_2^{2+}]}{[ZnNH_3^{2+}][NH_3]} = 2.1 \times 10^2 \qquad (5-88)$$

K_1、K_2 称为逐级生成常数(或逐级稳定常数),表示 NH_3 加至中心 Zn^{2+} 上是一个逐步的过程。累积稳定常数是指几个配体加到中心金属离子过程的加和。例如$[Zn(NH_3)_2]^{2+}$的生成可用下面反应式表示:

$$Zn^{2+} + 2NH_3 \rightleftharpoons [Zn(NH_3)_2]^{2+}$$

β_2 为累积稳定常数(或累积生成常数):

$$\beta_2 = \frac{[Zn(NH_3)_2^{2+}]}{[Zn^{2+}][NH_3]^2} = K_1 \cdot K_2 = 8.2 \times 10^4 \qquad (5-89)$$

同样,对于$[Zn(NH_3)_3]^{2+}$的 $\beta_3 = K_1 \cdot K_2 \cdot K_3$,$[Zn(NH_3)_4]^{2+}$的 $\beta_4 = K_1 \cdot K_2 \cdot K_3 \cdot K_4$。$K_n$ 或 β_n 越大,配合离子越难解离,配合物也越稳定。因此,从稳定常数的值可以算出溶液中各级配合离子的平衡浓度。

(2)羟基对重金属离子的配合作用

由于大多数重金属离子均能水解,其水解过程实际上就是羟基配合过程,它是影响一些重金属难溶盐溶解度的主要因素，因此，人们特别重视羟基对重金属配合作用。现以 Me^{2+} 为例。

$$Me^{2+} + OH^- \rightleftharpoons MeOH^+$$

$$K_1 = \frac{[MeOH^+]}{[Me^{2+}][OH^-]} \tag{5-90}$$

$$MeOH^+ + OH^- \rightleftharpoons Me(OH)_2^0$$

$$K_2 = \frac{[Me(OH)_2^0]}{[MeOH^+][OH^-]} \tag{5-91}$$

$$Me(OH)_2^0 + OH^- \rightleftharpoons Me(OH)_3^-$$

$$K_3 = \frac{[Me(OH)_3^-]}{[Me(OH)_2^0][OH^-]} \tag{5-92}$$

$$Me(OH)_3^- + OH^- \rightleftharpoons Me(OH)_4^{2-}$$

$$K_4 = \frac{[Me(OH)_4^{2-}]}{[Me(OH)_3^-][OH^-]} \tag{5-93}$$

式中，K_1、K_2、K_3 和 K_4 为羟基配合物的逐级生成常数。在实际计算中，常用累积生成常数 β_1、β_2、β_3……表示。

$$Me^{2+} + OH^- \rightleftharpoons MeOH^+$$

$$\beta_1 = K_1 \tag{5-94}$$

$$MeOH^+ + OH^- \rightleftharpoons Me(OH)_2^0$$

$$\beta_2 = K_1 \cdot K_2 \tag{5-95}$$

$$Me(OH)_2^0 + OH^- \rightleftharpoons Me(OH)_3^-$$

$$\beta_3 = K_1 \cdot K_2 \cdot K_3 \tag{5-96}$$

$$Me(OH)_3^- + OH^- \rightleftharpoons Me(OH)_4^{2-}$$

$$\beta_4 = K_1 \cdot K_2 \cdot K_3 \cdot K_4 \tag{5-97}$$

以 β 代替 K，计算各种羟基配合物占金属总量的百分数（以 ψ 表示），它与累积生成常数及 pH 有关，因为：

$$[Me]_T = [Me^{2+}] + [MeOH^+] + [Me(OH)_2^0] + [Me(OH)_3^-] + [Me(OH)_4^{2-}] \tag{5-98}$$

由以上五式可得

$$[Me]_T = [Me^{2+}]\{1 + \beta_1[OH^-] + \beta_2[OH^-]^2 + \beta_3[OH^-]^3 + \beta_4[OH^-]^4\} \tag{5-99}$$

设 $\alpha = 1 + \beta_1[OH^-] + \beta_2[OH^-]^2 + \beta_3[OH^-]^3 + \beta_4[OH^-]^4$
则 $[Me]_T = [Me^{2+}] \cdot \alpha$

$$\psi_0 = [Me^{2+}]/[Me]_T = 1/\alpha$$

$$\psi_1 = [Me(OH)^+]/[Me]_T = \beta_1[Me^{2+}][OH^-]/[Me]_T = \psi_0 \beta_1[OH^-]$$

$$\psi_2=[Me(OH)_2^-]/[Me]_T=\psi_0\beta_2[OH^-]^2$$

……

$$\psi_n=[Me(OH)_n^{n-2}]/[Me]_T=\psi_0\beta_n[OH^-]^n$$

在一定温度下，β_1、β_2、$\beta_3\cdots$，β_n 等为定值，ψ 仅是 pH 的函数。图 5-10 表示了 Cd^{2+}-OH^- 配合离子在不同 pH 下的分布。

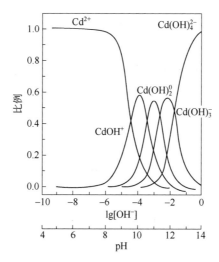

图 5-10 Cd^{2+}-OH^- 配合离子在不同 pH 下的分布（引自 陈静生，1987）

由图 5-10 可看出：当 pH<8 时，镉基本上以 Cd^{2+} 形态存在；pH=8 时开始形成 $CdOH^+$ 配合离子；pH 约为 10 时，$CdOH^+$ 达到峰值；pH 至 11 时，$Cd(OH)_2^0$ 达到峰值；pH=12 时，$Cd(OH)_3^-$ 达到峰值；当 pH>13 时，则 $Cd(OH)_4^{2-}$ 占优势。

（3）腐殖质的配合作用

天然水中对水质影响最大的有机物是腐殖质，它是由生物体物质在土壤、水和沉积物中转化而成的。腐殖质是有机高分子物质，分子量在 300~30000 上。一般根据其在碱和酸溶液中的溶解度划分为三类。a. 腐殖酸：可溶于稀碱液但不溶于酸的部分，分子量由数千到数万；b. 富里酸：可溶于酸又可溶于碱的部分，分子量由数百到数千；c. 腐黑物：不能被酸和碱提取的部分。

在腐殖酸和腐黑物中，碳含量为 50%~60%，氧含量为 30%~35%，氢含量为 4%~6%，氮含量为 2%~4%；而富里酸中碳和氮含量较少，分别为 44%~50% 和 1%~3%，氧含量较多，为 44%~50%，不同地区和不同来源的腐殖质，其分子量组成和元素组成都有区别。

腐殖质在结构上的显著特点是除含有大量苯环外，还含有大量羧基、羟基和酚基。富里酸单位质量含有的含氧官能团数量较多，因而亲水性也较强。富里酸的结构式如图 5-11 所示，这些官能团在水中可以解离并产生化学反应，因此腐殖质具有高分子电解质的特征，并表现为酸性。

腐殖质与环境中有机物之间的作用主要涉及吸附效应、溶解效应、对水解反应的催化作用、对微生物过程的影响以及光敏效应和猝灭效应等。但腐殖质与金属离子生成配合物是它们最重要的环境性质之一，金属离子能在腐殖质中的羧基及羟基间螯合成键：

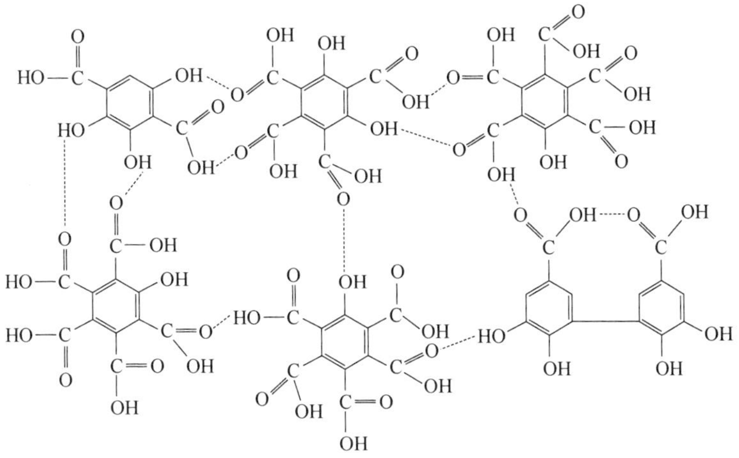

图 5-11 富里酸的结构（引自 戴树桂，2006）

或者在两个羧基间螯合：

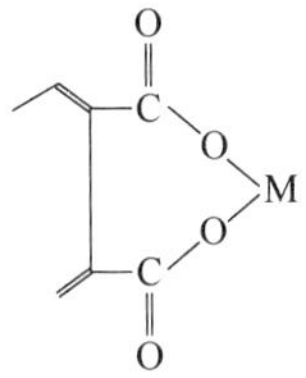

或者与一个羧基形成配合物：

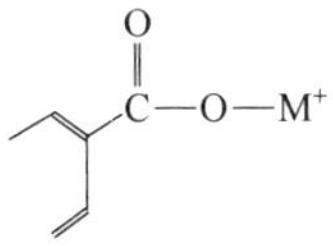

许多研究表明：重金属在天然水体中主要以腐殖酸的配合物形式存在。Matson 等指出 Cd、Pb 和 Cu 在美洲的大湖（Great Lake）水中不存在游离离子，而是以腐殖酸配合物形式存在。重金属与水体中腐殖酸所形成配合物的稳定性，因水体腐殖酸来源和组分不同而有差别。表 5-15 列出不同来源腐殖酸配合稳定常数，可以看出，Hg 和 Cu 有较强的配合能力，在淡水中有大于 90%的 Cu、Hg 与腐殖酸配合，这点对考虑重金属的水体污染具有很重要的意义。特别是 Hg，许多阳离子如 Li^+、Na^+、Co^{2+}、Mn^{2+}、Zn^{2+}、Mg^{2+}、La^{3+}、Fe^{3+}、Al^{3+}、Ce^{3+}、Th^{4+}，都不能置换 Hg。水体的 pH、E_h 等都影响腐殖酸和重金属配合作用的稳定性。

表 5-15 海洋中腐殖酸配合物稳定常数

来源	lg$K$					
	Ca	Mg	Cu	Zn	Cd	Hg
海湾	3.65	3.50	8.89	—	4.95	20.9
底泥	4.65	4.09	11.37	5.87	—	21.9
海湾污泥	3.60	3.50	8.89	5.27	—	18.1

腐殖酸与金属配合作用对重金属在环境中的迁移转化有重要影响，特别表现在颗粒物吸附和难溶化合物溶解度方面。腐殖酸本身的吸附能力很强，这种吸附能力甚至不受其他配合作用

的影响。国外有人研究，在腐殖质存在下，镉、铜和镍在水合氧化铁上的吸附发生了很大的改变，这是由于腐殖酸也可以很容易吸附在天然颗粒物上，于是改变了颗粒物的表面性质，导致形成了溶解的铜-腐殖酸配合物的竞争控制着铜的吸附。

腐殖酸对水体中重金属的配合作用还将影响重金属对水生生物的毒性。有学者曾进行了蓟运河腐殖酸影响汞对藻类、浮游动物、鱼的毒性试验。在对藻类生长的实验中，腐殖酸可减弱汞对浮游植物的抑制作用，对浮游动物的效应同样是减轻了毒性，但不同生物富集汞的效应不同，腐殖酸增加了汞在鲤鱼和鲫鱼体内的富集，而降低了汞在软体动物棱螺体内的富集。与大多数聚羧酸一样，腐殖酸盐在有 Ca^{2+} 和 Mg^{2+} 存在时（浓度大于 $10^{-3}mol/L$）发生沉淀。

此外，从 1970 年以来，由于发现供应水中存在三卤甲烷，对腐殖质给予了特别的注意。一般认为，在用氯化作用消毒原始饮用水的过程中，腐殖质的存在，可以形成可疑的致癌物质——三卤甲烷（THMS）。因此，在早期氯化作用中，用尽可能除去腐殖质的方法，可以减少 THMS 生成。

现在人们开始注意腐殖酸与阴离子的作用，它可以和水体中 NO_3^-、SO_4^{2-}、PO_4^{3-} 和氨基三乙酸（NTA）等反应，这些构成了水体中各种阳离子、阴离子反应的复杂性。另外，腐殖酸对有机污染物的作用，诸如对其活性、行为和残留速率等影响已开始研究。它能键合水体中的有机物如多聚联苯（PCB）、双对氯苯基三氯乙烷（DDT）和多环芳烃（PAH），从而影响它们的迁移和分布。环境中的芳香胺能与腐殖酸共价键合，而另一类有机污染物如邻苯二甲酸二烷基酯能与腐殖酸形成水溶性配合物。

5.4 海水中有机污染物的迁移转化

有机污染物在海水中的迁移转化主要取决于有机污染物本身的性质以及海水的环境条件。有机污染物一般通过吸附作用、挥发作用、水解作用、光解作用、生物富集和生物降解作用等过程进行迁移转化，研究这些过程，将有助于阐明污染物的归趋和可能产生的危害。

5.4.1 分配作用

（1）分配理论

近 20 年来，国际上众多学者对有机物的吸附分配理论开展了广泛研究。Lambert 从美国各地收集了 25 种不同类型的土壤样品，测量两种农药（有机磷类与氨基甲酸酯类）在土壤-水间的分配，结果表明当土壤中有机质含量在 0.5%～40%范围内，其分配系数与有机质含量成正比。通过研究 10 种芳烃与氯烃在池塘和河流沉积物上的吸着，表明当各种沉积物的颗粒物大小一致时，其分配系数与沉积物中有机碳含量成正比。这些研究结果均表明，颗粒物（沉积物或土壤）从水中吸着憎水有机物的量与颗粒物中有机质含量密切相关。

当有机物在水中含量增高接近其溶解度时，憎水有机物在土壤上的吸附等温线仍为直线。表示这些非离子性有机物在土壤-水平衡的热焓变化在所研究的含量范围内是常数，而且发现土壤-水分配系数与水中这些溶质的溶解度成反比。

同时研究了用活性炭吸附上述几种有机物,在相同溶质含量范围内所观察到的等温线是高度的非线性,只有在低含量时,吸附量才与溶液中平衡质量浓度呈线性关系。由此提出了：在土壤-水体系中,土壤对非离子性有机物的吸着主要是溶质的分配过程（溶解）这一分配理论,即非离子性有机物可通过溶解作用分配到土壤有机质中,并经过一定时间达到分配平衡,此时有机物在土壤有机质和水中含量的比值称为分配系数。实际上,有机物在土壤（沉积物）中的吸着存在着两种主要机理：(a) 分配作用,即在水溶液中,土壤有机质（包括水生生物脂肪以及植物有机质等）对有机物的溶解作用,而且在溶质的整个溶解范围内,吸附等温线都是线性的,与表面吸附位无关,只与有机物的溶解度相关。因而,放出的吸附热量小。(b) 吸附作用,即在非极性有机溶剂中,土壤矿物质对有机物的表面吸附作用或干土壤矿物质对有机物的表面吸附作用,前者主要靠范德华力,后者则是各种化学键力如氢键、离子偶极键、配位键及π键作用的结果。其吸附等温线是非线性的,并存在着竞争吸附,同时在吸附过程中往往要放出大量热,来补偿反应中熵的损失。必须强调的是,分配理论已被广泛接受和应用,但若有机物含量很低时,情况就不同了,分配似不起主要作用。因此,目前人们对分配理论仍存在争议。

（2）标化分配系数

有机毒物在沉积物与水之间的分配,往往可用分配系数 K_p 表示。

$$K_p=\rho_a/\rho_w \qquad (5\text{-}100)$$

式中,ρ_a、ρ_w 分别为有机毒物在沉积物和水中的平衡质量浓度。

为了引入悬浮颗粒物的浓度,有机物在水与颗粒之间平衡时总质量浓度可表示为

$$\rho_T=w_a \cdot \rho_p+\rho_w \qquad (5\text{-}101)$$

式中,ρ_T 为单位溶液体积内颗粒物上和水中有机毒物质量的总和,μg/L；w_a 为有机毒物在颗粒物上的质量分数,μg/kg；ρ_p 为单位溶液体积上颗粒物的质量,kg/L；ρ_w 为有机毒物在水中的平衡质量浓度,μg/L。

此时水中有机物的平衡质量浓度 ρ_w 为

$$\rho_w=\rho_T/(K_p \cdot \rho_p+1) \qquad (5\text{-}102)$$

为了在类型各异组分复杂的沉积物之间找到表征吸着的常数,引入标化的分配系数 K_{oc}：

$$K_{oc}=K_p/w_{oc} \qquad (5\text{-}103)$$

式中,K_{oc} 为标化的分配系数,即以有机碳为基础表示的分配系数；w_{oc} 为沉积物中有机碳的质量分数。

这样,对于每一种有机物可得到与沉积物特征无关的一个 K_{oc}。因此,某一有机物,不论遇到何种类型沉积物,只要知道其有机质含量,便可求得相应的分配系数。若进一步考虑到颗粒物大小产生的影响,其分配系数 K_p 可表示为

$$K_p=K_{oc}[0.2(1-w_f)w_{oc}^s+w_f w_{oc}^f] \qquad (5\text{-}104)$$

式中,w_f 为细颗粒的质量分数（$d<50\mu m$）；w_{oc}^s 为粗沉积物组分的有机碳含量；w_{oc}^f 为细沉积物组分的有机碳含量。

由于颗粒物对憎水有机物的吸着是分配机制，当 K_p 不易测得或测量值不可靠需加以验证时，可运用 K_{oc} 与水-有机溶剂间的分配系数的相关关系。此外，K_{oc} 与憎水有机物的正辛醇-水分配系数 K_{ow} 的相关关系：

$$K_{oc}=0.63K_{ow} \tag{5-105}$$

式中，K_{ow} 为正辛醇-水分配系数，即化学物质在正辛醇中和在水中的质量的比例。

脂肪烃、芳烃、芳香酸、有机氯和有机磷农药、多氯联苯等的正辛醇-水分配系数和水中溶解度之间的关系如图 5-12 所示，可适用于大小 8 个数量级的溶解度和 6 个数量级的正辛醇-水分配系数。正辛醇-水分配系数 K_{ow} 和溶解度的关系可表示为

$$\lg K_{ow}=5.00-0.670\lg(s_w\times10^3/M_r) \tag{5-106}$$

式中，s_w 为有机物在水中的溶解度，mg/L；M_r 为有机物的分子量。

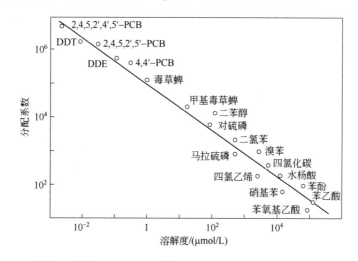

图 5-12 有机物在水中的溶解度和正辛醇-水分配系数的关系（引自 戴树桂，2006）

例如，某有机物的分子量为 192，溶解在含有悬浮物的水体中，若悬浮物中 85% 为细颗粒，有机碳含量为 5%，其余粗颗粒物有机碳含量为 1%，已知该有机物在水中溶解度为 0.05mg/L，那么，其分配系数（K_p）就可根据上式计算出：

$$\lg K_{ow}=5.00-0.670\lg(0.05\times10^3/192)$$

则

$$K_{ow}=2.46\times10^5$$

$$K_{oc}=0.63\times2.46\times10^5=1.55\times10^5$$

$$K_p=1.55\times10^5\times[0.2\times(1-0.85)\times0.01+0.85\times0.05]=6.63\times10^3$$

（3）生物浓缩因子（BCF）

有机毒物在生物体内的浓度与水中该有机物的浓度之比，定义为生物浓缩因子，用符号 BCF 或 K_B 表示。表面上看这也是一种分配的机制，然而生物浓缩有机物的过程是复杂的。当然，在某些控制条件下所得平衡数据也是很有用的，可以看出不同有机物向各种生物内浓缩的

相对趋势。一般采用平衡法和动力学方法来测量 BCF。

5.4.2 挥发作用

挥发作用是有机物质从溶解态转入气相的一种重要迁移过程。在自然环境中，需要考虑许多有毒物质的挥发作用。挥发速率依赖于有毒物质的性质和海水的特征。如果有毒物质具有"高挥发"性，那么显然在影响有毒物质的迁移转化和归趋方面，挥发作用是一个重要的过程。然而，即使毒物的挥发性较小时，挥发作用也不能忽视，这是由于毒物的归趋是多种过程的贡献。

对于有机毒物挥发速率的预测，可以根据以下关系得到：

$$\partial c / \partial t = -K_v(c - p/K_H)/Z = -K_v'(c - p/K_H) \tag{5-107}$$

式中，c 为溶解相中有机毒物的浓度；K_v 为挥发速率常数；K_v' 为单位时间混合水体的挥发速率常数；Z 为水体的混合深度；p 为在所研究的水体上面，有机毒物在大气中的分压；K_H 为 Henry 常数。

在许多情况下，化合物的大气分压是零，所以方程（5-107）可简化为：

$$\partial c / \partial t = -K_v' c \tag{5-108}$$

根据总污染物浓度（c_T）计算时，式（5-108）可改写为：

$$\partial c_T / \partial t = -K_{v,m} c_T \tag{5-109}$$

$$K_{v,m} = -K_v a_w / Z \tag{5-110}$$

式中，a_w 为有机毒物可溶解相的分数。

有机物从海水中向大气中转移的过程可用 Henry 定律来表示。Henry 定律描述了当一个化学物质在气-液相达到平衡时，溶解于液相的浓度与气相中化学物质浓度（或分压力）的关系，Henry 定律的一般表示式为：

$$p = K_H c_w \tag{5-111}$$

式中，p 为污染物在水面大气中的平衡分压，Pa；c_w 为污染物在水中平衡浓度，mol/m³；K_H 为 Henry 定律常数，Pa·m³/mol。

在文献报道中，可以用很多方法测定 Henry 定律常数，常用的方法是：

$$K_H' = c_a / c_w \tag{5-112}$$

式中，c_a 为有机毒物在空气中的物质的量浓度，mol/m³；K_H' 为 Henry 定律常数的替换形式，量纲为 1。

根据上式可得如下关系式：

$$K_H' = K_H / RT = K_H / [(8.314 \text{J/mol·K}) \times 293.15 \text{K}] = (4.1 \times 10^{-4} \text{mol/J}) K_H \text{（在 20℃）} \tag{5-113}$$

式中，T 为水的热力学温度，K；R 为摩尔气体常数。

对于微溶化合物（摩尔分数≤0.02），Henry 定律常数的估算公式为

$$K_H = p_s \cdot M_w / \rho_w \tag{5-114}$$

式中，p_s 为纯化合物的饱和蒸气压，Pa；M_w 为化合物的摩尔质量，g/mol；ρ_w 为化合物在水中的质量浓度，mg/L。

也可将 K_H 转换为量纲为 1 形式，此时 Henry 定律常数则为

$$K'_H = \frac{0.12 p_s M_w}{\rho_w T} \tag{5-115}$$

例如二氯乙烷的蒸气压为 2.4×10^4 Pa，20℃时在水中的质量浓度为 5500mg/L，根据上式，可分别计算出 Henry 定律常数 K_H 或 K'_H：

$$K_H = (2.4 \times 10^4 \times 99/5500) \text{Pa} \cdot \text{m}^3/\text{mol} = 432 \text{Pa} \cdot \text{m}^3/\text{mol}$$

$$K'_H = 0.12 \times 2.4 \times 10^4 \times 99/(5500 \times 293.15) = 0.18$$

必须注意的是，Henry 定律（摩尔分数≤0.02）所适用的质量浓度范围是 34000～227000mg/L，化合物的摩尔质量相应为 30～200g/mol，见表 5-16。

表 5-16　Henry 定律适用范围

摩尔质量/(g/mol)	摩尔分数为 0.02 时的质量浓度/(mg/L)
30	34000
75	85000
100	113000
200	227000

5.4.3　水解作用

水解作用是有机物与水之间最重要的反应。在反应中，有机物的官能团 X^- 和水中的 OH^- 发生交换，整个反应可表示为：

$$RX + H_2O \rightleftharpoons ROH + HX$$

反应步骤还可以包括一个或多个中间体的形成，有机物通过水解反应而改变了原化合物的化学结构。对于许多有机物来说，水解作用是其在环境中消失的重要途径。在环境条件下，可能发生水解的官能团类有烷基卤、酰胺、胺、氨基甲酸酯、羧酸酯、环氧化物、腈、膦酸酯、磷酸酯、磺酸酯、硫酸酯等。

水解作用可以改变反应分子，但并不能总是生成低毒产物。例如 2,4-D 酯类的水解作用就会生成毒性更大的 2,4-D 酸，而有些化合物的水解作用则生成低毒产物。

水解产物可能比原化合物更易或更难挥发，与 pH 值有关的离子化水解产物的挥发性可能是零，而且水解产物一般比原来的化合物更易为生物降解（虽然有少数例外）。通常测定水中有机物的水解是一级反应，RX 的消失速率正比于 [RX]，即

$$-\mathrm{d}[\mathrm{RX}]/\mathrm{d}t=K_\mathrm{h}[\mathrm{RX}] \qquad (5\text{-}116)$$

式中，K_h 为水解速率常数。

一级反应有明显依属性，因为这意味着 RX 水解的半衰期与 RX 的浓度无关。所以，只要温度、pH 等反应条件不变，从高浓度 RX 得出的结果可推出低浓度 RX 的半衰期：

$$t_{1/2}=0.693/K_\mathrm{h} \qquad (5\text{-}117)$$

实验表明，水解速率与 pH 有关。有学者把水解速率归纳为酸性催化、碱性催化和中性的过程，因而水解速率可表示为

$$R_\mathrm{H}=K_\mathrm{h}c=(K_\mathrm{A}[\mathrm{H}^+]+K_\mathrm{N}+K_\mathrm{B}[\mathrm{OH}^-])c \qquad (5\text{-}118)$$

式中，K_A、K_B、K_N 分别为酸性催化、碱性催化和中性过程的二级反应水解速率常数；K_h 为在某一 pH 下准一级反应水解速率常数，又可写为

$$K_\mathrm{h}=K_\mathrm{A}[\mathrm{H}^+]+K_\mathrm{N}+K_\mathrm{B}K_\mathrm{w}/[\mathrm{H}^+] \qquad (5\text{-}119)$$

式中，K_w 为水的离子积常数；K_A、K_B 和 K_N 可从实验求得。

改变 pH 可得一系列 K_h。在图 5-13 水解常数 $\lg K_\mathrm{h}$-pH 图中，可得三个交点相对应于三个 pH（I_AN、I_AB 和 I_NB），由此三值和以下三式可计算出 K_A、K_B 和 K_N。

$$I_\mathrm{AN}=-\lg(K_\mathrm{N}/K_\mathrm{A}) \qquad (5\text{-}120)$$

$$I_\mathrm{NB}=-\lg(K_\mathrm{B}K_\mathrm{w}/K_\mathrm{N}) \qquad (5\text{-}121)$$

$$I_\mathrm{AB}=-1/2\lg(K_\mathrm{B}K_\mathrm{w}/K_\mathrm{A}) \qquad (5\text{-}122)$$

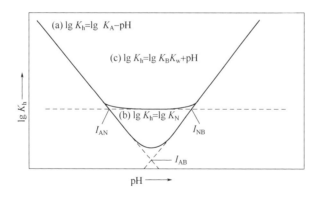

图 5-13 水解速率常数与 pH 的关系（引自 戴树桂，2006）

pH-水解速率曲线可以呈现 U 形或 V 形（虚线），这取决于与特定酸、碱催化过程相比较的中性过程的水解速率常数的大小。I_AN、I_NB 和 I_AB 为酸、碱催化和中性过程中对 K_h 有显著影响的 pH。如果某类有机物在 $\lg K_\mathrm{h}$-pH 图中的交点落在 pH5～8 范围内，则在预言各水解反应速率时，必须考虑酸、碱催化作用的影响。表 5-17 列出了对有机官能团的酸、碱催化起重要作用的 pH 范围。

表 5-17 对有机官能团的酸、碱催化起重要作用的 pH 范围

种类	酸催化	碱催化
有机卤化物	无	>11
环氧化物	3.8①	>10
脂肪酸酯	1.2~3.1	5.2~7.1①
芳香酸酯	3.9~5.2①	3.9~5.0②
酰胺	4.9~7①	4.9~7②
氨基甲酸酯	<2	6.2~9②
磷酸酯	2.8~3.6	2.8~3.6

①水环境 pH 范围为 5<pH<8,酸催化是主要的。②水环境 pH 范围在 5<pH<8,碱催化是主要的。

应该指出,并不是一切水解过程都有三个速率常数,例如,当 $K_N=0$ 时,则图 5-13 中就只表现出 I_{AB}。

如果考虑到吸附作用的影响,则水解速率常数(K_h)可写为

$$K_h = K_N + a_w(K_A[H^+] + K_B[OH^-]) \tag{5-123}$$

式中,K_N 为中性水解速率常数;a_w 为有机物溶解态的分数;K_A 为酸性催化水解速率常数,L/(mol·s);K_B 为碱性催化水解速率常数,L/(mol·s)。

5.4.4 光解作用

光解作用是有机污染物真正的分解过程,因为它不可逆地改变了反应分子,强烈地影响水环境中某些污染物的归趋。一个有毒化合物的光化学分解的产物可能还是有毒的。例如,辐照 DDT 反应产生的 DDE,它在环境中滞留时间比 DDT 还长。污染物的光解速率依赖于许多化学和环境因素。光的吸收性质、化合物的反应、天然水的光迁移特征以及阳光辐射强度均是影响环境光解作用的一些重要因素。光解过程可分为三类:第一类称为直接光解,这是化合物本身直接吸收了太阳能而进行分解反应;第二类称为敏化光解,水体中存在的天然物质(如腐殖质等)被阳光激发,又将其激发态的能量转移给化合物而导致的分解反应;第三类是氧化反应,天然物质被辐照而产生自由基或纯态氧(又称单一氧)等中间体,这些中间体又与化合物作用而生成转化的产物。第二类可以称是间接光解过程,第三类为氧化过程。下面就光解过程分别进行介绍。

(1)直接光解

根据 Grothus-Draper 定律,只有吸收辐射(以光子的形式)的那些分子才会进行光化学转化。这意味着光化学反应的先决条件应该是污染物的吸收光谱要与太阳发射光谱在水环境中可利用的部分相适应。为了了解水体中污染物对光子的平均吸收率,首先必须研究水环境中光的吸收作用。

① 水环境中光的吸收作用

光以具有能量的光子与物质作用,物质分子能够吸收作为光子的光,如果光子的相应能量变化允许分子发生间隔能量级之间的迁移,则光的吸收是可能的。因此,光子被吸收的可能性

强烈地随着光的波长而变化。一般来说，波长在紫外-可见光范围的辐射作用，可以提供有效的能量给最初的光化学反应。下面首先讨论外来光强是如何到达水体表面的。

水环境中污染物光吸收作用仅来自太阳辐射可利用的能量，太阳发射几乎恒定强度的辐射和光谱分布，但是在地球表面上的气体和颗粒物通过散射和吸收作用，改变了太阳的辐射强度，同时，阳光与大气相互作用改变了太阳辐射的光谱分布。

太阳辐射到水体表面的光强随波长而变化，特别是近紫外（290～320nm）区光强变化很大，而这部分紫外线往往使许多有机物发生光解作用。其次，光强随太阳照射角高度的降低而降低。此外，太阳光通过大气时，有一部分被散射，因而使地面接收的光线除一部分是直射光（I_d）外，还有一部分是从天空来的散射光（I_a），在近紫外区，散射光要占到50%以上。

当太阳光束射到水体表面，有一部分以与入射角 z 相等的角度反射回大气，从而减少光在水体中的可利用性，一般情况下，这部分光的比例小于 10%，另一部分光由于被水体中颗粒物、可溶性物质和水本身散射，因而进入水体后发生折射从而改变方向，图 5-14 所示为太阳光束从大气进入水体的途径。

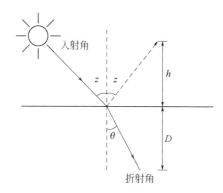

图5-14　太阳光束从大气进入水体的途径（引自 赵淑江，2011）

入射角 z（又称天顶角）与折射角 θ 的关系为

$$n = \sin z / \sin \theta \tag{5-124}$$

式中，n 为折射率，对于大气与水，$n=1.34$。

在一个充分混合的水体中，根据 Lambert 定律，其单位时间内吸收的光量为：

$$I_\lambda = I_{0_\lambda}(1 - 10^{-\alpha_\lambda L}) \tag{5-125}$$

式中，I_{0_λ} 为波长为 λ 的入射光强；L 为光程，即光在水中走的距离；α_λ 为吸收系数。

单位体积光的平均吸收率（I_{α_λ}）：

$$I_{\alpha_\lambda} = [I_{d_\lambda}(1 - 10^{-\alpha_\lambda L_d}) + I_{s_\lambda}(1 - 10^{-\alpha_\lambda L_s})] / D \tag{5-126}$$

式中，D 为水体深度；L_d 为直射光程，$L_d = D \cdot \sec\theta$；L_s 为散射光程，$L_s = 2Dn[n - (n^2 - 1)^{1/2}]$。

当水体加入污染物后，吸收系数由 α_λ 变为 $(\alpha_\lambda + E_\lambda c)$，其中 E_λ 为污染物的摩尔吸光系数；c 为污染物的浓度。光被污染物吸收的部分为 $E_\lambda c/(\alpha_\lambda + E_\lambda c)$。因为污染物在水中的浓度很低，$E_\lambda c \leqslant \alpha_\lambda$，所以 $\alpha_\lambda + E_\lambda c \approx \alpha_\lambda$，因此，光被污染物吸收的平均速率（$I'_{\alpha_\lambda}$）为：

$$I'_{\alpha_\lambda} = I_{\alpha_\lambda} \cdot \frac{E_\lambda c}{j \cdot \alpha_\lambda} \tag{5-127}$$

$$I'_{\alpha_\lambda} = K_{\alpha_\lambda} c \tag{5-128}$$

$$K_{\alpha_\lambda} = I_{\alpha_\lambda} \frac{E_\lambda}{j \cdot \alpha_\lambda} \tag{5-129}$$

式中，j 为光强单位转化为与 c 单位相适应的常数，例如，c 以 mol/L 和光强光子/(cm$^{-2}\cdot$s^{-1})为单位时，等于 6.02×10^{20}。

在下面两种情况下，方程可以简化：

a. 如果 $\alpha_\lambda L_d$ 和 $\alpha_\lambda L_s$ 都大于 2，即意味着几乎所有担负光解的太阳光都被吸收，K_{α_λ} 表示式变为：

$$K_{\alpha_\lambda} = \frac{W_\lambda \cdot E_\lambda}{j \cdot D \cdot \alpha_\lambda} \tag{5-130}$$

$$W_\lambda = I_{d_\lambda} + I_{s_\lambda} \tag{5-131}$$

此式适用于水体深度大于透光层的情况，平均光解速率反比于水体深度。

b. 如果 $\alpha_\lambda L_d$ 和 $\alpha_\lambda L_s$，小于 0.02，那么 K_{α_λ} 变得与 α_λ 无关，表示式应变为

$$K_{\alpha_\lambda} = \frac{2.303 \cdot E_\lambda (I_{d_\lambda} L_d + I_{s_\lambda} L_s)}{j \cdot D} \tag{5-132}$$

上式甚至适用于 $E_\lambda c$ 超过 α_λ 的情况，只要 $(\alpha_\lambda + E_\lambda c)$ 小于 0.02，即只有 5% 的光被吸收的体系就可用此式。当用光程 $L_d = D \cdot \sec\theta$，$L_s = 1.20D$ 代入式（5-132），则 K_{α_λ} 可变成下列形式：

$$K_{\alpha_\lambda} = 2.303 E_\lambda Z_\lambda / j \tag{5-133}$$

$$Z_\lambda = I_{d_\lambda} \cdot \sec\theta + 1.20 I_{s_\lambda} \tag{5-134}$$

② 光量子产率

虽然所有光化学反应都吸收光子，但不是每一个被吸收的光子均诱发产生一个化学反应。除了化学反应外，被激发的分子还可能产生包括磷光、荧光的再辐射，光子能量内转换为热能以及其他分子的激发作用等过程，图 5-15 为激发分子的光化学途径示意图。

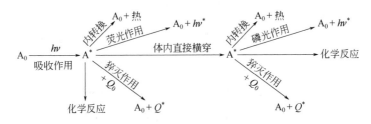

图 5-15　激发分子的光化学途径示意图（引自 陈景文, 2009）

从这个示意图可看出，激发态分子并不都是可诱发产生化学反应。因此，一个分子被活化是由体系吸收光量子或光子进行的。光解速率只正比于单位时间所吸收的光子数，而不是正比

于吸收的总能量。分子被活化后，它可能进行光反应，也可能通过光辐射的形式进行"去活化"再回到基态，进行光化学反应的光子数与吸收总光子数之比，称为光量子产率（Φ）。

$$\Phi = \frac{\text{生成或破坏的给定物种的物质的量}}{\text{体系吸收光子的物质的量}} \tag{5-135}$$

在液相中，光化学反应的量子产率显示出简化它们使用的两种性质：（a）光量子产率小于或等于 1；（b）光量子产率与所吸收光子的波长无关。所以对于直接光解的光量子产率（Φ_d）：

$$\Phi_d = \frac{-\dfrac{dc}{dt}}{I_{\lambda_d}} \tag{5-136}$$

式中，c 为化合物浓度；I_{λ_d} 为化合物吸收光的速率。

对于一个化合物来讲，Φ_d 是恒定的。对于许多化合物来说，在太阳光波长范围内，Φ 值基本上不随 λ 而改变，因此光解速率（R_p）除了考虑光被污染物吸收的平均速率（$I'_{\lambda_d} = K_{\alpha_\lambda} c$）外，还应把 Φ 和不同波长均考虑进去，可表示如下：

$$R_p = \sum K_{\alpha_\lambda} \cdot \Phi \cdot c \tag{5-137}$$

若 $K_\alpha = \sum K_{\alpha_\lambda}$，$K_p = K_\alpha \cdot \Phi$，则

$$R_p = K_p \cdot c \tag{5-138}$$

式中，K_p 为光解速率常数。

环境条件影响光解的光量子产率，分子氧在一些光化学反应中的作用像是猝灭剂，它可以减少光量子产率。在另外一些情况下，它不影响光量子产率甚至可能参加反应。因此在任何情况下，进行光解速率常数和光量子产率测量时均需说明水体中氧的浓度。

悬浮沉积物也影响光解速率，它不仅可以增加光的衰减作用，而且还改变吸附在它们上面的化合物的活性。化学吸附作用也影响光解速率，一种有机酸或碱的不同存在形式可能有不同的光量子产率以及出现化合物光解速率随 pH 变化等。

应用污染物光化学反应半衰期这个概念，有助于确定测量光解速率的简便方法，这个概念从光反应的量子产率得到，与水体的光学性质无关。半衰期可表示为

$$t_{1/2} = \frac{0.693}{K_d \Phi_d} = \frac{0.693 j}{2.303 \Phi_\lambda \sum_\lambda E_\lambda Z_\lambda} \tag{5-139}$$

式中，Z_λ 为中心波长为 λ 的波长区间内，水体受太阳辐照的辐照度；E_λ 为 λ 波长下的平均吸光系数。

当污染物对光的吸收较水对光的吸收大得多的条件下，即 $\Sigma_\lambda E_\lambda c \geqslant \Sigma_\lambda \alpha_\lambda$，此时，如果所有的入射光全被吸收，那么光解反应在动力学上是零级反应，同时，半衰期变成与污染物的起始浓度（c）和水体深度（D）有关，即

$$t_{1/2} = \frac{j \cdot D \cdot c}{2\Phi \sum_\lambda W_\lambda} \tag{5-140}$$

（2）敏化光解（间接光解）

除了直接光解外，光还可以用其他方法使水中有机污染物降解。一个分子吸收光可能将它的过剩能量转移到一个接受体分子，导致接受体反应，这种反应就是光敏化作用。2,5-二甲基呋喃就是可被光敏化作用降解的一个化合物，在蒸馏水中将其暴露于阳光中没有反应，但是它在含有天然腐殖质的水中降解很快，这是因为腐殖质可以强烈地吸收波长小于 500nm 的光，并将部分能量转移给 2,5-二甲基呋喃，从而导致它的降解反应。

光敏化反应的光量子产率（Φ_s）的定义类似于直接光解的光量子产率：

$$\Phi_s = \frac{-\dfrac{dc}{dt}}{I_{s_d}} \tag{5-141}$$

式中，c 为污染物浓度；I_{s_d} 为敏化分子吸收光的速率。

然而，敏化光解的光量子产率不是常数，它与污染物的浓度有关。即

$$\Phi_s = Q_s \cdot c \tag{5-142}$$

式中，Q_s 为常数。

这可能是由于敏化分子贡献它的能量至一个污染物分子时，与污染物分子的浓度成正比。

20 世纪 70 年代，首次发现半导体材料可用于催化光解水中污染物，用 TiO_2/UV 催化法对水中有机污染物苯、苯酚、2-氯苯、硝基苯、苯胺、邻苯二酚、苯甲酸、间苯二酚、对苯二酚、1,2-二氯苯、2-氯苯酚、4-氯苯酚、2,4-二氯苯酚、2,4,6-三氯苯酚、2-萘酚、氯仿、三氯乙烯、三亚乙基二胺、二氯乙烷等进行研究，发现它们的最终产物都是 CO_2，反应速率相差不大，表明大多数有机物都能被 TiO_2 催化而彻底光解。

（3）氧化反应

有机毒物在水环境中常遇见的氧化剂有单重态氧（$^1O_2$）、烷基过氧自由基（$RO_2\cdot$）、烷氧自由基（$RO\cdot$）或羟自由基（$HO\cdot$）。这些自由基虽然是光化学的产物，但它们是与基态的有机物起作用的，所以把它们放在光化学反应以外，单独作为氧化反应这一类。

有学者认为被日照的天然水体的表层水中含 $RO_2\cdot$ 约为 1×10^{-9}mol/L。与 $RO_2\cdot$ 的反应有如下几类：

$$RO_2\cdot + ArOH \longrightarrow RO_2H + ArO\cdot$$

$$RO_2\cdot + H-\overset{|}{\underset{|}{C}}- \longrightarrow RO_2H + \cdot\overset{|}{\underset{|}{C}}-$$

$$RO_2\cdot + \overset{|}{C}=\overset{|}{C} \longrightarrow RO_2-\overset{|}{\underset{|}{C}}-\overset{|}{\underset{|}{C}}\cdot$$

后两个反应在环境中作用很快（$t_{1/2}$ 小于几天），其余则很慢，对于多数化合物是不重要的。

日照的天然水中 $^1O_2$ 的浓度约为 1×10^{-12}mol/L，与其作用最重要的是化合物中含有的双键的部分。

$$\overset{|}{C}=\overset{|}{C}-CH_2 + {}^1O_2 \longrightarrow \overset{|}{C}-\overset{|}{\underset{OOH}{C}}=CH$$

$$\begin{array}{c}\text{[烯烃]} + {}^1O_2 \longrightarrow \text{[环氧化物]}\\[4pt] \underset{X}{\overset{X}{>}}C=C\underset{X}{\overset{X}{<}} + {}^1O_2 \longrightarrow \text{[二氧杂环丁烷]}\\[4pt] 2R_2S + {}^1O_2 \xrightarrow{\text{硫化物}} 2R_2SO\\[4pt] ArOH + {}^1O_2 \longrightarrow ArO\cdot + HO_2\cdot \end{array}$$

在一些综述文献中列出了一些 $^1O_2$ 和 $RO_2\cdot$ 的速率常数。有机物被氧化而消失的速率（R_{Ox}）为：

$$R_{Ox} = K_{RO_2}\cdot[RO_2\cdot]c + K_{{}^1O_2}[{}^1O_2]c + K_{Ox}[Ox]c$$

5.4.5 生物降解作用

生物降解是引起有机污染物分解的最重要的环境过程之一。水环境中化合物的生物降解依赖于微生物通过酶催化反应分解有机物。当微生物代谢时，一些有机污染物作为食物源提供能量和提供细胞生长所需的碳；另一些有机物，不能作为微生物的唯一碳源和能源，必须由另外的化合物提供。因此，有机物生物降解存在两种代谢模式：生长代谢（growth metabolism）和共代谢（co-metabolism）。这两种代谢特征和降解速率极不相同，下面分别进行讨论。

（1）生长代谢

许多有毒物质可以像天然有机污染物那样作为微生物的生长基质。只要用这些有毒物质作为微生物的唯一碳源便可以鉴定是否属于生长代谢。在生长代谢过程中微生物可对有毒物质进行较彻底的降解或矿化，因而是解毒生长基质。去毒效应和相当快的生长基质代谢意味着与那些不能用这种方法降解的化合物相比，其对环境威胁小。

一个化合物在开始使用之前，必须使微生物群落适应这种化学物质，在野外和室内试验表明，一般需要 2~50 天的滞后期，一旦微生物群落适应了它，生长基质的降解是相当快的。由于生长基质和生长浓度均随时间而变化，因而其动力学表达式相当复杂。Monod 方程是用来描述当化合物作为唯一碳源时，化合物的降解速率：

$$-\frac{dc}{dt} = \frac{1}{Y}\times\frac{dB}{dt} = \frac{\mu_{max}}{Y}\times\frac{Bc}{K_s + c} \tag{5-143}$$

式中，c 为污染物浓度；B 为细菌含量；Y 为消耗一个单位碳所产生的生物量；μ_{max} 为最大的比生长速率；K_s 为半饱和常数，即在最大比生长速率 μ_{max} 一半时的基质浓度。

Monod 方程在实验中已成功地应用于唯一碳源的基质转化速率计算，而不论细菌菌株是单一种还是天然的混合的种群。有学者用不同来源的菌株，以马拉硫磷作唯一碳源进行生物降解，分析菌株生长的情况和马拉硫磷的转化速率，可以得到 Monod 方程中的各种参数：μ_{max}=0.37/h，K_s=2.17μmol/L（0.716mg/L），Y=4.1×10^{10} 个/μmol（1.2×10^{10} 个/mg）。

Monod 方程是非线性的，但是在污染物浓度很低时，即 $K_s \gg c$，则式（5-152）可简化为

$$-\frac{dc}{dt} = K_{b_2} \cdot B \cdot c \tag{5-144}$$

式中，K_{b_2} 为二级生物降解速率常数，其公式如下：

$$K_{b_2} = \frac{\mu_{max}}{Y \cdot K_s} \tag{5-145}$$

在实验室内用不同浓度（0.0273~0.33mol/L）的马拉硫磷进行试验测得速率常数为 $(2.6\pm0.7)\times10^{-12}$ L/h，而与按上述参数值计算出的 $\mu_{max}/(Y \cdot K_s)$ 值 4.16×10^{-12} L/(个·h)相差一倍，说明可以在浓度很低的情况下建立简化的动力学表达式。

但是，如果将此式用于广泛生态系统，理论上是说不通的。在实际环境中并非被研究的化合物是微生物唯一碳源。一个天然微生物群落总是从大量各式各样的有机碎屑物质中获取能量并降解它们。即使当合成的化合物与天然基质的性质相近，连同合成化合物在内是作为一个整体被微生物降解。再者，当微生物量保持不变的情况下使化合物降解，那么 Y 的概念就失去意义。通常应用简单的一级动力学方程表示：

$$-\frac{dc}{dt} = K_b \cdot c \tag{5-146}$$

式中，K_b 为一级生物降解速率常数。

（2）共代谢

某些有机污染物不能作为微生物的唯一碳源与能源，必须在另外的化合物存在提供微生物碳源或能源时，该有机物才能被降解，这种现象称为共代谢。它在那些难降解的化合物代谢过程中起着重要作用，几种微生物的系列共代谢作用，可能会使某些特殊有机污染物彻底降解。微生物共代谢的动力学明显不同于生长代谢的动力学，共代谢没有滞后期，降解速率一般比完全驯化的生长代谢慢。共代谢并不提供微生物体任何能量，不影响种群多少。然而，共代谢速率直接与微生物种群的多少成正比，有学者描述了微生物催化水解反应的二级速率定律：

$$-\frac{dc}{dt} = K_{b_2} \cdot B \cdot c \tag{5-147}$$

由于微生物种群不依赖于共代谢速率，因而生物降解速率常数可以用 $K_b = K_{b_2} \cdot B \cdot c$ 表示，从而使其简化为一级动力学方程。

用上述的二级生物降解的速率常数文献值时，需要估计细菌种群的多少，不同技术的细菌计数可能使结果产生高达几个数量级的变化，因此根据用于计算 K_{b_2} 的同一方法来估计 B 值是重要的。

总之，影响生物降解的主要因素是有机物本身的化学结构和微生物的种类。此外，一些环境因素如温度、pH、反应体系的溶解氧等也能影响生物降解有机物的速率。

第6章 海洋沉积物环境化学

海洋沉积是一个巨大的信息库，它储存的地球历史的信息是其他环境介质没法替代的，现代海洋约占地球表面积的 71%，中生代以来的沉积物总体积约 $5.36×10^{14} km^3$，占全球沉积物总量的约 32.9%，陆地上的沉积岩也大部分是古代海洋沉积物。因此，研究现代海洋沉积，不仅对了解全球现代地质作用具有重要意义，也是解释古代海洋沉积形成机制、认识地壳演化历史的重要依据。同时，现代海洋沉积研究对于寻找海洋油气、海洋砂矿和大洋沉积矿产以及解决工程地质、灾害地质等问题，都具有重要价值。海洋地质学的研究重点和前提在于获取更完整和更精确的信息，而海洋沉积物就成为解密海洋地质学的敲门砖。

海洋沉积物主要有五种来源：陆源、生物源、火山和海底风化产物、宇宙物质、化学物质。它们的来源不同，历史不一，但都在表生作用带参与沉积物的形成作用。所谓表生作用带是指地壳表层的外动力作用带和沉积物的生成带，包括大气圈的下部、水圈、生物圈和岩石圈的上部。常温、常压是表生作用带的基本特征，水、氧、二氧化碳及生物的生命活动是表生作用带最主要的作用营力。沉积物的形成是一个复杂漫长的过程，它与沉积物的搬运及沉积方式有着内在的联系，而且能反映沉积物的本质差别。陆地是大多数碎屑物质的供应地，而盆地，尤其是海洋盆地则是化学溶解物质的最后归宿。一切化学溶解物质，无论是陆源的，还是火山喷出的，一旦进入盆地，就成为盆地的一部分。本质上说，沉积作用是海洋地质作用的主要方式。

大洋底部的沉积物性质和沉积作用的研究为大洋形成及其环境演化和全球气候变化以及海底矿产资源的开发提供了重要的信息，特别是 1968 年以来所开展的一系列大洋钻探计划，为大洋沉积研究提供了丰富的基础资料，推动了整个海洋学科的发展。

6.1 海洋沉积物的组成与性质

6.1.1 海洋沉积物的概念和来源

海洋沉积物（marine sediment）是指各种海洋沉积作用所形成的海底沉积物的总称。海洋沉积物从输入途径来看，主要有三个来源：河流输入、大气输入和海洋底部热液活动输入。其中来自河流中的物质输入对海洋沉积物中物质组成的影响受到人们的高度重视。海洋中的物质种类包括海洋生物和非生物、有机物和无机物、溶解物质和非溶解物质，以及胶体物质。海洋中发生的作用类型包括化学作用、生物作用、物理作用以及地球化学作用。海洋沉积物从物质成分来看，主要有五个来源：陆源、生物源、火山和海底风化产物、宇宙物质、化学物质。每种物质来源详述如下：

（1）陆源物质

凡是来源于陆地的沉积物，统称为陆源物质，具体来说陆源物质主要是指陆地风化作用产生的碎屑物质，无论是在地质历史上或是现代，陆源物质都是沉积物的主要来源。入海河流以机械的和化学的搬运方式，将陆源物质输入海洋，其中深海区沉积的陆源碎屑约占入海陆源碎屑总量的15%。据统计，全世界每年由河流输入海洋的陆源碎屑物质总量约为200亿吨，另外，河流还能以溶运方式每年把约23.4亿吨物质送入海中，包括SiO_2、$CaCO_3$及数量众多的微量元素、生物残体、花粉等。如果上述被流水搬运的物质全部平铺海底，每年将有数厘米厚的沉积。这些陆源碎屑绝大部分堆积在滨岸和浅海陆架区，堆积成三角洲和沿岸沙堤等，只有大约13亿吨悬移组分能进入深海区，沉积在大洋底。除了河流输入，通过风力送入海洋的陆源尘沙的数量也十分可观，信风或季风更是可以将沙尘直接送入浅海乃至大洋中心。例如在几内亚湾以西的深海沉积物中，撒哈拉沙漠的沙粒占有很大比例，大西洋中部的海水也因撒哈拉沙漠中细组分的大量输入而呈黄色。我国渤海和黄海则有大量风成输入的黄土。澳大利亚西部等沙漠区也是这样，风尘沉积物可以提供白垩纪以来全球大气环流的演化信息。遍布于大洋沉积物中的风尘物，每年约有16亿吨，远多于海岸侵蚀产物。除了河流输入和风成输入，冰川搬运也是输入渠道之一。现代冰川物质只在两极地区供给海洋，这些冰川包裹着大量的石块及泥沙缓缓流入海中。当冰川前端裂开，就可形成大小不一的冰山随波漂流。在冰山及冰块的消融过程中，其中的包裹物沉入海底，漂运距离多在数百公里以上，散布面积可达数万平方公里，造成每年约2亿吨的冰筏沉积物从高纬度向低纬度搬运，其中一半在浅海处沉积，另一半则沉入大洋底。Heinrich（1988）发现1.4万年前，大西洋沉积中有一系列富冰山沉积化石的层位，称为"海因里奇层"，也是大西洋中最新的一层，这类沉积相当于末次冰期的终止期，这一沉积层到底是北美冰盖崩解涌出终止了冰期，还是冰期终止导致冰盖崩解，还有待进一步研究。

（2）生源类物质

在大洋中生活着数不胜数的生物，其种类之多、数量之大、繁殖之快都非常惊人。这些生物是海洋沉积物的重要来源之一。海洋生物主要生活在500m水深以浅的海域，每年总生物生产量约150亿吨，河流每年向海区供给7亿吨有机营养盐类，生物消耗不足的营养盐由浮游生物死亡后补充。凡具有坚硬介壳或骨骼的生物都能构成海洋沉积生物，它们是鉴定海相地层的可靠标志，其中数量最多的是那些个体小的原生动物，如有孔虫、放射虫、鞭毛虫，软体动物的翼足目、异足亚目和节肢动物的介形虫等，还有颗石藻、硅藻等。个体大的海相生物有珊瑚、角石、鹦鹉螺和菊石等，都属海洋沉积生物。这些海洋生物死亡之后，其遗体堆积在海底形成海洋生物沉积。尽管浮游生物的遗体在下沉过程中，大多数会经历海水溶解、氧化或成为深水动物的食物，仅有一小部分沉入海底，但由于其数量庞大，以致海底软泥几乎全是由生物遗体构成的，构成大洋沉积的生物碎屑主要是微体钙质生物（有孔虫、翼足目和超微生物等）和硅质生物（放射虫和硅藻等）。此外，值得强调的是，生物源沉积物在海洋沉积物中占有极为重要的地位。这里所说的生源物质，主要是指它们的有机部分。有机物质埋藏后在成岩过程中经受物理和化学变化，形成煤和石油等，称为可燃有机岩。在绝大多数沉积物中，都有不同数量的有机质，也属于生源组分。生源组分有的直接来自沉积盆地本身，有的来自陆地。前者在深海远洋盆地中占主导地位，后者则主要分布在近岸和陆架环境。陆源的生源物质对油气的生成具有十分重要的意义。

（3）火山物质和海底风化产物

火山物质包括岩石碎屑、矿物碎屑和火山玻璃碎屑。这些碎屑物质虽然与陆源碎屑物质来源不同，但二者的沉积过程和沉积方式并无差别，也有粒度的分异。未经水流改造的火山碎屑物质，其粒度随着离火山喷发中心的距离的增大而变小。经过水流改造的火山碎屑物质，按照水流的强弱和颗粒的大小进行分异。火山喷出的碎屑物质，尤其是细粒的火山灰，往往分布于极广的范围内，在极短的时间内同时沉积，是很好的等时标志层。至于火山喷出的化学物质，它们溶入海水，成了内源组分的一部分。太平洋周围分布着有名的火山带，大洋内部也分布着一些火山岛屿和海底火山。这些火山喷发的产物——火山灰、火山弹、火山泥和火山岩碎屑给海洋提供了一定数量的沉积物。据估算，全球火山喷发物每年约有 30 亿吨抛向海洋。枕状熔岩分布在海底火山附近，火山弹散落在火山周围数十公里的海域内，浮石在海面上可以漂浮很远，火山灰在大气中可飘扬几千公里，甚至绕地球几圈后才慢慢落入海洋。虽然由火山作用送入海洋的物质有限，但在近火山的海区却是沉积物的主要来源。例如，1883 年喀拉喀托火山爆发，印度尼西亚的海面上漂满了浮石，其中大部分沉入附近海底，少量漂向远处海域，甚至漂到遥远的非洲东海岸，而喷发的火山灰则被大气带到全球各地，在三大洋的许多地方均有发现。印度尼西亚是多火山地区，所以在苏拉威西海和加罗林岛周围的深海中，其沉积物主要为火山软泥。深海钻探 DSP 51 航次第 518 号钻井中发现海水渗入玄武岩 544m 之深，且有一系列现象表明，岩石已被风化，因而对海底风化给了定义：在一个封闭的处于低温状态（0～5℃）的环境，海水循环对岩石的长期侵蚀作用。判定海底岩石是否已被风化，有以下指标：第一，玄武岩褪色，由深灰或灰色变为浅灰色；第二，风化的玄武岩将失去一部分 CaO 和 MgO，获得一部分 K_2O 和 H_2O，水中的 K_2O 和 H_2O 进入玄武岩后，可使钙长石变成绿泥石，使玄武岩中 $K_2O/(K_2O+Na_2O)$ 比值增加；第三，马修斯（1971）认为，当 $Fe_2O_3/(Fe_2O_3+FeO)\geqslant 0.55$ 时，则玄武岩已遭风化不新鲜，一般情况下，大洋中脊玄武岩较新鲜，其 $Fe_2O_3/(Fe_2O_3+FeO)=(0.3\sim 0.5)$，深海洋盆底的玄武岩则已遭风化，其 $Fe_2O_3/(Fe_2O_3+FeO)=(0.9\sim 1.0)$；第四，有新的风化矿物产生，如钙十字沸石、橙玄玻璃、蒙脱石将变成绿脱石。不过总的来说，海底风化作用为大洋沉积提供的沉积物数量是很少的。

（4）宇宙物质

包括陨石和宇宙尘埃，每年约有几千吨，每日 1000 万～2000 万颗尘埃进入大气层，其中有 2/3 落入海洋，微粒直径一般为 0.1～0.5mm，微粒分布多在 20～30 颗/m²，微粒类型包括：第一，磁铁矿型，其中 Fe 含量占绝对优势，达 69.75%～71.99%，Ni 为 0.07%～0.12%，Mn 为 0.46%～2.04%，还有 Co 等；第二，半晶质硅酸盐型，可以理解为硅质（玻璃质）球粒，电子探针分析表明，其中 TiO_2 含量高，还有 FeO、SiO_2、MnO_2、CaO、MgO、K_2O、Na_2O 等；第三，高铝红柱石型，高 Al_2O_3，有铁核心，铁核心中 Fe 高，Ti 高，向外递减，有环带构造。宇宙尘埃虽然在经过大气层时燃烧过，但仍有学者发现其中有氨基酸存在，这类氨基酸可能是地外带来的生命基因，地球生命是地外带来的构想由此产生。由于来自不同星际的尘埃带来不同的生命基因，因而地球上生物有多样化特征，古生物的发展不少方面并不符合进化论，可能也是不同星际带来不同氨基酸造成的。宇宙物质在深海红黏土中是相当重要的一种沉积组分。在陆架或其他浅水区，由于陆源物质的稀释作用，宇宙物质含量很低，一般不具有命名意义。宇宙物质的分布具有等时性和周期性，因此可以作为精密地层对比的标志。有的宇宙尘埃在地球表面呈带状分布，如微玻陨石 tektite 或 microtektite 就是其中的一种。tektite 是一种黑色、浅绿色或浅黄色的圆形或椭圆形的玻璃陨石，主要成分为硅酸盐，富硅（SiO_2 占 68%~82%，平均为 75%），多铝、钾、钙，贫镁、钠，含水量很低（<0.005%），一般只有数克，最大的可达 3.2kg。

（5）化学物质

溶于海水中的物质经复杂的物理化学作用而形成的沉积物，称为化学沉积物。例如在被太阳彻底晒热的浅海中，可以造成碳酸盐或呈鲕状或呈细粒状沉淀，前者见于红海及里海，后者见于佛罗里达和巴哈马群岛周围海域。尤其在海水和沉积物的界面上，溶于海水中的物质（包括海底火山喷出的和陆源输入的溶解物质）可以通过化学沉淀而析出各种水成矿物，即海洋自生矿物，如铁锰结核、钙十字石、橙玄玻璃、磷钙石、重晶石、黄铁矿、蒙脱石等。此外，石灰质的沉积物也属于化学沉积物类型。

6.1.2 海洋沉积分选作用和海洋沉积环境

海洋沉积物在形成过程中，因受其来源、搬运过程及沉积环境等因素的影响，在各海域沉积的碎屑物所表现的形态及颗粒大小不尽相同。一般来说，粗粒物质在海岸近处沉积，细粒物质携带较远，多在较深海沉积。当不同粒径的碎屑物质进入浅海后，在不同方向的波浪和海流的作用下，缓慢地向外海运动。这时颗粒的大小和密度与海水的动力成为主要矛盾，具有一定重量的粗颗粒在海水中率先下沉，一些较细的颗粒则处于悬浮状态，被海流搬向离岸较远的海域。在海水动力、颗粒大小、形状、密度、海底坡度及重力等因素的联合作用下，碎屑物质进行着机械沉积分选作用，即颗粒越大沉降越快、颗粒越小沉降越慢，同时，颗粒越小携带越远。故在垂直方向上，形成底部粗、上部细的沉积特征，在水平方向，形成近岸粗、远岸细的沉积特征，依次排列着砾石、粗砂、细砂、粉砂及粉砂质黏土等。上述沉积特征是在水动力相对稳定的浅海中，碎屑物质的理想沉积分布模式，这种纵向或横向上的粒级递变关系，即是海洋沉积分选作用的结果。

海洋沉积环境是指海洋沉积物的堆积环境，其特征主要取决于堆积环境中的水动力条件及物理、化学与生物过程。在现代海洋中，无论从横向或纵向（深度）来看，海水的动力条件都是不均一的。因此，可根据不同海域的自然特征划分出许多不同的环境。每一种海洋环境中，都有能反映此种环境的沉积物形成。例如在温热条件下，清澈的浅海环境适合于珊瑚的生存，并形成珊瑚礁堆积。然而，海水浑浊的海区即使其他条件相似，也很少有珊瑚礁。当研究不同地质时期的沉积岩（物）时，要先确定它们是在何种环境中形成的，以便了解当时的古地理特征。对不同年代沉积层的形成环境确定之后，就可以恢复地壳的自然地理演变历史。

目前，最常用的海洋沉积环境分类，是以海水深度为主要依据。因为海洋中不同的深度对应着不同的水动力条件、物理化学状况和生物分布等特征。依据深度可将海洋环境划分如下：

  a. 滨海带，高潮线与低潮线之间的地带，为海陆交互环境，波浪和潮流作用强烈；
  b. 浅海带，低潮线至200m深的浅海水域，相当于大陆架环境；
  c. 半深海带，水深200~2000m的海域，相当于大陆坡环境；
  d. 深海带，水深大于2000m的海域，主要为深海盆地。

每一种环境，都有对应其水动力条件和物理化学特点的沉积特征，诸如矿物成分、颗粒大小、化学组成、生物分布及沉积构造等。不同的沉积特征往往只反映某个环境条件，如层理类型只能说明水动力作用的性质和强度，有机质含量仅反映环境的氧化还原程度，而生物化石种类则与环境的温度、盐度等因素相关。因此，在研究沉积环境时，不能仅根据个别特征来判断其沉积环境。一般而言，只有当各种沉积特征按一定的组合方式出现时，才能作为判断环境的可靠标志。下面简述几种沉积环境的沉积特征：

① 滨海带的沉积作用

滨海带为海陆交互环境，潮汐作用使其时而露出水面，时而被海水淹没，是潮流、拍岸浪、底流、沿岸流等海洋动力强烈作用的区域。该海水带中氧气充足、光照良好、生物繁盛，多为藻类植物及经得起波浪冲击的厚壳或钻孔底栖动物。沉积物中陆源碎屑物质丰富，主要是砾石、砂、粉砂、淤泥，并常含有大量海洋生物介壳碎片及陆地生物活动的遗迹。一般来说，砂、砾的分选性与磨圆度良好，具大型交错层与波痕，常常堆积成沙滩、砾滩、沙嘴、沙坝等沉积类型。

② 浅海带的沉积作用

浅海带位于大陆架主体之上，其水深下界可达200m，是重要的沉积区。绝大多数的沉积岩都属于浅海沉积的产物，足以表明浅海沉积作用的重要性。浅海带的宽度各地不一。北冰洋的欧亚沿岸、澳大利亚的外阿拉弗拉海、北美的白令海等浅海带宽达1000多公里，我国黄海南部和东海北部的浅海区，其宽度可达500多公里。有些地方，如中南美洲西岸外浅水带极窄，甚至缺失。浅海带水动力条件较强，但弱于滨海带。只有波长450m、波高15m的巨浪才能搅动200m水深的海底泥沙，大多数海浪只能影响小于100m深度的海底。在波浪和潮流的作用下，浅海具有良好的通气条件和正常而稳定的盐度，阳光一般能到达海底。上述特点构成生物界的良好繁殖条件，90%以上的海洋生物在浅海中竞相生存：海水上层是浮游生物，中部是鱼类等游泳生物，海底则生活着底栖生物，如腕足类、软体动物、珊瑚等。植物因依赖阳光，多生长在较浅水域，这些生物是海洋沉积的重要来源。

浅海带沉积物类型较多，包括机械成因的、化学成因的、生物成因的沉积作用。但由于沉积条件差别很大，故沉积物的形成和分布均受水动力大小、海水深度、离岸距离、陆源物质的供应数量和性质及构造运动状况等因素控制。

③ 半深海和深海带的沉积作用

水深大于200m的广阔海域，其中包括半深海（200~2000m）和深海（>2000m）两个带，泛称深海环境。该带由于离岸远，水深、波浪和阳光都不能影响到海底，但可以通过深海洋流进行水体交换。洋流的流速很低，对海底已无明显的剥蚀作用，只能搅动海底沉积物，并搬走细粒悬浮物质。浊流是半深海和深海环境中唯一具有较强动力的水体，根据地形及沉积物的分布，其主要通道为海底峡谷，作用范围仅限于大陆坡、大陆裙以及深海平原的局部地段。

陆源物质绝大部分沉积于浅海带，只有粒径小于0.005mm的悬浮物能进入半深海带，而进入深海带的物质一般粒径在 0.002mm 以下。这些微细物质几乎都呈胶体状态，可以长期悬浮于海水中，只有在极平静的水动力条件下才能沉入海底。这就使得全球的半深海和深海带的沉积物具有一些共同特点，如都是一些胶状软泥，成分大体相似，颜色有红色、白色、黄色、绿色和蓝色等，主要取决于各个地区的氧化还原条件，有的海域也有少量火山岩块、陨石和由浊流带来的粗砂或砾石以及浮冰运来的石块加入软泥之中。

在半深海和深海底部，由于没有阳光，水温接近 0℃，压力则达数百个大气压，高等生物极少。但在浅层海水中繁殖着大量藻类、有孔虫、放射虫等低等生物，其粪便和骨骼广泛地加入软泥沉积之中，成为半深海，尤其是深海沉积物的主要来源。半深海带为大陆坡区，由于海底峡谷的存在，其地形复杂，沉积物类型较多，而深海区因为物源较少，致使沉积速率很小。据地震测量资料，目前深海区的海盆基岩（多为玄武岩）之上仅覆盖着平均 450m 厚的松软泥质物。

深海环境的沉积作用有四种主要机制（Emiliani 和 Milliman，1966）：从水体中沉降；重力流的底部搬运作用，包括浊流、碎屑流、颗粒流及滑坡；地转流的搬运作用，包括等深线流；洋底的化学和生物沉淀作用。上述沉积作用形成的不同沉积物各有特征，这些特征不仅丰富了沉积学的内容，还可以提供研究古环境等方面的重要信息。

在一百多年前，人们对深海沉积还知之甚少。自 19 世纪 70 年代"挑战者"号环球考察开始，人们才第一次对深海沉积物开展了综合研究。近代进行的深海底取样与摄影、深潜观察、深海地球物理调查，尤其 1968 年"格罗玛-挑战者号"执行深海钻探计划（DSDP）以来，迄今已在世界大洋各处钻取了三千余孔的岩芯，并提供了异常丰富的深海沉积方面的资料。这就使得人们对深海沉积物的来源、性质、组成、沉积作用和沉积建造等有了较为深入的了解，既丰富了沉积学的内容，又促进了古海洋学和古气候学的发展。

6.1.3　深海沉积物的来源、分类及搬运沉积作用

（1）深海沉积物的来源

全世界海洋每年接受相邻陆地输入的剥蚀产物超过 $200×10^8$t（包括悬浮和溶解物质），这些陆源碎屑物质主要通过河流、冰川、风和海流等搬运入海，至海洋底部形成深海陆源沉积。另外，大洋本身通过海洋生物和化学作用积累了各类生物软泥和各种自生矿物，还有来自地球外部的宇宙物质和地球内部的火山物质等，均是深海沉积物的来源之一。

（2）深海沉积物的分类

沉积物分类的目的是了解各种沉积作用及其相互联系。因此，沉积学的一个重要目标就是发展一种既能反映沉积物成因又能反映其历史的分类系统。遗憾的是，至今对很多沉积过程的了解还很不够，而难以从一系列交替的过程中选择出单一的形成过程。所以，描述性分类目前仍然得到了最广泛的应用。目前已有的分类依据包括：

① 以水深为主要依据（默莱等，1891；奈须纪幸，1976；沈锡昌，1988）。该分类类型的共同特点是，首先将沉积物分为半深海沉积和深海沉积两大类，然后再细分。

② 以成分和粒度为主要依据（Andre，1981；Berger，1974）。该分类类型的共同特点是，以沉积物颗粒成分、粒度及其含量为依据，不涉及沉积物的水深。这种形式的分类对大洋钻探样品进行自动化鉴定很适合，因此近年来在深海钻探及近海调查中被广泛采用。

③ 以成因为主要依据（Strahler，1981；沈锡昌，1992）。在该种分类方法指导下，深海沉积物被划分为五大类：陆源碎屑沉积、生物源沉积、火山碎屑沉积、深海黏土沉积和自生成因沉积。

（3）海洋沉积物的搬运和沉积

风化产物在水、风、冰等介质的作用下离开原地进行迁移，即进入搬运-沉积的新阶段。搬运和沉积，一动一静，是同一过程的两种表现形式，二者互为依存，相辅相成，并无明确的界限。广义的搬运作用并不仅限于沉积物从物源区到沉积区的运动过程，还包括沉积物在被新的沉积物覆盖以前所经历的沉积再造过程（reworking），后者对沉积物的改造具有十分重要的意义，尤其是在构造稳定的地区，沉积速率很小，长期接受再造作用，沉积物可以达到很高的成分和结构成熟度。

搬运和沉积作用也可按照沉积物的运动方式分为两种基本类型。一种是碎屑物质的搬运和沉积，称为机械搬运和机械沉积作用。另一种是化学溶解物质和胶体物质的搬运和沉积，称为化学搬运和化学沉积作用。除此之外，海洋生物是沉积物的重要载体，更有一部分沉积物的形成直接与生物的生命活动有关。与生物有关的沉积作用，称为生物沉积作用或生物化学沉积作用。

碎屑沉积物的搬运或机械搬运有几种不同的方式。质量比较大的颗粒所受的重力远大于介质的浮力，沿着床底呈滚动搬运；质量稍小的颗粒，当其所受的重力接近于介质的浮力时，时沉时浮，呈跳跃式搬运；如果颗粒很小，其质量远小于介质的浮力，则呈悬浮式搬运，如黏土和细粉砂，一般都能在水中停留很长的时间。滚动搬运和跳跃式搬运统称推移式搬运，由这两种方式搬运的颗粒物统称床砂载荷（bed load）或推移组分（traction load）。悬浮搬运也可以分为两类。一种称为递变悬浮，在水层中由下而上，颗粒存在由粗变细的粒度分布；另一种称为均匀悬浮，在水层中没有粒度的分异现象，后者主要是黏土，二者统称悬移组分（suspended load）。某一颗粒的搬运方式，取决于介质的动能。在正常介质中呈牵引搬运的颗粒在搅动强度极大的介质中也可能呈悬浮搬运。

控制真溶液搬运和沉积的主要矛盾是盐类的溶解度和介质的溶解能力。当盐类的溶解度达到过饱和时发生沉积。一般情况下，溶解度高的盐类，必须有一种机制使其浓度达到过饱和状态，方能发生沉积作用。如碱金属、碱土金属的硫酸盐和卤化物，只能在高蒸发量的闭塞盆地里才能发生沉积，形成所谓蒸发岩。它们是沉积环境发生特化的可靠标志。

胶体溶液是介于粗分散系和真溶液之间的一种溶液，质点大小在 1~100μm 之间，在自然界中比较常见，黏土矿物大多呈胶体溶液的形式搬运。胶体溶液的主要特点是：①颗粒极细，重力的影响甚微；②比表面积大，能吸附离子而带电荷；③由于胶体颗粒远大于真溶液的离子，故其扩散能力较弱，往往不能透过致密的岩石。胶体组分在搬运过程中主要以悬浮体的形式出现，它们受重力的影响很小，能以均匀悬浮的形式长期存在于海水中。影响胶体溶液沉淀的因素，除了 pH、E_h 和生物作用外，异名离子或异名胶体的中和作用具有特殊意义。Fe、Mn、Al 的胶体入海时，其所带电荷被海水中的异名离子中和是它们发生沉淀的主要原因。地质历史上有许多 Fe、Mn、Al 沉积矿床都形成于滨海环境，就是这个原因。

生物-生物化学沉积作用也是极为重要的一种沉积作用方式。从显生宙开始，地球上出现生命，随着时间的推移，生物化学沉积作用逐渐成为影响沉积作用的重要因素。生物对沉积作用的影响主要表现为三种：一是生物的建造作用，即由生物的遗骸直接构成一种沉积地质体，如生物礁（bioherm）和生物层（biostrome）等；二是通过生物的生命活动，改变介质的物理化学条件，促使沉积物发生沉积，叠层石或藻灰岩的形成，就是蓝绿藻通过光合作用吸收二氧化碳促使碳酸钙发生沉淀的结果；三是某些生物具有吸收海水中微量组分构成骨骼，从而将其转移到沉积物中的功能。如 P、Si 等元素在海水中的含量很低，没有生物的富集作用根本不能发生沉积。海洋沉积物中的硅质和磷质沉积都是生物富集作用的结果，相当多的钙质也是通过生物作用从溶液中析出的。这三种沉积作用统称为生物-生物化学沉积作用。

应当指出，任何一种沉积环境都是多种因素交叠在一起的复杂系统。最终沉积物很少是单一沉积作用的产物，而是以某种沉积作用为主导的"沉积作用系统"的产物。沉积作用系统的特点取决于环境的边界条件，是"沉积环境—沉积作用—沉积响应"这一链状过程中的一个环节（Krumbein et al, 1963）。所谓环境分析或古环境的恢复，就是从沉积物及其属性入手，通过沉积作用系统的分析和边界条件的重建来恢复沉积环境的过程。

6.1.4 大洋沉积物的分类及各自特征

目前通常把大洋沉积分为三大类：钙质生物软泥和碎屑、大洋黏土、硅质软泥。

（1）钙质生物软泥和碎屑

大洋区的钙质沉积主要是浮游有孔虫软泥、翼足目软泥和颗石藻等超微生物软泥，另外还有介形虫和苔藓虫等，其中翼足目是浮游软体生物。钙质生物软泥和碎屑是大洋中覆盖面积最广的沉积物，全球大洋 47.7%的面积被钙质生物软泥覆盖，以大西洋覆盖面最广，为 67.5%，印度洋为 54.3%，太平洋为 36.3%，沉积速率为每百万年十几米至几十米。钙质沉积微体生物绝大部分为暖水型生物，分布在北纬 45°至南纬 45°之间，水深在方解石补偿深度面（CCD 面）以上的大洋底，估计面积达 $1.2\times10^8 km^2$。

① 钙质软泥基本特征

一般认为，大洋沉积物中，$CaCO_3$ 含量大于 65%的为钙质软泥，主要成分是有孔虫软泥，分布在世界大洋热带和亚热带深海的边缘部分，沉积速率较高，达 1～3cm/ka。据统计，在常见的有孔虫 40 个属中有 23 个属生活在赤道，如果将浮游有孔虫进行分类，暖水区占 62%，冷水区占 21%，过渡区占 17%。钙质超微化石软泥，主要由定鞭藻门颗石藻科的颗石藻（Coccolithophore）分泌的钙质板片堆积形成，它在钙质软泥的总数量中并不多；其次为翼足目，由翼足类壳体组成，约占钙质软泥总量的 30%～40%。

② 影响钙质软泥沉积的因素

a. 取决于钙质生物的生产量，钙质生物的生产量高，沉积量也高，一般出现在热带和亚热带区，而在纬度高的海域，钙质软泥沉积量普遍较低。

b. 取决于溶跃面（lysocline）的深度。溶跃面是钙质软泥溶解速率梯度急剧增加的界面。温度对碳酸盐溶解是负效应，温度低，溶解度增加，温度高，溶解度减小；水深和压力对碳酸盐溶解是正效应，随着水深和压力加大，溶解度也增大。一般碳酸盐颗粒从海水表层下降时溶解度是很小的，当达到某一深度时，溶解速率梯度会急剧增大，这一深度面为溶跃面。

对生物颗粒来说，处于溶跃面上部时，生物的结构、构造保存完好；处于溶跃面之下时，表面被溶蚀，并非传统认为的由搬运磨蚀造成的。不同生物有不同溶跃面的深度，如有孔虫为 4050m，翼足目为 3200m、超微生物为 3000m。

形成溶跃面的原因目前有几种解释：第一，溶跃面以下水体由于温度低，压力大，水中溶

解的 $CaCO_3$ 处于不饱和状态，而溶跃面上部水体中溶解的 $CaCO_3$ 处于饱和状态，所以溶跃面上部水体中，生物颗粒很少溶解，进入溶跃面下部水体时，生物壳体就会加速溶解；第二，当生物死亡后，其有机质会被吸附在壳体表面，特别是有机质中的磷酸盐会阻止 $CaCO_3$ 的溶解，当生物壳体下降到一定深度，表面的有机质被分解后，壳体失去保护层便加速溶解；第三，大洋深部某些冷水团也可能会加速 $CaCO_3$ 壳体的溶解。

c．CCD 面效应。CCD 面即方解石补偿深度面（calcite compensation depth），该面附近方解石壳体的沉降速率等于它的溶解速率，即在该面，海水对方解石壳体的溶解量等于它的供应量，而在该面以下不再有方解石壳体的沉积。CCD 面受生物生产量控制，大洋边缘浅水区，生物生产量高，消耗海水溶解的 $CaCO_3$ 多，则这里的 CCD 面深度比大洋中心部位浅。赤道区域水温高，生物壳体在上部水层中溶解度小，则将增加 CCD 面的深度，两极海域水温低，相对赤道区，CCD 面便浅。海进时，浅海面积扩大，气温变暖，海洋中生物生产量大幅度增加，消耗了海水中溶解的 $CaCO_3$，CCD 面则变浅。已有的研究表明，太平洋中 CCD 面浅于大西洋，大西洋中存在两块 CCD 面深度大于 5500m 的海域，分别在北美和西非岸外，目前查明太平洋中的 CO_2 要比大西洋多 5%，这些 CO_2 来自有机质的分解，CO_2 将加速生物壳体的溶解。Berger（1985）认为，CO_2 增加 1%，CCD 面将上升 200m。从溶跃面到 CCD 面水域，水体中 $CaCO_3$ 处于不饱和状态，生物壳体遭到不同程度的溶解，此区称为补偿区，这一海域海底钙质软泥沉积量少，并非物源少，而是溶解作用造成的。海进时，CCD 面变浅，原较深处沉积的钙质软泥便要溶解掉，形成沉积间断面，并被大洋黏土覆盖，当海退发生时，CCD 面加深，大洋黏土上又沉积了钙质软泥。DSDP 钻井中的柱状样中，有钙质与硅质的交互韵律层，表明是海进、海退引起 CCD 面波动造成的。

（2）大洋黏土

由陆源黏土和粉砂组成的大洋最深部沉积物为大洋黏土（pelagic clay），是分布上仅次于钙质黏土的大洋沉积物，又称深海黏土、远洋黏土、褐黏土、红黏土，呈褐红色、棕红色，含有一定量的长石、石英、角闪石和辉石等造岩矿物，自生矿物有钙十字沸石、铁锰氧化物和氢氧化物以及宇宙尘埃等，黏土矿物还能吸附 Fe、Mn、Ni、Co、Cu 和 Pb 等，有机质含量低（<0.75%），颗粒直径极细，其中黏土矿物占 50%～70%，粒径平均为 0.001mm。这类沉积在全球海底覆盖面积占 38%，其中太平洋中大洋黏土沉积面积最大，覆盖面积占 49%，大西洋占 25.8%，印度洋占 25.3%，沉积速率为几米每百万年。这一类沉积的具体矿物类型包括：第一，伊利石，是大洋黏土矿物中最丰富的黏土矿物，绝大部分由陆地搬运而来，一般将它视为陆源碎屑的基本成分，少量可由蒙脱石在埋藏条件下脱水形成。第二，蒙脱石，是一种蚀变矿物，受海底基性岩控制，由海底基性玄武岩、火山灰海底化学风化和蚀变而成。第三，高岭石，由湿热气温下长石分解而成，海底风化和火山作用也能形成一部分高岭石。第四，绿泥石，洋底风化作用和海底火山作用的产物，有的学者认为绿泥石的形成需要一定温度，往往把它与海底火山作用联系在一起。

深海黏土一般形成在远离大陆、陆源沉积速率和生物沉积速率都极低的 CCD 以下的深海环境中。在大陆坡和大陆隆地带，陆源物质沉积速率高达 100mm/ka，是不可能形成深海黏土的，而在北太平洋深海黏土区，陆源物质沉积速率小于 5mm/ka。沉积速率显然与距陆地远近有关，在太平洋边缘分布着深海沟，阻挡了陆源物质向大洋中部扩散，这也是北太平洋分布大面积深海黏土的原因。在大陆边缘上升流区和赤道带生物生产力很高的海区难以形成深海黏土，而在大洋中央缓流区，特别是纬度洋流辐聚区，海水肥力低、生物生产力不高的地方才有利于深海黏土形成。深海黏土主要形成在CCD之下，在这里90%的钙质介壳都被溶解，陆源黏土物质、自生黏土、铁锰氧化物及宇宙尘埃才在数量上占优势。

三大洋中，太平洋深海黏土分布面积最大，占该洋总面积的49%，主要分布在水深>4400m的北太平洋海底，南太平洋主要分布在西经160°～180°之间的南太平洋海盆。大西洋深海黏土较少，主要分布在西南部的巴西海盆和阿根廷海盆，分布水深>5300m。印度洋深海黏土主要分布在该洋东北部的西澳大利亚海盆南部和澳大利亚以南的南澳大利亚海盆。

太平洋作为平均水深最深的海洋，大洋黏土分布区占49%，沉积速率较低，为0.26cm/ka，大西洋两岸陆源碎屑丰富，沉积速率为0.86cm/ka。大洋黏土中，石英含量与伊利石含量成直线关系，可见两者同源，均来自陆源碎屑，伊利石钾氩法测年为2亿年～4亿年，也表明它并非大洋自生产物，而是来自陆源。研究表明，北太平洋最深的中央部分为伊利石大于50%的黏土矿物分布区，主要来自陆源，其边缘部分由蒙脱石与伊利石混合组成，南太平洋远离大陆，缺乏伊利石等，蒙脱石含量较高，西南太平洋海底火山区蒙脱石含量大于50%。

（3）硅质软泥

大洋沉积物中，硅质生物遗骸大于30%，硅质与钙质生物遗骸大于50%的沉积物，可称为硅质软泥。硅质软泥由硅质生物组成，最常见的硅质生物是由硅藻、放射虫和硅鞭毛虫等组成的，硅藻的细胞壁由硅质（非晶质）和果胶质组成，主要分布于两极海底和上升流区，既有底栖类生物，也有浮游类生物。硅藻分布于亚寒带海域，如北太平洋水深4000～7000m处，南半球南纬50°～60°之间水深4000m处，三大洋中硅藻软泥覆盖面积约$3100 \times 10^4 km^2$。放射虫软泥覆盖面积约为$700 \times 10^4 km^2$，主要分布在太平洋和印度洋赤道海域，水深4000～5000m。硅质软泥主要成分为硅藻土，硅藻土主要沉积于高纬度海域，如南极洲缘海域，其次沉积于上升流海域，如秘鲁、智利岸外硅藻土厚达十余米，放射虫软泥主要形成于赤道上升流区。硅鞭藻属金藻门，是硅质软泥中次要成分，具有二氧化硅骨架，骨架为椭圆形、方形、菱形、三角形和多边形等，现代沉积中，主要为网硅鞭藻（Dictyocha）和六角硅鞭藻（Dictyocha speculum），分别是暖水种和冷水种的代表。此外还有硅质海绵骨针，亦属次要成分。在上述硅质软泥成分中，硅质海绵骨针的抗溶性最好，硅鞭藻最差，抗溶性次序是：硅鞭藻-硅藻土-放射虫-海绵骨针。现代硅质软泥中，各种生物骨骼的矿物成分为非晶质的二氧化硅（$SiO_2 \cdot nH_2O$）。硅质海绵骨针的抗溶性强，其矿物成分为燧石，硅鞭藻等矿物成分主要为蛋白石，它们之间的变化是脱水作用造成的［蛋白石-方英石-燧石（微晶石英）依顺序脱水作用逐步增强］。

硅质软泥在世界大洋中的覆盖面积为11.6%，其中，大西洋占6.7%，太平洋占10.1%，印度洋占19.9%。放射虫属原生动物门，辐足亚纲，等辐骨放射虫目，骨骼由硫酸锶组成，多囊放射虫骨骼由非晶质SiO_2组成，目前主要分布于赤道洋流或上升流。全球覆盖仅2.7%，太平洋为4.6%，印度洋为0.5%，大西洋仅微量。现代大洋中，硅质软泥形成三带，即太平洋赤道带、环北极不连续带和环南极连续带。此外，各大洋东侧上升流分布区，也是硅质软泥发育区。上述三带中，以环南极连续带沉积量最大，沉积速率最高，75%的大洋硅质软泥的沉积在这里，其中硅藻土占沉积总量的70%，SiO_2的沉积速率高达$0.02g/(cm^2 \cdot a)$，来自南极的强风把表层水体向北吹，使富含营养盐的中层水上升到表层，故这里硅藻的生产量极高。环北极海域也有类似的环境，但由于北冰洋被四周大陆块包围，陆源碎屑沉积量大，对硅质软泥沉积起了稀释作用。赤道表层水体的辐散导致了上升流广泛发育，带来高营养盐的水体，硅质物质以放射虫骨屑为主，但沉积速率低，仅 $0.0089g/(cm^2 \cdot a)$。大西洋赤道带缺乏硅质沉积是逆河口环流及钙质软泥的稀释作用造成的。但在早第三纪古新世早期，巴拿马地峡张开，使富营养盐的太平洋底层水进入大西洋赤道带，从而出现硅质沉积。北太平洋中纬度区分布了放射虫软泥是黑潮及北太平洋洋流影响造成的。大洋东侧的沿岸上升流带出现较高速率的生物 SiO_2 沉积，以加利福尼亚湾沉积速率最高，达 $0.089g/(cm^2 \cdot a)$，比环南极带高得多，但由于沿岸上升流区分布面积小，沉积量仅占硅质软泥总量的 10%。

除了上述三大沉积物类型外，还常根据沉积物来源讨论另外两种沉积：

① 深海陆源碎屑沉积，包含浊流沉积、等深流沉积、海洋冰川沉积和风运沉积 4 类，主要分布在大陆边缘的大陆坡和大陆裾，少量分布于深海盆地。浊流是水与碎屑物质的混合物，是一种顺坡面流动的重力流。浊流达到一定流速后也能爬坡流动。通常，在有大量的松散堆积物和坡度较陡的海底，遇到地震触发事件，就能产生浊流。大陆架外缘、大三角洲前积舌状体和堆积型大陆坡皆是浊流多发区。大陆坡上的深海峡谷是浊流的主要通道，浊流的堆积地形主要是浊积扇，部分浊流也可进入深海平原，沿着深海谷流动很远。浊流具有突发性和间歇性，因此在沉积剖面中构成一种事件沉积。等深流沉积是海盆底部一种平行于等深线的水平底流沉积。等深流沉积物质组成主要是粉砂质黏土、粉砂质砂。它们多出现在大陆坡下部和大陆裾上，常与浊流伴生，往往是浊流沉积物经过等深流改造而成的。等深流沉积在地貌上可以形成相当规模的海丘，长达几百公里，宽几十公里，高几百米，甚至达 1~2km，称为等深岩丘。海洋冰川沉积主要是源自大陆冰川的冰山在海上漂流时，因冰逐渐融化将携带的碎屑物质坠入海底形成的。它们主要出现在北冰洋、北大西洋、北太平洋及环南极冰盖地区等高纬度海域。风运沉积是从陆地吹向海洋的风，把风尘物质降落到海面，又沉降到海底形成的。据统计每年 16 亿吨的风运沉积物沉降到海底。它们一般和其他的沉积物混在一起，无法形成单独的沉积物类型。在新西兰以东太平洋局部海域，风运沉积物含量竟可高达 30%以上。在中纬地带的深海黏土中，风运沉积的含量也很高。风运沉积物主要是黏土和粉砂级物质，包括陆源黏土矿物和少量石英、长石等矿物。

② 海洋火山碎屑沉积，当火山爆发时，火山灰在风力作用下，飘落在海面上，再沉降到海底沉积下来。板块扩张中心（大洋中脊）和热点的火山，大部分是海底喷发，即使海面喷发也因属基性岩浆，表现为宁静的溢出，火山碎屑较少，分布范围有限。只有碰撞边界火山，如西太平洋岛弧、东太平洋沿岸山弧属酸性岩浆，喷发强烈，产生较多的火山碎屑，分布范围也较大，尤其火山灰，可被风吹到远达数千公里的地方。火山灰搬运距离的远近和火山喷发高度及风力大小有关，火山灰分布又与不同方向的风带有关。火山碎屑堆积一般在小比例尺的沉积物分布图上是反映不出来的。但在很多深海钻孔中，还是能发现大量的火山沉积的。它们属于间歇性事件沉积，一次火山喷发往往能形成数厘米或数十厘米的火山灰层。

6.1.5 海洋沉积作用及对物质的迁移转化

（1）垂直沉降作用

大洋中浮游生物死亡后，有机体被分解，钙质壳体将垂向下沉至洋底，一个直径 2μm 的壳体，下沉到 5000m 深的洋底，按照斯托克斯定律，需要 70 年的时间，在下沉过程中，还要受以下因素的影响：①颗粒形状不规则将减缓下沉速度。②水体紊流或洋流等使颗粒在水平方向流动也将减缓下沉速度，并使它远离原生部位。③如果是黏土矿物或壳体外附着有黏土矿物，在海水中会产生絮凝作用（flocculation）从而减缓沉降速度。④钙质壳体的溶解作用也将影响沉降速度，受 CCD 面影响，一般钙质壳体下沉到 CCD 面以下深度，便被全部溶解。

（2）远浊流作用

浊流在陆架和陆坡沉积后，其悬移细组分继续向深海平原运移并堆积下来，称远浊流作用（distal turbidites），由远浊流形成陆隆和深海平原上的远浊扇，称为远浊流沉积。它们具有以下性质：①远浊流中沉积物平均粒径为 10μm，如果深海平原坡度为 1/1000，则其搬运速度为 0.1～0.2m/s，最高可达 2m/s，当其流速较大时，在洋底也具有侵蚀能力，如形成槽形地和加深其本身通道。②远浊流与浊流一样，具有阵发性和脉动性，随上部浊流和物源供应而变化。③美国东海岸哈特拉斯深海平原上，远浊流沉积厚达 1000 多米，有的深海盆地被填平，厚度更大。④多发生在晚更新世低海平面时期，美国西海岸晚更新世发生过 8 次远浊流，平均 1000年一次，低海平面时，大陆侵蚀作用强，沉积物来源丰富。

（3）底层流效应

主要是南极四周底层水向北流动，从而引起强劲的底层流（bottom current）。它往往与深层冷水团循环相伴生，由于水体低温密度大属密度流。以大西洋西岸为典型，北冰洋也有南下底层流，但不及南极洲海区北上的底层流强劲。底层流一般速度为 5～20cm/s，最大可达 32cm/s，底层流有以下效应：①南极洲周围低温、高密度的水体下沉至海底并向低纬度流去，这一低温水体一旦上升到海面，形成上升流，便会起到调节水温、改变生态环境的效应。②低温底层流水体含有更多的 O_2，当它们在洋底流过时，会对洋底物质进行氧化，如大洋底黏土颜色为褐红色，对玄武岩进行海底风化作用，参与形成锰结核，该结核由锰和铁的氧化物组成，其成分等特征具有纬度分带性。可见与自南向北或自北向南的底层流有关。③在大西洋西海岸大陆边缘的陆隆上，底层流有明显的冲刷效应，形成槽沟等地形，同时能悬移沉积物到异地去沉积，形成不整合面，若不能形成沉积间断面，至少会对沉积物进行再分选作用。

（4）等深流与等积岩

等深流（contour current）概念最早由 Heezen（1966）提出，指在科氏力和水体密度梯度作用下，顺同一深度形成的密度底流，主要形成在大陆隆区，可以形成等深流或沉积脊堆积，宽数十公里至数百公里。等深流形成的沉积岩层称为等积岩（contourites）。等深流流速较低，一般 2～20cm/s，沉积速率也低，属一种牵引流，与脉动性的远浊流不同。在时间上，等深流是持续和稳定的，它能重新悬浮起远浊扇上的沉积物，对它们进行再分选，强劲的等深流能移走大量沉积物，形成沉积间断面。等积岩可分为砂质等积岩和泥质等积岩两类，全为海相沉积，但苏必利尔湖中近来也发现湖相的等积岩。砂质等积岩分选好，层理清晰，有薄层交错层。泥质等积岩由悬移陆源黏土和生物泥组成，当等深流流速由强变弱，会先形成逆粒序，再形成正粒序。而泥质等深流一般为无规则层序，其中常见束状纹层，有生物扰动构造。

6.2 海洋沉积物污染

随着人类活动对地球（包括海洋）的破坏性冲击，全球生态环境正经历着重大变化。全球变化研究计划（IGBP）指出，人类赖以生存的地球出现了气候变暖、海平面上升、沙漠化、森林减少、生物物种多样性锐减、海洋污染、自然灾害频繁等现象，严重威胁着人类的生存和社会的进一步发展，环境与发展问题已成为当代全世界关注的焦点。而海洋在地球环境中发挥着重要的作用，人类活动引起的海洋污染已成为亟待了解和解决的难题。具体来说，工业的发展和海洋资源的开发利用，导致某些近岸海域水质污染比较严重。如目前绝大部分海上油田位于水深 100m 以内，经由沿岸工业排污、石油开采和运输过程中每年流入近海的石油约 4×10^6 t，世界石油的运输目前主要靠油轮，油轮一般都是数万吨级的海轮，一旦在海上航行发生漏油事件，将大面积污染海洋。据不完全统计，每年由各种途径倾入海洋的石油达 600 万吨，排入中国海的约有 10 万吨。除此之外，高速城市化的背景下，大量工业污水、生活污水和垃圾排放入海，全世界每年向海洋倾泻的废物达 2×10^{10} t，包括许多重金属和有害的有机物质，造成近海水质污染，致使近海渔场资源严重衰退。常见的包括石油污染、重金属污染以及有机质污染，本节将一一详述。

6.2.1 石油污染

世界海洋石油资源量占全球石油资源总量的 34%，其中已探明的储量约为 380 亿吨。全球已经开展深海石油勘探的国家就有 50 多个。

在各种海洋污染物中，石油污染是最普遍和最严重的一种。石油及其炼制品（汽油、煤油和柴油等）在开采、炼制、贮运和使用过程中进入海洋环境，都会造成严重的海洋污染。目前，海上已建石油钻井平台和半潜式平台数以千计，在每个平台的周围，都有面积巨大的油膜层经久不散。厚度一般在零点几到几个微米，这种油膜的存在对海空界面上物质和能量交换的通量影响较大。石油排入海中首先是扩散，形成块状和带状油膜，接着发生蒸发、氧化和溶解，在波浪、潮汐和海流的作用下（特别是涡流作用）使石油乳化，乳化有两种方式，即油包水乳化和水包油乳化，前者较稳定不易消失，后者不稳定易消失。石油在海洋环境中的迁移、转化和氧化降解主要取决于油层的厚度、油水混合情况、水温、光辐射强度等，在强烈的光辐射下，可以有 1%的油被氧化成水溶性物质溶到水中。通过上述作用，一部分石油会消失，凝结沉入海底，大部分会经微生物作用进行分解，目前已知能直接降解石油烃的微生物有 75 个属，其中细菌 39 属、真菌 19 属和酵母菌 17 个属。特别是在沉积层中的通气降解更为重要。留在海面上的石油，因光照条件（光催化、自动氧化）、温度、氧化微生物的含量和水文气象条件的不同，其在海洋中的残留时间可在几周到几十年之间变动。防治海洋石油污染要制定各种法规，严格控制沿岸炼油厂和石油制品厂的排放量，监测海上石油污染动态，减少油轮海难事故，做好石油污染后的回收工作，提高回收、净化技术。

石油的危害，最明显的是使蓝色海洋的感观性状恶化。海水的气味改变了，颜色也不同了。

与此同时，人类关切的是对海洋水生资源的影响和破坏。许多经济鱼类具有浮游性卵和浮游性幼鱼，它们在海洋表层的数量巨大，石油污染对它们的影响也是海洋生物资源的一个重要问题。海水中含油浓度≥$0.01mg/dm^3$时，水体就会发臭，在这种污染海区生活24h以上的鱼贝就会沾上油味，因此把该数值视为鱼贝体着臭的"临界浓度"。海水含油浓度为$0.1mg/dm^3$时，所有孵出的幼鱼都有缺陷，且只能活1～2天。对大海虾的幼体来说，其"半致死浓度"（即24h内杀死半数的极限浓度）约为$1mg/dm^3$。这种毒性限度随不同生物种属而异。当海面漂浮着大片油膜时，会降低表层水的日光辐射，妨碍浮游生物的繁殖。而浮游生物是海洋食物链关键的第一环，其生产力为海洋总生产力的90%左右，浮游生物数量的减少势必引起食物链往上环节生物数量的减少，从而导致整个海洋生物群落的衰退。同时浮游生物中的浮游植物光合作用释放出来的氧，也是地球上氧的主要来源之一，浮游生物数量的减少，将影响氧的交换和海水中的氧含量，最终也会导致海洋生态平衡的失调。

6.2.2 重金属污染

随着工农业生产的发展，重金属的用途越来越多，需求量日益增加，对海洋造成的污染也日益严重。重金属污染主要因人类活动将重金属倾入海洋而造成的，目前污染海洋的重金属主要有汞、镉、铅、锌、铬和铜等。海洋中重金属来源有天然的，如地壳岩石风化、海底火山喷发和陆上水土流失注入海洋等。人为来源主要是工业污水、矿山废水排放及重金属农药的流失等，煤和石油在燃烧中释放出来的重金属经大气的搬运而进入海洋也是污染源之一。据估计，全世界由于矿物燃烧而进入海洋中的汞有3000多吨，此外，矿渣和矿浆也将一部分汞释放入海洋，综合来看，经由人类活动进入海洋中的汞达10000吨，与目前世界汞的年产量相当。

重金属污染物在海洋中会被生物吸收，再通过生物富集作用致使鱼体内含有大量汞、铅等重金属，除了危害鱼体本身，人类取食这种鱼类将造成中毒。世界著名的"公害病"水俣病和骨痛病就分别是由汞和镉的污染引起的。1953年，日本熊本县水俣湾流行一种原因不明的中枢神经病，又称水俣病，患者2227人，其中死亡255人。后查明是这里的人长期食用富含甲基汞的水产品造成的，这种甲基汞来源于一家水俣湾的氮肥厂。后来日本政府制定法令，禁止向水俣湾排污，为彻底消除湾内汞污染，只好耗资填湾，以绝后患。可见防治海洋重金属污染，应以预防为主，控制污染源，改进生产工艺，防止重金属流失，做好回收工作，对有关海区开展长期监测。某些微量金属是生物体的必需元素，但是，超过一定含量就会产生危害作用。海洋中的重金属一般是通过食用海产品的途径进入人体的。如上所述，甲基汞能引起水俣病，Cd、Pb、Cr等亦能引起机体中毒，有致癌或致畸等作用。其他重金属超过一定限度对人类和其他生物也都会产生危害。重金属对生物体的危害程度，不仅与重金属的性质、浓度和存在形式有关，也取决于生物的种类和发育阶段。对生物体的危害一般是 Hg>Pb>Cd>Zn>Cu，有机汞高于无机汞，六价铬高于三价铬。一般海洋生物的种苗和幼体对重金属污染较之成熟个体更为敏感。此外，两种以上的重金属共同作用于生物体时，比单一重金属的作用要复杂得多，归纳起来有三种形式：①当重金属的混合毒性等于各种重金属单独毒性之和时，称为相加作用；②若重金属的混合毒性大于单独毒性之和时，则为相乘作用或协同作用；③若重金属的混合毒性低于各单独毒性之和，则为拮抗作用。两种以上重金属的混合毒性不仅取决于重金属的种类和组成，还与其浓度组合及温度、pH 值等条件有关。一般来说，Cd 和 Cu 有相加或相乘的作用，Se 对 Hg 有拮抗作用。生物体对摄入体内的重金属有一定的解毒功能，如体内的金属硫蛋白可以与重金属作用使之排出体外。当摄入的重金属剂量超出硫蛋白的结合能力时，就会出现中毒症状。

进入海洋的重金属，一般要经过物理、化学及生物等迁移转化过程。重金属污染在海洋中的物理迁移过程主要指，海-气界面重金属的交换及在海流、波浪、潮汐的作用下，随海水的运动而经历的稀释、扩散过程。由于这些作用的能量极大，故能将重金属迁移到很远的地方。重金属污染在海洋中的化学迁移过程主要指，重金属元素在富氧和缺氧条件下发生电子得失的氧化还原反应及其化学价态、活性及毒性等变化过程。重金属在海水中的溶解度增大，已经进入底质的重金属在此过程中可能重新进入水体，造成二次污染。此外，重金属在海水中经水解反应生成氢氧化物，或被水中胶体吸附而容易在河口或排污口附近沉积，故在这些海区的底质中，常蓄积着较多的重金属。重金属污染在海洋中的生物迁移过程，主要指海洋生物通过吸附、吸收或摄食而将重金属富集在体内外，并随生物的运动而产生水平和垂直方向的迁移。

（1）Hg 对海洋的污染

普遍认为，Hg 是通过体表（皮肤和鳃）的渗透或摄入含 Hg 的食物进入生物体的。对于海鸟及某些陆栖海兽来说，还通过吸入蒸发的 Hg 而进入体内。Hg 对生物的影响不仅取决于它的浓度，还与 Hg 的化学形态以及生物本身的特征有密切关系。研究表明，有机汞化合物对生物的毒性比无机汞化合物大得多。甲基汞化合物对海洋生物的毒害最为明显。由人类活动进入海洋中的 Hg，一部分为甲基汞，一部分为无机汞化合物，后者在微生物的作用下大都可转化为甲基汞。在缺氧条件下，这一转化过程更加迅速。浮游植物中的 Hg 主要通过体表渗透（或吸附），海水的 Hg 污染能抑制浮游植物的光合作用和生长速度，甚至达到致死的程度。当海水中含 $0.6\mu g/dm^3$ 乙基汞磷酸盐时，浮游植物的光合作用即被抑制。一些有机汞灭菌剂在海中的浓度仅为 $0.1\mu g/dm^3$ 时，就能抑制某些种类的浮游植物的光合作用和生长速度，各类汞的化合物对浮游植物的致死浓度为 $0.9\sim 60\mu g/dm^3$。Hg 进入鱼、贝体内的主要途径是通过饵料的摄食以及体表的渗透和鳃黏膜的吸附，但是 Hg 对鱼、贝的生理机能有何影响，目前尚不清楚。至今没有见到鱼类在自然条件下因 Hg 中毒而死亡的报道，但体内蓄积了大量汞的鱼、贝，对人类却是一个严重的威胁。

（2）Cd 对海洋的污染

在天然淡水中，Cd 的含量大约为 $0.01\sim 3\mu g/dm^3$，中值为 $0.1\mu g/dm^3$，主要同有机物以络合状态存在。海水中 Cd 的平均含量为 $0.11\mu g/dm^3$，主要以 $CdCl_2$ 的胶体状态存在。此外，还有 Cd 的胶态有机络合物类腐殖酸盐与 Cu、Hg、Pb、Sb、Zn 的类腐殖酸盐共存。在厌氧条件下，细菌可利用维生素 B_{12} 使 Cd 甲基化，形成具有挥发性的甲基化衍生物。在海洋或江河中，还发现一些 Cd 的低分子量有机络合物，与有机碳混合存在。工业废水的排放使近海海水和浮游生物体内的 Cd 含量高于远海，电镀工业排放的废水中 Cd 含量是很低的，而由硫铁矿石制取 H_2SO_4 和由磷矿石制取磷肥时排出的废水中含 Cd 较高，$1dm^3$ 废水中镉的含量可达数十至数百微克。研究发现，海洋生物能将 Cd 富集于体内，鱼、贝类及海洋哺乳动物的内脏中 Cd 的含量比较高。Cd 在鱼体中干扰 Fe 代谢，使肠道对 Fe 的吸收减低，破坏血红细胞，从而引起贫血症。Cd 在其他脊椎动物体中也有类似的危害作用。人们长期食用被 Cd 严重污染的海产品，就会引起骨痛病。

（3）Pb 对海洋的污染

海水中 Pb 的浓度一般为 $0.01\sim 0.3\mu g/dm^3$，溶解铅的形态通常是 $PbCO_3$ 离子对和极细的胶体颗粒，分布极不均匀。一般来说，近岸海区浓度较高，随着离岸距离的增加，浓度逐渐降低。海水中的 Pb 主要来源于工业废水的排放和大气的沉降。日本东京湾的虾虎鱼含 Pb 量高达 $0.6\sim 2.8mg/kg$，这种鱼生活的海水 Pb 浓度小于 $0.1\mu g/dm^3$，即虾虎鱼对 Pb 的浓缩系数为 $6\sim 28$。实验表明，在鱼体内肌肉中含 Pb 量最低，皮肤和鳞片中含 Pb 量最高。Pb 对鱼类的致死浓度为 $0.1\sim 10\mu g/dm^3$。Pb 对各种海洋生物的毒性，现在还没有很多资料可查。但有人指出，某些动物在 Pb 的浓度超过 $1\mu g/dm^3$ 的海水中暴露很短时间即可中毒。

（4）Zn 对海洋的污染

在正常海水中，Zn 的浓度为 $5\mu g/dm^3$ 左右，近岸被污染的海水中，Zn 的浓度比大洋水高 $5\sim 10$ 倍，主要来自工业废水。据估计，全世界每年通过河流注入海洋的 Zn 达 $39.3\times 10^5 t$。在近岸海区的沉积物中，Zn 的含量特别高。海洋生物对 Zn 的富集能力很强，其中贝类含 Zn 量特别高，例如牡蛎肉中 Zn 的含量可高达 $2500\sim 3000mg/kg$（干重）。Zn 对牡蛎的生长影响很明显。在 Zn 的浓度为 $0.3\mu g/dm^3$ 时，牡蛎幼体的生长速度显著降低。当 Zn 的浓度达到 $0.5\mu g/dm^3$ 时，幼体或死亡，或不能发育，Zn 对牡蛎幼体的这一危害早就引起养殖专家的注意，Zn 对鱼类和其他水生生物的毒性比对人和温血动物要大许多倍。

（5）Cu 对海洋的污染

Cu 是生命所必需的微量元素，但过量的 Cu 对人和动植物都有害。正常海水中，Cu 的浓度为 $1.0\sim 10.0\mu g/dm^3$。据估计，通过污水、煤的燃烧和风化等各种途径每年进入海洋中 Cu 的总量可能超过 $25\times 10^4 t$。含 Cu 污水进入海洋后，除污染海水之外，有一部分会沉于海底，使底质遭受严重污染。Cu 对水生生物的毒性很大，有人认为 Cu 对鱼类毒性浓度始于 $0.002\mu g/dm^3$，但一般认为水体中 Cu 的浓度为 $0.01\mu g/dm^3$ 对鱼类还是安全的。

当海水中 Cu 的浓度为 $0.13\mu g/dm^3$ 时，可使生活在其中的牡蛎着绿色。Cu 和 Zn 对牡蛎的协同作用要比单一的影响大得多。调查表明，海水中 Cu 的浓度为 $0.02\sim 0.1\mu g/dm^3$，Zn 的浓度为 $0.1\sim 0.4\mu g/dm^3$ 就足以使牡蛎着绿色。只有在 Cu 和 Zn 的浓度都很低的条件下，即 Cu 浓度低于 $0.01\mu g/dm^3$，Zn 浓度低于 $0.05\mu g/dm^3$ 时，才不会产生绿色牡蛎。在绿色牡蛎肉中，Cu 和 Zn 的含量比正常牡蛎高 $10\sim 20$ 倍。各种海洋生物对 Cu 的富集能力不同，但一般来说都很强，牡蛎就是属于具有这种富集能力的动物之一。根据日本人的测定，市场上出售的几种常见海产品的 Cu 含量依次为：咸乌贼>牡蛎>鱿鱼>裙带菜>咸松鱼>鱼糕>蝶鱼。

（6）Cr 对海洋的污染

Cr 的毒性与 As 类似，海洋中的 Cr 主要来自工业废水。Cr 在海水中的正常浓度为 $0.05\mu g/dm^3$，通过河流输送入海的铬会沉于海底，三价铬和六价铬对水生生物都有致死作用，Cr 能在鱼体内蓄积，六价铬对鱼类的毒性比三价铬高。Cr 是人和动物所必需的一种微量元素，躯体缺 Cr 可引起动脉粥样硬化症，Cr 对植物生长则有刺激作用，可提高生产力或产量。但如含 Cr 过多，对人和动植物都是有害的。

6.2.3 有机化合物污染

随着工农业的发展和经济开发能力的加强，大量工业废水和民用污水排放入海，使近海河口区的水域受到污染,渔业资源和近海水产养殖因而受到很大威胁。通常排放到海洋中的毒性有机物主要是农药。据统计,到目前为止,全世界的化学农药已超过 1000 种,常用的有 300 多种。这 300 多种中最有代表性的是有机氯农药,全世界有机氯农药年总产量约为(20~30)×10^4t,由于有机氯农药中的滴滴涕(DDT)的产量最高,使用范围最广,因此对环境和海洋造成危害的程度也最严重,目前,世界已禁止制造和使用滴滴涕。另外,一些重金属排放到海洋中后,会与海水中的有机物形成络合物,从而增强其毒性,如甲基汞就是一种剧毒的络合物,曾经造成日本著名的"水俣病"。此外,每年向海洋排放的大量塑料,也是重要的有机污染物。有机氯、有机磷农药和多氯联苯等人工合成物质,在环境中和石油一样是难降解的一类污染物。人工合成的杀虫剂、除草剂等化学农药已有上千种,它们在农业上起到很好的作用,尤其在除害灭病方面,是不可缺少的。但这些农药多半毒性强、残效长、稳定性高,如 DDT 在环境中要使其毒性成分降低一半,需经 10~50 年的时间。像这类农药如长期大量使用,必将给环境带来污染。这些有机污染物通过各种途径进入海洋环境,积蓄在鱼贝虾蟹体内,会对海洋水产资源造成严重的危害。进入海洋中的有机物质,对沿海海区,特别是海水交换较弱的半封闭性浅海区渔场和养殖场危害最大,主要表现在:①覆盖,如纤维素等极性有机大分子有亲水基团,由于亲水一端溶入水中,疏水一端露出水面,覆盖力很强,会阻碍海-气交换,造成海洋动物窒息死亡。②夺氧,有机物的分解需消耗大量水体中的溶解氧,从而大大减少了水体中溶解氧的含量,影响海洋生物的正常呼吸。③致毒、遮光和其他生理、生化效应,都会导致大量生物的死亡。总之,一般有机物污染对海洋生物资源的破坏是不容小觑的。另外,进入海洋的某些有机物质(如食品工业的废渣、酵母、蛋白质、人类粪便、农业废水、生活污水和造纸工业的纤维残留物木质素等),小部分可直接被动物摄取,大部分则在细菌作用下分解成 CO_2 和氮、磷化合物,对水体造成富营养化,从而引起赤潮。在海洋化学中,除了直接测定有机物浓度来表示有机物的污染程度外,通常还会用化学耗氧量和生化耗氧量两个参数来表征海洋有机污染的程度。化学耗氧量也叫化学需氧量 COD,是以化学方法测量水样中需要被氧化的还原性物质的量。而生化耗氧量也叫生化需氧量(常记为 BOD_5),是指在一定条件下,微生物分解存在于水中的可生化降解有机物所进行的生物化学反应过程中所消耗的溶解氧的数量,以 mg/L 或百分率表示,两者都是反映水中有机污染物含量的指标。

6.2.4 放射性污染

海洋中天然放射性核素主要有 ^{40}K、^{87}Rb、^{14}C、^{3}H、^{232}Th、^{226}Ra 和 $^{238/235}U$ 等 60 余种,它们不是人为产生的,不作为污染成分。凡人类活动产生的放射性物质进入海洋环境而造成的污染称为放射性污染。目前来看,海洋核污染有以下几方面来源:

① 核武器在大气层或水下爆炸使大量放射性核素进入海洋,核爆炸所产生的裂变核素和诱生(中子活化)核素共有 200 多种,据调查,至 1970 年,由核爆炸注入海洋的 ^{3}H 为 10^9Ci,裂变核素达 $(2~6) \times 10^9$Ci,已使整个海洋受到核污染。

② 核工厂向海洋排放低水平的放射性废物,包括核电站、军用核工厂等,最典型的是美国汉福特工厂和英国温茨凯尔核燃料后处理厂,它们对海洋环境造成了严重污染,最近发生的核辐射事件是 2011 年的福岛核事故,因地震引发海啸,导致福岛第一核电站、福岛第二核电

站受到严重的影响，被定为核事故最高分级 7 级（特大事故），与切尔诺贝利核事故同级。而 2021 年 4 月 13 日，日本政府正式决定将福岛第一核电站上百万吨核污染水排入大海，这一做法将是典型的核工厂引发的海洋放射性污染的代表事件，对整个海洋生态系统的负面影响将在未来若干年得以呈现。

③ 向海底投放放射性废物，美、英、日、荷等国从 1946 年起不断向太平洋和大西洋投放不锈钢桶包装的固化放射性废物，至 1980 年已达 100 万居里，有的包装桶已开始出现渗漏现象。

④ 核动力舰艇在海上活动时，也有少量放射性废物泄入海中，还有核动力潜艇沉没、航天器焚烧等事故也会造成不可忽视的污染。

食用受污染的海产品和长期在高辐射海域工作，人体会同时受到外辐射和内辐射的污染影响，势必影响健康。防治海洋放射性污染主要是通过加强环境监测、严格执行国家颁发的有关原子能工厂管理的规定、严格控制向海域排放放射性废物。此外，城市排污和农药排污都能对海洋造成污染。人们必须以保护海洋、开发海洋为宗旨，看重并全力执行海洋各种污染的防治工作。

第7章 海洋生物环境化学

7.1 海洋生物多样性

生物多样性既可以调节和维系生态系统的平衡,还可以为人类提供所需的食物、药品、能源和工业原材料,在人类和环境的关系中起着关键性作用。联合国在《21 世纪议程》中明确肯定:"海洋是全球生命支持系统的一个基本组成部分。"

7.1.1 生物多样性

生物多样性是"遗传基因、物种和生态系统三个层次多样性的总称"。遗传基因多样性是生物多样性的基础层次,物种多样性是中间层次,而生态系统多样性则是最高层次。

(1) 遗传基因多样性

广义的遗传基因多样性是指遗传信息的总和,包含栖息于地球上的植物、动物和微生物个体的"基因"在内。通常说生物多样性或物种多样性时,往往就包含于各自的多样性。狭义的遗传基因多样性是指不同种群(在特定时间内占据特定空间的同种有机体的集合群)之间或同一种群不同个体的遗传变异的总和。换言之,遗传多样性也包括多个层次。遗传基因多样性是遗传信息多样化的体现。生物的遗传信息储存在染色体和细胞基因组的 DNA 序列中,而且能够准确地复制自己的遗传物质 DNA,并将遗传信息一代代地传下去,保持了遗传性状的稳定性。这种稳定性是相对而言的,因为在自然界和生物体内有很多因素能够影响 DNA 复制的准确性,从而导致不同程度的变异。遗传和变异不断积累,不断丰富了遗传多样性的内容。变异可能是生物对环境变化的适应,它又能够为物种进化储备重要原料,因而,对生物基因工程有重要意义。

(2) 物种多样性

物种即生物种,物种多样性是指地球上生命有机体的多样性。目前已被描述和记载的生物已达 140 万种以上,迄今为止,人们还不敢妄言地球上到底生活着多少物种,现今还在不断地发现前所未知的新物种。物种是生物进化链上的基本环节,是发展的连续性与间断性统一的基本形式，它虽然是相对稳定的，但也处于不断变异和不断发展之中。通常按 5 界分类系统，把生物分为原核生物界、原生生物界、真菌界、植物界和动物界。根据生物生态和结构特征，在界之下再进一步分为门、纲、目、科、属和种。

（3）生态系统多样性

生态系统是生命系统和环境系统在特定空间的组合。在生态系统中，各种生物之间以及生物与非生物的环境因素之间，都互相作用、密切联系，不断进行着物质循环、能量流动和信息传递。在一个正常的生态系统中，上述各种关系是相对平衡的，称为生态平衡（ecological balance）。其具体表现为：时空结构的有序性，能量流、物质流的收支平衡，系统自我修复、调节功能的保持，抗逆、抗干扰、缓冲能力强。生态系统中包括群落，群落是指栖息于一定地域或生境中各种生物种群通过相互作用而有机结合的集合体。生物群落与周围非生物环境的综合体，就构成了生态系统。在地球系统内，生物圈就存在着各种生态系统，若干小的生态系统可以进一步组合成为大的生态系统，依此类推，以至整个生物圈即可视为地球上最大的生态系统，也叫生态圈。

在生态系统内，生物必要成分包括生产者（自养者）、分解者和转变者（后两者又统称为还原者），生物非必要成分主要是各级消费者（他养或异养者），非生物的必要成分包括日光和养分。虽然任何一个生态系统都由上述四个基本部分组成，但具体到每一个生态系统，这四个部分承担的多少大不相同。而且由生产者和消费者之间的摄食关系所构成的食物链，特别是食物链互相交织形成的食物网更加复杂多样。在一个稳定的生态系统中，由最底层生产率最大的自养植物、上一层的植食性动物和最上层生产率最小的肉食性动物形成的金字塔状的营养层，称为生产率金字塔（pyramid of production rate）。依据各营养级的能量画成的生态金字塔一般可分为三类：数量金字塔（pyramid of number）、生物量金字塔（pyramid of biomass）以及能量金字塔（pyramid of energy）。生态系统可分为陆地生态系统和水生生态系统两大类型，而水生生态系统又可分为淡水生态系统和海洋生态系统，其中海洋生态系统还可以再分为次一级的生态系统或更小的生态系统。

7.1.2 海洋生物多样性

（1）海洋生物的遗传基因多样性

海洋生物的遗传基因多样性是海洋生物不断进化的基础，种群内的遗传变异体现着海洋物种进化的潜力，得益于这种遗传基因的多样性，海洋生物才能进化并适应所处的海洋环境及其变化。各种海洋生物种群的遗传基因组合类型终归是有限的，所以种群在突变、自然选择以及遗传漂移过程中常会出现遗传趋异，导致有些种群有了一些独有的、特别的基因型（等位基因）。异常性状的出现反映了生物本身的适应性改变，使其更容易在特殊环境下生存繁衍。海洋生物遗传多样性的研究已取得了较大的进展，海洋生物群体结构的遗传特征受其早期生活史的影响较大。海洋生物遗传基因多样性的研究，不但是现代生物遗传育种的基础，也是现在各国大力发展的海洋生物基因工程的基础。海洋生物基因工程是指将遗传物质 DNA 分子的特定片段（基因）经过剪切、拼接后导入海洋生物受精卵、胚胎细胞或体细胞中，定向改变海洋生物遗传性状的技术。

（2）海洋生物的物种多样性

海洋生物的物种多样性比陆地或淡水生物的多样性更为显著，这与海洋环境的复杂化和多样化密不可分。目前所发现的动物界 34 个门类中，海洋生境内就有 33 个门，而且其中的 15 个门是海洋特有门。陆地生境 18 个门中仅有 1 个特有门。两种生境所共有的门类是 5 门，但其中包含的物种总数的 95%都有海洋特有种。据估计，地球上 80%以上的生物生活在海洋中，已确切描述的海洋生物约 40 万种，其中低等海洋生物 20 万种，包括海藻 3 万种、软体动物 7.5 万种、腔肠动物 1 万种以及海绵动物 1 万种等，高等海洋生物中仅鱼类就有 2 万种。通过海洋调查和研究还在不断地发现新的物种，即使在人们曾称为"不毛之海"的马尾藻海中，也发现了近 2000 个新物种和 120 万个新基因。动物界物种数量最多，其中的节肢动物门、脊索动物门和软体动物门，每门的物种数量都超过 2500 个。我国近海 24 个动物门中有 11 个门是海洋生境特有的，即栉水母动物门、扁形动物门、动吻动物门、曳鳃动物门、星虫动物门、螠虫动物门、帚虫动物门、腕足动物门、毛颚动物门、棘皮动物和半索动物门。我国近海物种分布大都是由黄海经东海向南海递增，但鱼类、螺类、兽类及龟鳖蛇类却以东海最多。西太平洋的一些温水种分布的南界和许多暖水种分布的北界都在我国近海。黑潮暖流使若干暖水种的分布显著北移。我国近海有许多珍稀保护或特有动物，如中华鲟是国家一级保护动物。根据海洋生物的生活方式，可将其分为浮游生物、游泳生物和底栖生物三大类群，若按其生物学特征，又可分为海洋植物、海洋动物和海洋微生物。

① 海洋浮游生物

海洋浮游生物又分为浮游植物和浮游动物两类，它们的共同特点是无游泳能力或游泳能力很弱，不能自主定向运动而悬浮于海水中随水流移动。现已描述的浮游生物超过 4000 种，随着调查研究的深入，估计还会发现新种。我国海区大约有 1800 种浮游植物，可分为大型藻类和单细胞藻类。大型藻类主要有蓝藻门、红藻门、褐藻门和绿藻门。单细胞藻类又称微型藻类，是浮游植物的主要组成部分，也是海洋初级生产力的主要担当者，包括硅藻门、甲藻门、金藻门、隐藻门和褐藻门等。海洋浮游动物种类繁多、结构复杂且个体差异大。有终生浮游的如桡足类和水母等，也有季节性浮游的如鱼卵、仔稚鱼和底栖无脊椎动物幼体等。多个门类都有浮游动物，如原生动物、甲壳动物、腔肠动物、毛颚动物和软体动物等。原生动物是最小的浮游动物，我国近海已记录 2000 种，分鞭毛虫、有孔虫、放射虫和纤毛虫等。原生动物过度繁殖会引发赤潮，有的寄生于鱼、虾内而致其受病害。

② 海洋游泳生物

海洋游泳生物能靠发达的运动器官自由游泳，因此又称自游生物。海洋游泳生物包括鱼类、游泳甲壳类、游泳头足类、海洋爬行类、海洋哺乳类以及海洋鸟类等。其中鱼类数量多，是海洋捕捞业的主要对象。世界海洋鱼类约有 2.6 万种，可分为 3 个纲，即无颌纲、软骨鱼纲和硬骨鱼纲。无颌纲是最原始的鱼类，如盲鳗、七鳃鳗等，体壁无鳞，有的能在淡水中生活。软骨鱼纲也称板鳃鱼类，有软骨而无鱼鳞，如鲨鱼和鳐鱼等。硬骨鱼纲有硬骨，我国近海记录超过 3032 种。它们的栖息环境和食性差别很大。食浮游生物者体型较小，如鲱鱼、沙丁鱼和鳀鱼。大型大洋鱼类如金枪鱼属于食鱼类者。鳕鱼则在幼体阶段食浮游生物，成体阶段捕食其他鱼类。多数鱼类具有集群性，如产卵集群、索饵集群和越冬集群。大部分海洋鱼类具有洄游性，如产卵洄游、索饵洄游和越冬洄游。游泳甲壳类在我国的近海已记录 3000 多种，隶属于世界上最大的动物门，即节肢动物门（现存 100 多万种，约占动物界总种数的 80%）。甲壳纲约 2.5 万种，可分为6个亚纲：鳃足亚纲、介形亚纲、桡足亚纲、鳃尾亚纲、蔓足亚纲和软甲亚纲。其中软甲亚纲下属种类最多，近2万种。我国近海记录到虾、蟹类达1206种，经济价值最大。蔓足亚纲中的藤壶可固着于海底，但也常附着于船底、浮标和管道等，对其造成很大危害，归类为污着生物。游泳头足类在我国近海已记录101种，隶属于软体动物头足纲，鱿鱼、章鱼和乌贼为其主要代表。鱿鱼的捕获量多，占头足类的70%。海洋爬行类主要是海龟、海蛇、海蜥蜴和海鳄鱼等，我国近海已记录24种。全球目前有海龟8种，是海洋中躯体最大的爬行动物。海龟产卵都要到海岸沙滩上，常被人类采收或被天敌捕食，孵出幼龟本能地返回海洋，在途中又可能被鸟类等捕食，故已成为濒危物种。海蛇约有60种，大都有剧毒，但蛇毒有药用价值。海洋哺乳类可以分为鲸目、鳍足目和海牛目。我国近海已记录到38种。鲸目约有76种，包括鲸鱼和海豚，又分须鲸亚目和齿鲸亚目。前者有蓝鲸、长须鲸、露脊鲸、座头鲸、灰鲸等10种，以鲸须滤食浮游植物为特征；后者有牙齿而无鲸须，如虎鲸、抹香鲸、海豚等66种。国际上已从1986年起无限期禁止商业捕鲸。海豚驯养可有多种用途。鳍足目约有32种，包括海豹、海狮和海象。主要分布于两极海域，在浮冰上或陆上集群产仔和休息。海豹体型适于游泳，在产仔、哺乳、蜕毛时可上岸活动，上岸后靠前肢爬行而显得笨拙，易被猎杀。海牛目是食草动物，有海牛科3种，儒艮科1种，主要分布于近岸浅水、河口湾等水域。海牛生活于大西洋水域，行动迟缓，易被杀。儒艮俗名"美人鱼"，生活于我国广东、广西、台湾等省沿海及印度洋沿岸，不远离海岸，行动迟缓，温顺可亲，属于国家一级保护动物。海洋鸟类约有285种，仅南极企鹅就有数百万只。矶鹬等一些生活在海岸上的海鸟不会游泳，而海燕、海雀和企鹅等则高度适应海洋生活。在上升流和海洋锋等高生产力海域，鸟类集聚较多。许多海鸟有迁徙习性，但它们都得依赖陆地巢穴产卵育雏，而在这一阶段也最容易遭受捕食。

③ 海洋底栖生物

海洋底栖生物栖息于海底，生物种类繁多，估计在100万种以上，既有植物也有动物。底栖植物固着于浅海水底或沉积物上，但因受限于光照而主要分布于真光带。底栖低等植物主要为单细胞藻类和大型藻类，底栖高等植物主要为大型被子植物。红树植物可以生活在潮上带，而浒苔等可附着于物体或船底。单细胞藻类又称微型藻类，个体小、数量大、种类繁多，包括蓝藻、硅藻和甲藻等，它们是浅海水域初级生产力的主要角色。大型海藻主要有绿藻（如石莼）、褐藻（如海带）和红藻（如紫菜）。大型被子植物及其生境包括由耐盐乔木和灌木组成的红树林沼泽、以大米草等盐沼植物占优势的河口盐沼以及集中在潮下带的海草床，它们的生产力都很高。底栖动物生活在海洋基底表面或沉积物中，从海滩到潮下带甚至到万米深海都有发现。底栖动物种类丰富，软体动物达5万种，甲壳类已发现4万种，依其个体大小可分为大型、小型和微型。大型底栖动物的体（径）长大于1mm，常见的是多毛类蠕虫（如沙蚕），其次有双壳类软体动物（如文蛤）、端足类和十足目甲壳动物（如对虾），偶见掘穴的海参类棘皮动物。小型底栖动物体（径）长为0.5~1mm，有线虫、猛水蚤桡足类动物、涡虫类及腹毛类动物，也可能有大型底栖动物的幼体（称为暂时性小型底栖动物）。微型底栖动物小于0.5mm，为纤毛纲的原生生物。

（3）海洋生物的生态系统多样性

海洋生物的生态系统多样性与海洋生物群落的多样性有关，如滨海湿地生物群落、近海生物群落、河口生物群落、大洋生物群落、红树林生物群落以及珊瑚礁生物群落等。不同的海洋生物群落与其栖息的相应环境构成了各具典型特征的海洋生态系统。

7.2 海洋环境与海洋生物的相互作用

7.2.1 海洋环境分区与海洋生物的相互关系

从海洋环境生态学的角度出发，可以将海洋环境划分为水层和水底两大部分，两者又可进一步划分为不同的生态带。水层环境是指从海洋表面直到海底的全部海水。由于海域的广度和深度相差悬殊，因此可以分为浅海区和大洋区。浅海区又称为沿岸区、近岸区或浅海带，它与大洋区的分界通常取200m水深等值线，此处之上大体相当于水层环境中的真光带（光线较充足的海洋表层），又称透光层，该水层植物光合作用固定的有机碳量超过呼吸消耗的量；此处之下是弱光带，再往下便是无光层，又称无光带（弱光带下方至海底之间日光照射不到的水层）。浅海区受邻近陆地的影响较大，盐度一般较低，且海水理化状况随季节变化大，但陆地径流携运来的营养元素和有机物含量丰富，因此，该区域海洋生物种类多，成了鱼类栖息、索饵和产卵的主要场所，有的就以重要经济鱼类的渔场而著称。大洋区又称远洋区，是陆架以外的全部海域，其水平和铅直范围都很大，又可再分为上层、中层、深层、深渊层和超深渊层。水底环境包括全部海底以及高潮时的海浪能冲击到的海岸带区域，也可以再分为潮间带、潮下带、半深海带、深海带和深渊带。海底环境复杂多变，是造就海洋底栖生物纷杂多样的条件之一，是底栖海洋生物的家园。

7.2.2 海洋环境要素与海洋生物的相互作用

海洋生物与其赖以生存的海洋环境既密切相关又相互影响，各种环境要素之间也彼此影响和相互制约。由多种海洋环境要素构成的海洋环境复合体，对生活于其中的海洋生物的综合影响，也是海洋生物环境化学关注的重要问题之一。当然，研究其综合作用时不能忽视限制因子的关键作用，常有一个或少数几个环境要素对生物的生存和繁衍起限制作用，当这类要素接近或超过生物的忍受范围时，相应生物的生长、繁殖和生存就会受到限制。最大和最小的忍耐水平被定义为该生物对该环境要素的耐受极限或生态幅。耐受限度是生物对环境变化的适应能力，也是生物进化过程中对环境要素适应的结果，如潮间带生物的生态幅比较大。当然，也有某些种类的海洋动物可以通过迁移而避离限制因子的制约。

（1）光照

光是植物进行光合作用的重要能源，直接影响海洋初级生产，从而成为食物链和物质传递的起始条件之一。能够进入海水中的光能受各种因素影响，并且在光透射入海水后也会因散射、吸收而衰减。根据透射光强度与海洋生物生命活动的关系，在铅直方向上可以把海洋环境分为三层，即真光层、弱光层和无光层。真光层又称真光带或透光层，位于海洋上层，其光照能充分满足植物生长和繁殖的需要。通常以达到海面光强度1%的水深表示该层的深度。在大洋可达150~200m，而在近岸浑浊水域甚至只有几米。第二层是弱光层，植物已不能有效生长和繁殖，因一昼夜之内植物光合作用生产的量已小于其呼吸作用的消耗。从弱光层下限直到海底为无光层，亦称无光带。因为从海面透射下来的光照在这里已不具有生物学意义，植物不能生存，只有一些肉食性和碎食性动物生活于此。然而，在海底热泉或冷渗口，却有一些细菌不靠光而是通过化能合成作用生产有机物。不同水层光照的差异，影响了浮游植物以及营底栖生活的植物在铅直方向上的分布，例如，底栖植物由沿岸浅海向下依次为绿藻、褐藻和红藻。不仅浮游生物的铅直分布与光照有着明显的关联，海洋动物的体色也表现出对光照的适应性，有些海洋动物甚至能随周围环境色调而改变自身体色。光照条件的变化还可影响海洋动物的行为，如趋光性或避光性，甚至洄游性也与光照有关，即起到定位、定向作用并影响许多动物性腺的成熟。

（2）温度

大多数海洋生物对水温各有其适应的特定范围，即最适温度和能忍受的最低温度或最高温度，而且在其生长、发育和繁殖的各个阶段，分别要求不同的水温环境。依据海洋生物对水温变化的耐受限度，可分为狭温性和广温性，而狭温性又可再分为暖水种、温水种、冷水种等。水温的时空分布成了对海洋生物时空分布的无形阻隔。例如，暖水种主要生活于热带、亚热带海域，红树林大致在南北回归线之间，而企鹅多生活在南半球高纬度海域。海水温度的季节性变化，会影响冷血性海洋动物生长的季节性交替，并使某些动物结构发生相应的改变。水温对海洋动物的繁殖影响很大，它们的生殖季节、性产物的成熟和生殖量等大多受温度制约，尤其在产卵和胚胎发育阶段对温度要求更为严格。有些种类虽然可以在某海域生活，却不能在此正常繁殖发育，即出现生殖区和不完全发育区，因此它们有季节性洄游（如越冬洄游）或集群长途跋涉奔赴产卵场和育肥海域。生活于潮间带和近岸水域的一些无脊椎动物，有季节性迁移现象，这与水温的年变化有关。浮游动物不可能长距离迁徙，但随水温的周日变化，有些种类可相应下潜或上浮。在南、北两半球的高纬度海域上层水中，有很多海洋生物种类的系统分类十分相似，即南北两极生物有很高的亲缘性，然而在居中连接南北的热带海域上层水中却见不到这些生物。这种地理分布称为两极同源，同样也是水温影响海洋生物的典型例证。

（3）盐度

海水与淡水最大的区别在于海水溶解了各种盐类而有盐度，从而对生活于其中的生物产生了很大的影响。依据海洋生物耐受海水盐度变化范围的大小，可分为狭盐性和广盐性。狭盐性生物主要是大洋热带性种，它们适应了大洋盐度少变的环境，对环境盐度的变化很敏感，甚至对盐度很小的变化也不能忍受，有些大洋性浮游生物在降水导致表层盐度降低时，会下沉到不受降水影响的下层。生活在浅海沿岸，特别是河口区冲淡水域以及潮间带的生物属于广盐性生物，它们对环境盐度较大幅度的变化能够耐受而不致危及生命。这类海洋生物大都具有比较完善的渗透压调节机能，可在盐度急剧变化的水环境中继续生活。有些海洋生物在其生命的不同阶段，需求的盐度显著不同。例如，我国对虾产卵和幼体阶段必须到低盐的河口和浅海海域，随着个体的长大则逐渐移向深水高盐区。鱼类中有不少种类属于广盐性，但即使是这些鱼类，也大多不能忍受过高或低于一定限度的盐度，否则它们也和其他海洋动物一样，种类明显减少。在河口区域由于咸、淡两种水体的相互作用，生物区系一般比较复杂。从河口向海，水体盐度逐渐升高，生物的分布就有了与此种盐度分布特征以及与盐度水平梯度大小相应的变化。

（4）海水压力

海水的浮力大，有利于海洋植物不必强茎而叶茂，大多数海洋动物也无需壮骨而体肥。

然而，因为海水密度大，下层海水的压力也大，所以生活于海洋深层的生物必须承受巨大的压力。一些海洋动物有垂直迁移的习性，鱼类依靠充气的鳔来调节，但深海处压力大，有鳔鱼类难以生存，因此海洋动物也有广深性和狭深性之分。深海动物中有许多是广深性种类，如斧足类和腹足类，许多种类的分布，可以从表层铅直向下到2000m甚至可达4000m。狭深性较强的海洋动物，如浅水的某些贝类、环节动物以及造礁珊瑚，深海的某些斧足类和软骨鱼。

（5）海水运动

海水运动对海洋生物可以产生不可忽视的影响。潮位涨落对潮间带生物的影响和作用是显而易见的。海浪的冲击使栖息于沿岸的动物或者发育出坚硬的保护性外壳，或者以某种方式牢固地附着于基底。生存于海浪较多较大海域的贝类，其外壳厚重得多，珊瑚大多形成圆形或扁平形，而生存在相对平静海域的贝类，其外壳较轻较薄，珊瑚可长成繁茂的树枝状。海流对海洋生物的影响是多方面的。直接作用如对众多浮游生物成体的长途载运，帮助营固着生活或行动缓慢的底栖生物的浮游幼体或孢子向异地散布。间接作用如上升流可将下层富含营养物质的海水输送到上层，补充了被上层生物消耗的营养物质。上升流还可减少浮游生物的下沉，也可减缓上层水温的上升。上升流海域多是良好的渔场。海浪卷夹和上层海流还可增强海水的混合，促进溶解氧的增加并向下层传输，从而维持和增进上层海域的勃勃生机。

（6）海水中的溶解物质

大洋海水的盐度较高且具有恒定性，是由于海水主要成分特别是保守元素的含量相对稳定。而营养元素的含量却与海洋生物的生长息息相关。对海洋浮游植物影响最大的是氮、磷和硅，它们含量的过高或过低对海洋生物常常起限制作用。海洋中还有不少颗粒性悬浮物，在近岸浑浊水中含量更多，海洋中也溶解了少量有机质，其含量则因地因时而异。氮化合物是植物生长的主要营养物质之一，也是海洋浮游植物生长的决定性因素，与叶绿素的形成关系密切，在缺乏氮的情况下，叶绿素的形成会很快停止。在海洋表层由于浮游植物的生长繁殖，氮含量通常较低，浮游植物大量生长繁殖的季节，氮含量急剧下降。磷也是浮游生物生长的主要限制因子，在浮游生物大量繁殖的季节或表层，磷含量也会减少。硅对藻类的生长有重要意义，当硅藻类大量繁殖时，海水上层的硅含量会明显降低。海水中的溶解氧，一般足以维持水生生物的生命活动。对需氧生物而言，是其必需的生存条件，然而厌氧生物则可以在完全缺氧的条件下生活。需氧性生物还可分为广氧性和狭氧性，广氧性如潮间带生物能忍受环境中氧含量的大幅度变化，狭氧性只能忍受氧含量较小范围的变化。大洋表层生物需要大量的氧才能生活，而海底软泥中的细菌和原生生物则只需极少量的氧。海水中的二氧化碳是植物光合作用的原料，其含量对海洋植物的生长具有重要的意义。二氧化硫是在缺氧条件下的产物，它对大多数生物具有毒害作用且毒性强，对鱼类同样有危害，但鱼类大多有对含二氧化硫水层的回避能力。大洋表层水的pH值约为8.1～8.3，深层海水接近7.5，只在极其特殊的海域高达8.6～9.8或低至6.6～7.4。几乎所有生物能忍受的pH值范围为6.0～8.5，某些潮间带的种类对pH值的忍受范围较大。

（7）海洋沉积物

海洋基质为底栖海洋生物提供了生存和发展的空间和条件，也为它们避免被捕食以及应对环境突变提供了有效的保护。底栖海洋生物在其长期进化过程中，对于相关的基质环境有了适应，有的对基质有专一性的要求。栖息于软基质沉积物的海洋底栖生物，其生物群落的组成结构及变化,与沉积物基质以及沉积作用之间存在着极为密切的关系。底栖动物还分底上(底表)和底内(包括穴居和底埋)两种,底上摄食活动局限于海底表面及其下几厘米深,底内则包括大量的挖掘和搬运沉积物活动。底栖生物活动对沉积物的再悬浮具有重要作用,在某些情况下生物再悬浮可以使沉积物与水域之间的颗粒交换率提高10倍,可见底栖生物对海底颗粒物的输送具有明显的影响。

(8) 生物性环境因素

对绝大多数海洋动物而言,生物环境因素,如群落中的食物联系或营养联系,对其存活具有重要的意义。在这些生物联系中,主要是捕食者和被捕食者、食物和消费者、寄生物和寄主的相互关系,以及因摄食类似而衍生的竞争关系等。食物联系是非常复杂的,而且必须在一定的非生物性环境中得以实现,它对于海洋动物的数量变动和空间分布有重要的影响。根据海洋动物摄食的性质,可以将它们分为植食(也称草食)动物、肉食动物、尸食动物、寄生动物和杂食动物;按其取食的方式可分为滤食性、渣食性(碎食性)、铲食性(啃食性)和捕食性(掠食性)等;若按照食物成分的多少可分为单食性、狭食性(寡食性)、多食性(广食性)和泛食性(杂食性)等。适应于不同的摄食方式,它们各有相应的行为方式和器官结构,被捕食者也产生了相应的防御适应。

7.3 生物膜的结构与物质通过生物膜的方式

7.3.1 生物膜的结构

污染物在生物体内的各个过程大多首先会涉及污染物通过机体的各种生物膜。生物膜主要是由磷脂双分子层和蛋白质镶嵌组成的、厚度为 7.5~10nm 的流动变动复杂体。在磷脂双分子层中,亲水的极性基团排列于内外两面,疏水的烷链端伸向内侧,因此,在双分子层中央存在一个疏水区,生物膜是类脂层屏障。膜上镶嵌的蛋白质,有附着在磷脂双分子层表面的表在蛋白,还有深埋或贯穿磷脂双分子层的内在蛋白,但它们的亲水端也都露在双分子层的外表面。这些蛋白质各具一定的生理功能,可以作为转运膜内外物质的载体,也可以作为起催化作用的酶或是能量的转换器等。生物膜中还分布有带极性、常含有水的微小孔道,称为膜孔。

7.3.2 物质通过生物膜的方式

物质通过生物膜的方式可以分为膜孔滤过、被动扩散、被动易化扩散、主动转运和胞吞胞饮五类。

(1) 膜孔滤过

直径小于膜孔的水溶性物质,可借助膜两侧的静水压以及渗透压经膜孔滤过。

(2) 被动扩散

脂溶性物质从高浓度侧向低浓度侧,即顺浓度梯度扩散通过有类脂层屏障的生物膜。扩散速率服从 Fick 定律：

$$\frac{dQ}{dt} = -DA\frac{\Delta c}{\Delta x} \tag{7-1}$$

式中，dQ/dt 为物质膜扩散速率，即 dt 间隔时间内垂直扩散通过膜的物质的量；Δx 为膜厚度；Δc 为膜两侧物质的浓度梯度；A 为扩散面积；D 为扩散系数。

扩散系数取决于通过的物质本身的性质和膜的性质。一般情况下，脂/水分配系数越大，分子越小，或在体液 pH 条件下解离越少的物质，扩散系数也越大，容易扩散通过生物膜。被动扩散不需要耗能和载体，因而不会出现特异性选择、竞争性抑制和饱和现象。

（3）被动易化扩散

有些物质可以在高浓度侧与膜上的特异性蛋白质载体结合，通过生物膜至低浓度侧解离出原物质，这一转运称为被动易化扩散。它受到膜特异性载体及其数量的制约，因而呈现特异性选择，类似物质竞争性抑制和饱和现象。

（4）主动转运

在需消耗一定的代谢能量下，一些物质可以在低浓度侧与膜上高浓度特异性蛋白质载体结合，通过生物膜至高浓度侧解离出原物质，这一转运称为主动转运。主动转运过程中所需的代谢能量来自膜的三磷酸腺苷酶分解三磷酸腺苷（ATP）成二磷酸腺苷（ADP）和磷酸时所释放的能量。这种转运与膜的高度特异性载体及其数量有关，具有特异性选择、类似物质竞争性抑制和饱和现象。例如，钾离子在细胞内外的浓度分布为$[K^+]_{细胞内} \geqslant [K^+]_{细胞外}$，这一浓度分布是由相应的主动转运造成的，即低浓度侧钾离子易与膜上磷酸蛋白 P（磷酸根与丝氨酸相结合的产物）结合为 KP，而后在膜中扩散并与膜的三磷酸腺苷发生磷化，将结合的钾离子释放至高浓度侧，反应如下：

$$K^+（膜外）+ P \longrightarrow KP$$

$$KP + ATP \longrightarrow PP + ADP + K^+（膜内）$$

（5）胞吞和胞饮

少数物质与膜上某种蛋白质有特殊的亲和力，当与膜接触后，可改变这部分膜的表面张力，引起膜的外包或内陷，使物质被包围进入膜内。固体物质的这一转运称为胞吞，而液体物质的这一转运称为胞饮。

综上所述，物质以何种方式通过生物膜，主要取决于机体各组织生物膜的特性和物质本身的结构以及理化性质。物质的理化性质主要包括脂溶性、水溶性、解离度以及分子大小等。被动易化扩散和主动转运是正常的营养物质及其代谢产物通过生物膜的主要方式。大多数物质一般以被动扩散方式通过生物膜。

7.4 污染物在机体内的转运

污染物在机体内的运动过程包括吸收、分布、排泄和生物转化。其中，吸收、分布和排泄统称为转运，而排泄和生物转化又称为消除。

7.4.1 吸收

吸收是污染物从机体外，通过各种途径透过体膜进入血液的过程。吸收的途径主要包括机体的消化管、呼吸道和皮肤。消化管是吸收污染物最主要的途径，包括从口腔摄入的食物和饮水中的污染物，主要通过被动扩散被消化管吸收，主动转运较少。消化管的主要吸收部位在小肠，其次是胃，进入小肠的污染物大多以被动扩散通过肠黏膜再转入血液，因而污染物的脂溶性越强及其在小肠内浓度越高，被小肠吸收得就越快。此外，血液流速也是影响机体对污染物吸收的因素之一。血流速度越大，膜两侧污染物的浓度梯度越大，机体对污染物的吸收速率也越大。由于脂溶性污染物的经膜通透性好，因此它被小肠吸收的速率受到血流速度的限制。相反，一些极性污染物因脂溶性小，在被小肠吸收时经膜扩散是其限制因素，而对血流影响不敏感。呼吸道是吸收大气污染物的主要途径，其主要吸收部位是肺泡。肺泡的膜很薄，数量众多，四周布满壁膜极薄、结构疏松的毛细血管，因此，吸收的气态和液态气溶胶污染物，可以以被动扩散和滤过方式迅速通过肺泡和毛细血管膜进入血液。固态气溶胶和粉尘污染物吸进呼吸道后，可在气管、支气管和肺泡表面沉积。皮肤吸收是不少污染物进入机体的主要途径之一。皮肤接触的污染物，常以被动扩散相继通过皮肤的表皮及真皮，再经过真皮中的毛细血管壁膜而进入血液。一般，分子量低于300、处于液态或溶解态、呈非极性的脂溶性污染物最容易被皮肤吸收，如酚。

7.4.2 分布

分布是指污染物被吸收后或其代谢产物形成后，由血液转送至机体各组织，与组织成分结合，从组织返回血液以及再反复等过程。在污染物的分布过程中，污染物的转运以被动扩散为主。脂溶性污染物易于通过生物膜，此时，经膜通透性对其分布影响不大，组织血流速度是分布的限制因素。因此，它们在血流丰富的组织，如肺、肝和肾中的分布，远比血流少的组织，如皮肤、肌肉和脂肪中迅速。污染物常与血液中的血浆蛋白结合，这种结合呈可逆性，结合与解离处于动态平衡。只有未与蛋白质结合的污染物才能在体内组织中进行分布，因此，与蛋白质结合率高的污染物，在低浓度下几乎全部与蛋白质结合，存留在血浆内，但当其浓度达到一定水平，未被结合的污染物剧增，快速向机体组织转运，组织中该污染物的分布显著增加。而与蛋白质结合率低的污染物，随着浓度的增加，血液中未被结合的污染物也逐渐增多，故对污染物在体内分布的影响不大。由于亲和力不同，污染物与血浆蛋白的结合受到其他污染物以及机体内源性代谢物质的置换竞争影响。该影响显著时，会使污染物在机体内的分布有较大的改变。有些污染物可与血液的红细胞或血管外组织蛋白相结合，也会明显影响它们在体内的分布。例如，肝、肾细胞内有一类含疏基氨基酸的蛋白质，易与锌、镉、汞、铅等重金属结合成复合物，称为金属硫蛋白，因而肝、肾中这些污染物的浓度可以远远超过其血中浓度数百倍。

7.4.3 排泄

排泄是污染物及其代谢产物向机体外的转运过程。排泄器官有肾、肝胆、肠、肺以及外分泌腺等,其中以肾和肝胆为主。肾排泄是污染物通过肾随尿而排出的过程。肾小球毛细血管壁有许多较大的膜孔,大部分污染物都能从肾小球滤过,但分子量过大的或与血浆蛋白结合的污染物不能滤过,仍存留在血液中。肾的近曲小管具有有机酸和有机碱的主动转运系统,能分别分泌有机酸(如羧酸、磺酸和尿酸等)和有机碱(如胺和季铵等),通过这两个转运,污染物进入肾管腔然后从尿液中排出。与此相反,肾的远曲小管对滤过肾小球溶液中的污染物可以被动扩散进行重吸收,使之在不同程度上又返回血液中。肾小管膜的类脂特性与机体其他部位的生物膜相同,因此,脂溶性污染物更容易被重吸收。此外,肾小管液的pH对重吸收也有影响。呈酸性时,有机弱酸解离少易被重吸收,而有机弱碱解离多难于被重吸收。呈碱性时,恰好相反。总之,肾排泄污染物的效率是肾小球滤过、近曲小管主动分泌和远曲小管被动重吸收三者的综合作用结果。一般来说,肾排泄是污染物的主要排泄途径。污染物的另一个重要排泄途径是肝胆系统的胆汁排泄。胆汁排泄是指由消化管和其他途径吸收的污染物,经血液到达肝脏后,以原物或其代谢产物与胆汁一起分泌到十二指肠,经小肠至大肠内,再排出体外的过程。污染物在肝脏的分泌主要是主动转运,被动扩散较少,其中,少数是原形物质,大多数是原形物质在肝脏经代谢转化后的产物,所以胆汁排泄是原形污染物排出体外的一个次要途径,但它是污染物的代谢产物排出体外的主要途径。一般情况下,水溶性大、脂溶性小的化合物,随胆汁排泄良好。值得注意的是,有些污染物由胆汁排泄,在肠道中又重新被吸收,这些物质呈高脂溶性,包含胆汁中的原形污染物或污染物代谢结合物在肠道经代谢转化而复得的原形污染物。能进行肠肝循环的污染物通常在体内停留时间较长,排出甚慢。

7.4.4 蓄积

生物机体如果长期接触某种污染物,当其吸收超过了排泄和代谢转化,则会出现该污染物在机体内逐渐增多的现象,称为生物蓄积。蓄积量是吸收、分布、代谢转化和排泄各量的代数和。蓄积时,污染物在机体内的分布,常常表现为相对集中的方式,主要集中在机体的某些部位。机体中的主要蓄积部位包括血浆蛋白、脂肪组织和骨骼。污染物可以与血浆蛋白结合而蓄积;许多有机污染物及其代谢的脂溶性产物,如苯、多氯联苯等,可以通过分配作用,溶解集中于脂肪组织;钡、锶、铍和镭等金属,可以经离子交换吸附进入骨骼组织中而蓄积。有些污染物的蓄积部位与毒性作用部位相同,如百草枯在肺部、一氧化碳在红细胞中的血红蛋白集中就属于这类情况。但是,有些污染物的蓄积部位与毒性作用部位不相同,如DDT在脂肪组织中蓄积,而它的毒性作用部位却是神经系统和其他脏器,铅集中在骨骼中,而其毒性作用部位却在造血系统、神经系统和胃肠道等。蓄积部位中的污染物常同血浆中游离型的污染物保持相对稳定的平衡,当污染物从体内排出或机体不与之接触时,血浆中污染物随即减少,蓄积部位就会释放该物质,以维持上述平衡。因此,在污染物蓄积和毒性作用的部位不同时,蓄积部位可以成为污染物内在的二次接触源,有可能引起机体慢性中毒。

7.5 污染物在机体内的生物富集、放大与积累

7.5.1 生物富集

生物富集是指生物通过非吞食的方式，从周围环境（水、土壤、大气）中蓄积某种元素或难降解的物质，使其在机体内的浓度超过周围环境中浓度的现象。

生物富集可以用生物浓缩系数 BCF 表示，即

$$\text{BCF} = c_b / c_e \tag{7-2}$$

式中，BCF 为生物浓缩系数；c_b 为某种元素或难降解物质在机体中的浓度；c_e 为某种元素或难降解物质在机体周围环境中的浓度。

生物浓缩系数可以是个位到万位级，甚至更高。其大小与三方面影响因素有关：

① 在污染物性质方面。主要影响因素包括降解性、脂溶性和水溶性。一般情况下，降解性小、脂溶性高和水溶性低的污染物，其生物浓缩系数高，反之则低。例如，虹鳟对 2,2′-四氯联苯和 4,4′-四氯联苯的浓缩系数为 12400，而对四氯化碳的浓缩系数是 17.7。

② 在生物特征方面。主要影响因素有生物种类、大小、性别、器官以及生长发育阶段等。例如，金枪鱼和海绵对铜的浓缩系数分别是 100 和 1400。

③ 在环境条件方面。主要影响因素包括温度、盐度、硬度、pH 值、氧含量和光照状况等。例如，翻车鱼对多氯联苯的浓缩系数在水温为 5℃时为 6.0×10^3，而在 15℃时为 5.0×10^3，水温升高，相差显著。一般来说，重金属元素、氯化碳氢化合物、稠环以及杂环等化合物具有很高的生物浓缩系数。

从动力学的观点来分析，水生生物对水中难降解物质的富集速率是该生物对污染物的吸收速率（R_a）、消除速率（R_e）以及由生物机体质量增加所引起的物质稀释速率（R_g）的代数和。可以表示为：

$$R_a = k_a c_w \tag{7-3}$$

$$R_e = -k_e c_f \tag{7-4}$$

$$R_g = -k_g c_f \tag{7-5}$$

式中，k_a、k_e、k_g 分别为水生生物的吸收、消除和生长速率常数；c_w、c_f 分别为水中和机体内的瞬时物质浓度。

因此，水生生物的富集速率微分方程可以表示为：

$$\frac{dc_f}{dt} = k_a c_w - k_e c_f - k_g c_f \tag{7-6}$$

如果在富集过程中，生物质量的增加不明显，则 k_g 可忽略不计，上式简化成：

$$\frac{dc_f}{dt} = k_a c_w - k_e c_f \tag{7-7}$$

通常，水体足够大，水中的物质浓度（c_w）可视为恒定。又设 $t=0$ 时，$c_f(0)=0$，则在此条件下求解上式可得水生生物的富集速率方程为：

$$c_f = \frac{k_a c_w}{k_e + k_g}[1 - \exp(-k_e - k_g)t] \tag{7-8}$$

$$c_f = \frac{k_a c_w}{k_e}[1 - \exp(-k_e)t] \tag{7-9}$$

从上面两个式子可以看出，水生生物的浓缩系数（c_f/c_w）随时间的延续而增大，先期增大比后期迅速，当 $t \to \infty$ 时，生物浓缩系数依次为

$$\text{BCF} = \frac{c_f}{c_w} = \frac{k_a}{k_e + k_g} \tag{7-10}$$

$$\text{BCF} = \frac{c_f}{c_w} = \frac{k_a}{k_e} \tag{7-11}$$

上式说明，在一定的条件下，生物浓缩系数存在一个阈值。此时，水生生物富集达到动态平衡。生物浓缩系数常指生物富集达到平衡时的 BCF 值，并可由实验测得。在控制条件的实验中，可用平衡方法测定水生生物体内及水中的物质浓度，也可用动力学方法测定 k_a、k_e 和 k_g，然后用上面两个式子计算 BCF 值。

水生生物对水中物质的富集是一个复杂的过程。对于有较高脂溶性和较低水溶性的、以被动扩散通过生物膜的难降解有机物而言，这一过程的机理可简示为该类物质在水和生物脂肪组织两相间的分配作用。例如，鱼类通过呼吸，在短时间内有大量的水流经鳃膜，水中溶解的该类有机物，易于被动扩散通过极薄的鳃膜，随血流转运，相继经过富含血管的组织，除少量被消除外，主要输送至脂肪组织中蓄积，显示其在水-脂肪体系中的分配特征。人们以正辛醇作为水生生物脂肪组织的代替，发现这些有机物在正辛醇-水两相分配系数的对数（$\lg K_{ow}$）与其在水生生物体中浓缩系数的对数（$\lg$BCF）之间有良好的线性正相关关系，其通式为：

$$\lg \text{BCF} = a \lg K_{ow} + b \tag{7-12}$$

上式中的回归系数 a、b 与有机物和水生生物的种类以及水体环境条件有关。据此选用已建成的回归方程，代入 K_{ow} 值，便可估算相应有机物的 BCF 值。

7.5.2 生物放大

生物放大是指在同一食物链上的高营养级生物，通过吞食低营养级生物而蓄积某种元素或难降解物质，使其在机体内的浓度随着营养级数的提高而增大的现象。

生物放大的程度也可以用生物浓缩系数表示。生物放大的结果可以使食物链上高营养级生物体内的元素或物质的浓度超过周围环境中的浓度。例如，在北极地区，以地衣→北美驯鹿→狼的食物链上，明显存在着 ^{137}Cs 生物放大的现象。但是，生物放大并不是在所有条件下都能发生。有文献报道，有些物质只能沿着食物链进行传递，不能沿食物链进行放大，而有些物质既不能沿食物链传递，也不能沿食物链放大。这是因为，影响生物放大的因素是多方面的，如

食物链往往都十分复杂，相互交织成网状，同一种生物在发育的不同阶段或相同阶段都有可能隶属于不同的营养级，因而具有多种食物来源，这就扰乱了生物放大。不同生物或同一生物在不同的条件下，对物质的吸收、消除等均有可能不同，这些也会影响生物放大的状况。

7.5.3 生物积累

生物放大或生物富集均属于生物积累的一种情况。所谓生物积累，就是生物从周围环境（水、土壤、大气）中和食物链上蓄积某种元素或难降解物质，使其在机体内的浓度超过周围环境中浓度的现象。

生物积累也可以用生物浓缩系数表示。以水生生物对某物质的生物积累为例，其微分速率方程可以表示为：

$$\frac{dc_i}{dt} = k_{a_i} c_w + \alpha_{i,i-1} W_{i,i-1} c_{i-1} - (k_{e_i} + k_{g_i}) c_i \quad (7\text{-}13)$$

式中，c_w 为生物生存水中某物质浓度；c_i 为食物链 i 级生物中该物质浓度；c_{i-1} 为食物链 $i-1$ 级生物中该物质浓度；$W_{i,i-1}$ 为 i 级生物对 $i-1$ 级生物的摄食率；$\alpha_{i,i-1}$ 为 i 级生物对 $i-1$ 级生物中该物质的同化率；k_{a_i} 为 i 级生物对该物质的吸收速率常数；k_{e_i} 为 i 级生物体中该物质的消除速率常数；k_{g_i} 为 i 级生物的生长速率常数。

上式表明，食物链上水生生物对某物质的积累速率等于从水中的吸收速率、从食物链上的吸收速率及其本身消除、稀释速率的代数和。当生物积累达到平衡时 $dc_i/dt=0$，上式成为

$$c_i = \left(\frac{k_{a_i}}{k_{e_i} + k_{g_i}}\right) c_w + \left(\frac{\alpha_{i,i-1} W_{i,i-1}}{k_{e_i} + k_{g_i}}\right) c_{i-1} \quad (7\text{-}14)$$

式中右端两项依次以 c_{w_i} 和 c_{f_i} 表示，则可改写成

$$c_i = c_{w_i} + c_{f_i} \quad (7\text{-}15)$$

上列式子表明，生物积累的物质浓度中，一项是从水中摄取的浓度，另一项是从食物链传递得到的浓度。这两项的对比，反映出相应的生物富集和生物放大在生物积累达到平衡时的贡献大小。另外，可知 c_{f_i} 与 c_{i-1} 的关系为

$$\frac{c_{f_i}}{c_{i-1}} = \frac{\alpha_{i,i-1} W_{i,i-1}}{k_{e_i} + k_{g_i}} \quad (7\text{-}16)$$

显然，只有在上式的右端项大于 1 时，食物链上从饵料生物至捕食生物才会呈现生物放大。通常 $W_{i,i-1} > k_{g_i}$，因而对于同种生物来说，k_{e_i} 越小和 $\alpha_{i,i-1}$ 越大的物质，生物放大越显著。

7.6 污染物在机体内的转化

物质在生物作用下经受的化学变化，称为生物转化或代谢（转化）。生物转化、化学转

化和光化学转化构成了污染物在环境中的三大主要转化类型。通过生物转化，污染物的毒性也随之发生改变。环境中的污染物在生物转化过程中以微生物起着关键作用，这是因为微生物大量存在于自然界中，具有大的表面或体积值，繁殖非常迅速，对环境条件的适应性强，它们参与的生物转化呈多样性。因此，了解污染物的生物转化，尤其是微生物转化，具有重要的现实意义。

7.6.1 生物转化中的酶

酶是一类由细胞制造和分泌的、以蛋白质为主要成分的、具有催化活性的生物催化剂。绝大多数的生物转化都是在机体酶的参与和控制下进行的。在酶催化下发生转化的物质称为底物或基质，底物所发生的转化反应称为酶促反应。

酶催化作用有三大特点：①催化专一性高。一种酶只能对一种底物或一类底物起催化作用，促进一定的反应，生成一定的代谢产物。例如，蛋白酶只能催化蛋白质水解，而不能催化淀粉水解。②酶催化效率高。一般情况下，酶催化反应的速率比化学催化剂高 $10^7 \sim 10^{13}$ 倍。③酶催化需要温和的外界条件。酶的主要成分为蛋白质，它比化学催化剂更容易受到外界条件的影响，从而可能变质失去催化活性，因此，酶催化作用一般要求温和的外界条件，如常温、常压、中性的酸碱度等。

酶的种类很多，根据酶起催化作用的场所，可以将其分为胞外酶和胞内酶两大类。这两类都在细胞中产生，但胞外酶能通过细胞膜，在细胞外对底物起催化作用，通常是催化底物水解，而胞内酶不能通过细胞膜，仅能在细胞内发挥各种催化作用。酶还可以根据其催化反应类型分为六大类，即氧化还原酶（催化氧化还原反应）、转移酶（催化化学基团转移反应）、水解酶（催化水解反应）、裂解酶（催化底物分子某些键非水解性断裂反应）、异构酶（催化异构反应）、合成酶（与高能磷酸化合物分解相偶联，催化两种底物结合的反应）。酶如果按照成分进行分类可以分为单成分酶和双成分酶两大类。单成分酶只含有蛋白质，如蛋白酶。双成分酶除了含有蛋白质外，还含有非蛋白质的部分，其中，蛋白质部分称为酶蛋白，非蛋白质部分称为辅基或辅酶。辅基同酶蛋白的结合比较牢固，不易分离；辅酶与酶蛋白结合松弛，易于分离。在双成分酶催化反应时，一般是辅基/辅酶起着传递电子、原子或某些化学基团的功能，酶蛋白起着决定催化专一性和高效率的功能。因此，只有双成分酶的整体才具有酶的催化活性，若酶蛋白与辅基/辅酶分离，则均失去相应作用。非蛋白质部分可以是金属离子、含金属的有机化合物或小分子的复杂有机化合物。

7.6.2 生物氧化

生物氧化是指有机物在机体细胞内的氧化，并伴随有能量的释放。放出的能量主要通过二磷酸腺苷与正磷酸合成三磷酸腺苷而被暂时存放，这是因为三磷酸腺苷比二磷酸腺苷多含有一个高能磷酸键。在三磷酸腺苷分解为二磷酸腺苷时再放出相应的能量，用作机体进行吸能反应。在生物氧化中有机物的氧化多为去氢氧化，所脱落的氢（$H^+ + e^-$）以原子或电子形式，由相应氧化还原酶按一定的顺序传递至受体。这一氢原子或电子的传递过程称为氢传递或电子传递过程，其受体称为受氢体或电子受体。受氢体如果为细胞内的分子氧，就是有氧氧化；若是非分子氧的化合物则是无氧氧化。就微生物来说，好氧微生物进行有氧氧化，厌氧微生物进行无氧氧化，兼性厌氧微生物视它的生存环境中氧含量的多少可进行有氧或无氧氧化。其中所涉及的氢传递过程按照受氢体情况可以分为有氧氧化中以分子氧为直接受氢体、有氧氧化中以分子氧为间接受氢体、无氧氧化中有机底物转化中间产物为受氢体（如葡萄糖转化中间产物乙醛为受氢体）、无氧氧化中某些无机含氧化合物为受氢体（如硝酸根、硫酸根和二氧化碳）。

7.6.3 生物降解

有机物通过生物氧化以及其他的生物转化可以变成更小的、更简单的分子，这一过程称为有机物的生物降解。如果有机物降解成二氧化碳、水等简单无机化合物，为彻底降解，否则为不彻底降解。

耗氧有机污染物是生物残体、排放废水和废物中的糖类、脂肪和蛋白质等较易生物降解的有机物。耗氧有机污染物的微生物降解广泛发生于水体中。①糖类的微生物降解。糖类的微生物降解通常包括三步，即多糖水解为单糖，单糖酵解为丙酮酸，丙酮酸再进一步转化。在有氧的条件下，丙酮酸通过酶促反应转化成乙酰辅酶 A 参与到三羧酸循环中，最终被彻底氧化为二氧化碳和水；在无氧的条件下，丙酮酸通过酶促反应发生不完全氧化生成有机酸、醇和二氧化碳等。②脂肪的微生物降解。脂肪的微生物降解途径包括脂肪水解成脂肪酸和甘油，随后甘油转化变成丙酮酸，有氧的条件下进一步变成二氧化碳和水，无氧的条件下通常是转变为简单的有机酸、醇和二氧化碳等。而脂肪酸也可以进一步被转化。③蛋白质的微生物降解。蛋白质的主要组成元素是碳、氢、氧和氮，有些还含有硫、磷等元素。蛋白质是一类由 α-氨基酸通过肽键联结成的大分子化合物。在蛋白质中有 20 多种 α-氨基酸。由一个氨基酸的羧基与另一个氨基酸的氨基脱水形成的酰胺键（—CO—NH—）就是肽键。通过肽键，由两个、三个或三个以上氨基酸的结合，依次称为二肽、三肽和多肽。多肽分子中氨基酸首尾相互衔接，形成的大分子长链称为肽链。多肽与蛋白质的主要区别不在于多肽分子量（<10000）小于蛋白质，而是多肽中肽链没有一定的空间结构，蛋白质分子的长链却卷曲折叠成各种不同的形态，呈现各种特有的空间结构。微生物降解蛋白质的基本途径包括蛋白质水解成氨基酸，氨基酸脱氨脱羧成脂肪酸，脂肪酸继续转化为终产物。④甲烷发酵。在无氧氧化条件下糖类、脂肪和蛋白质都可借助产酸菌的作用降解成简单的有机酸、醇等化合物。如果条件允许，这些有机化合物在产氢菌和产乙酸菌作用下可被转化为乙酸、甲酸、氢气和二氧化碳，进而经产甲烷菌作用产生甲烷。复杂有机物降解的这一总过程称为甲烷发酵或沼气发酵。在甲烷发酵中，一般以糖类的降解率和降解速率最高，脂肪次之，蛋白质最低。甲烷发酵需要满足产酸菌、产氢菌、产乙酸菌和产甲烷菌等各种菌种所需的生活条件，它只能在适宜环境条件下进行。产甲烷菌是专一性厌氧菌，因此甲烷发酵必须处于无氧条件、弱碱性环境等。

7.6.4 生物转化类型

进入生物机体的有毒有机污染物，一般在细胞或体液内进行酶促转化生成代谢物，但其在机体中的转化部位不尽相同。在人及动物中主要转化部位是肝脏,很多有机毒物是肝细胞中一组专一性较低酶的底物。此外,肾、肺、肠黏膜、血浆、神经组织、皮肤、胎盘等也含有相当数量的酶,对有机毒物也具有不同程度的转化功能。生物转化的结果,一方面往往使有机毒物水溶性和极性增加,从而易于排出体外;另一方面也会改变有机毒物的毒性,多数是毒性减小,少数毒性反而增大。有机毒物的生物转化途径复杂多样,但其反应类型主要是氧化、还原、水解和结合四种。前三种反应将活泼的极性基团引入亲脂的有机毒物分子中,使之不仅具有比原毒物较高的水溶性及极性,而且还能与机体内某些内源性物质进行结合反应,形成水溶性更高的结合物,而易于排出体外。因此,把氧化、还原和水解反应称为有机毒物生物转化的第一阶段反应,而将第一阶段反应的产物或具有适宜功能基团的原毒物所进行的结合反应称为第二阶段反应。

7.6.5 毒物及其生物化学机制

毒物是进入生物机体后能使体液和组织发生生物化学变化,从而干扰或破坏机体的正常生理功能,并引起暂时性或持久性的病理损害,甚至危及生命的物质。大多数污染物都是毒物。毒物的定义受到多种因素的限制,如进入机体的物质数量、生物种类、生物暴露于毒物的方式等。限制因素的改变有可能使毒物成为非毒物,反之亦然。例如,钙是人及生物所必需的一种营养元素,但是它在人体血清中的最适营养质量浓度范围为 90~95mg/L。如果高于这一范围,便会引起生理病理的反应,当血清中钙含量高于 105mg/L 时发生钙过多症,主要症状是肾功能失常。而低于这一范围,又将发生钙缺乏症,引起肌肉痉挛、局部麻痹等。毒物的种类按作用于机体的主要部位,可分为作用于神经系统、造血系统、心血管系统、呼吸系统、肝、肾、眼、皮肤的毒物等;根据作用性质,可分为刺激性、腐蚀性、窒息性、致突变、致癌、致畸、致敏的毒物等。

(1) 毒物的毒性

不同毒物或同一毒物在不同条件下的毒性常常有显著的差异。影响毒物毒性的因素多且复杂,主要包括毒物的化学结构和理化性质、毒物所处的基体因素、机体暴露于毒物的状况、生物自身因素以及生物所处的环境条件等。其中,关键因素之一就是毒物的剂量(浓度),毒物的毒性在很大程度上取决于毒物进入机体的数量。毒理学上把毒物剂量(浓度)与引起个体生物学的变化称为效应,把引起群体的变化(如发生率、死亡率等)称为反应。研究表明,毒物剂量(浓度)与反(效)应变化之间存在着一定的关系,称为剂量-反(效)应关系。大多数的剂量-反(效)应关系曲线呈 S 形,即在剂量开始增加时,反(效)应变化不明显,随着剂量的继续增加,反(效)应变化趋于明显,到一定剂量程度后,变化又不明显。毒物剂量(浓度)关系到毒物毒作用的快慢,根据剂量(浓度)大小所引起毒作用快慢的不同,将毒作用分为急性、慢性和亚急(或亚慢)性三种。高剂量(浓度)毒物在短时间内进入机体致毒为急性毒作用;低剂量(浓度)毒物长期逐渐进入机体,积累到一定程度后而致毒为慢性毒作用;介于两者之间的为亚急(或亚慢)性毒作用。

(2) 毒物的联合作用

在实际环境中,往往同时存在着多种污染物,它们对机体可以同时产生毒性,有别于其中任一单个污染物对机体引起的毒性。两种或两种以上的毒物，同时作用于机体所产生的综合毒性，称为毒物的联合作用。毒物的联合作用通常分为以下四类：

① 协同作用。协同作用是指联合作用的毒性大于其中各个毒物成分单独作用的毒性总和。也就是说，其中某一毒物成分能促进机体对其他毒物成分的吸收加强、降解受阻、排泄迟缓、蓄积增多或产生高毒代谢物等，从而使混合物的毒性增加。若以死亡率作为毒性的观察指标，两种毒物单独作用的死亡率分别为 M_1 和 M_2，则其协同作用的死亡率 $M>M_1+M_2$。

② 相加作用。相加作用是指联合作用的毒性等于其中各个毒物成分单独作用的毒性的总和，也就是说，其中各个毒物成分之间均可按比例取代另一毒物成分，而混合物毒性均无改变。当各个毒物的化学结构相近、性质相似、对机体作用的部位和机理相同时，其联合的结果往往呈现毒性相加作用，即死亡率 $M=M_1+M_2$。

③ 独立作用。独立作用是指各毒物对机体的侵入途径、作用部位和作用机理等均不相同，因而，在其联合作用中各毒物生物学效应彼此无关、互不影响。也就是说，独立作用的毒性低于相加作用，但高于其中单项毒物的毒性，即 $M=M_1+M_2(1-M_1)$。

④ 拮抗作用。拮抗作用是指联合作用的毒性小于其中各个毒物成分单独作用的毒性的总和。也就是说，其中某一毒物成分能促进机体对其他毒物成分的降解加速、排泄加快、吸收减少或产生低毒代谢物等，使混合物毒性降低，即 $M<M_1+M_2$。

（3）毒作用的过程

自机体暴露于某一毒物至其出现毒性，一般需要经过三个过程：①毒物被机体吸收进入体液后，经分布、代谢转化，并有一定程度的排泄。在这一过程中，毒物或被解毒，即转化为无毒或低毒代谢物（非活性代谢物）而陆续排出体外；或被增毒，即转化为更毒的代谢物（活性代谢物）而至其靶器官中的受体；或不被转化，直接以原形毒物至其靶器官中的受体。靶器官是毒物首先在机体中达到毒作用临界浓度的器官，受体是靶器官中相应毒物分子的专一性作用部位。受体成分几乎都是蛋白质类分子，通常是酶。②毒物或活性代谢物与其受体进行原发反应，使受体改性，随后引起生物化学效应。例如，酶活性受到抑制、细胞膜破裂、干扰蛋白质合成、破坏脂肪和糖的代谢以及抑制呼吸等。③引起一系列病理、生理的继发反应，出现在整体条件下可观察到的毒作用的生理和（或）行为的反应，即致毒症状。对人和动物来说，有机体体温增高或降低，脉搏加快、减慢或不规则，呼吸速率增加或减小，血压升高或降低，中枢神经系统出现幻觉、痉挛、昏迷、动作机能不协调、瘫痪等症状，以及呼吸系统、血液系统、循环系统、消化系统和泌尿系统等方面的症状。对于植物来说，则有叶片失绿黄化，及至枯焦脱落，使生长发育受到阻碍等症状。

（4）毒作用的生物化学机制

从毒作用过程可知，毒物及其代谢活性产物与机体靶器官中受体之间的生物化学反应及机制，是毒作用的启动过程，毒作用的生物化学机制有很多，简单介绍可以包括：①酶活性的抑制。酶在构成机体生命基础的生化过程中起着重大的作用。毒物进入机体后，一方面在酶催化下进行代谢转化，另一方面也会干扰酶的正常作用，包括酶的活性、数量等，从而有可能导致机体的损害。②致突变作用。致突变作用是指生物细胞内 DNA 改变，引起的遗传特性突变的作用。这一突变可以传至后代。具有致突变作用的污染物称为致突变物。致突变作用分为基因突变和染色体突变两类。基因突变是指 DNA 中碱基对的排列顺序发生改变，包含碱基对的转换、颠换、插入和缺失。转换是同型碱基之间的置换，即嘌呤碱被另一嘌呤碱取代，嘧啶碱被另一嘧啶碱取代。颠换是异型碱基之间的置换，就是嘌呤碱为嘧啶碱取代，反之亦然。颠换和转换统称碱型置换，所致突变称为碱型置换突变。插入和缺失分别是DNA碱基对顺序中增加和减少一对碱基或几对碱基，使遗传密码格式发生改变，自该突变点之后的一系列遗传密码都发生错误。这两种突变统称为移码突变。③致癌作用。致癌是体细胞不受控制地生长。能在动物和人体中致癌的物质称为致癌物。致癌物根据性质可分为化学（性）致癌物、物理（性）致癌物和生物（性）致癌物。④致畸作用。人或动物在胚胎发育过程中由于各种原因所形成的形态结构异常，称为先天性畸形或畸胎。遗传因素、物理因素、化学因素、生物因素、母体营养缺乏或内分泌障碍等都可引起先天性畸形，并称为致畸作用。具有致畸作用的污染物称为致畸物。

参考文献

鲍时翔, 黄惠琴, 2008. 海洋微生物学[M]. 青岛：中国海洋大学出版社.
曾呈奎, 徐鸿儒, 王春林, 2003. 中国海洋志[M]. 郑州：大象出版社.
陈景文, 全燮, 2009. 环境化学[M]. 大连：大连理工大学出版社.
陈世训, 1981. 气象学[M]. 北京：农业出版社.
陈则实, 王文海, 吴桑云, 等, 2007. 中国海湾引论[M]. 北京：海洋出版社.
崔正国, 曲克明, 薛晓娟, 2018. 低碳生活与海洋环境保护[M]. 北京：科学出版社.
戴树桂, 2006. 环境化学[M]. 北京：高等教育出版社.
方精云, 2000. 全球生态学气候变化与生态响应[M]. 北京：高等教育出版社.
冯士筰, 李凤岐, 李少菁, 2011. 海洋科学导论[M]. 北京：高等教育出版社.
傅秀梅, 王长云, 2008. 海洋生物资源保护与管理[M]. 北京：科学出版社.
高振会, 杨建强, 崔文林, 2005. 海洋溢油对环境与生态损害评估技术及应用[M]. 北京：海洋出版社.
郭炳火, 黄振宗, 李培英, 等, 2004. 中国近海及邻近海域海洋环境[M]. 北京：海洋出版社.
国家海洋局, 2005. 滨海湿地生态监测技术规程[M]. 北京：中国标准出版社.
国家海洋局908专项办公室编, 2006. 海洋生物生态调查技术规程[M]. 北京：海洋出版社.
国家海洋局908专项办公室编, 2006. 海洋灾害调查技术规程[M]. 北京：海洋出版社.
何起祥, 2006. 中国海洋沉积地质学[M]. 北京：海洋出版社.
黄良民, 2007. 中国海洋资源与可持续发展[M]. 北京：科学出版社.
黄宗国, 2008. 中国海洋生物种类与分布[M]. 北京：海洋出版社.
蒋德才, 刘百桥, 韩树总, 2005. 工程环境海洋学[M]. 北京：海洋出版社.
焦念志, 2001. 海湾生态过程与持续发展[M]. 北京：科学出版社.
焦念志, 2007. 海洋微型生物生态学[M]. 北京：科学出版社.
金相灿, 1990. 有机化合物污染化学——有毒有机污染化学[M]. 北京：清华大学出版社.
金显仕, 赵宪勇, 孟田湘, 等, 2005. 黄渤海生物资源与栖息环境[M]. 北京：科学出版社.
金余娣, 2018. 对海洋环境中的主要化学污染物及其危害的分析[J]. 环境与发展, 3: 145-147.
孔志明, 2017. 环境毒理学[M]. 南京：南京大学出版社.
乐毅全, 王士芬, 2019. 环境微生物学[M]. 北京：化学工业出版社.
李崇银, 2000. 气候动力学引论[M]. 北京：气象出版社.
李凤岐, 高会旺, 2013. 环境海洋学[M]. 北京：高等教育出版社.
李凤岐, 苏育嵩, 2000. 海洋水团分析[M]. 青岛：青岛海洋大学出版社.
李凤岐, 2013. 海洋与环境概论[M]. 北京：海洋出版社.
李冠国, 范振刚, 2004. 海洋生态学[M]. 北京：高等教育出版社.
李允武, 2008. 海洋能源开发[M]. 北京：海洋出版社.
林颂雄, 陈成桐, 李皎, 2016. 关于海洋环境监测技术的研究分析[J]. 化工管理, 6：200-201.
龙爱民, 2020. 化学海洋学[M]. 北京：科学出版社.
楼锡淳, 苏振礼, 元建胜, 2008. 海湾[M]. 北京：测绘出版社.
吕炳全, 孙志国, 1997. 海洋环境与地质[M]. 上海：同济大学出版社.
马勇, 符丁苑, 2019. 欧洲国家海洋教育的行动及启示[J]. 世界教育信息, 13：13-21.
潘亚茹, 唐沂珍, 2013. 大气中含氮自由基反应的理论研究[M]. 长春：吉林大学出版社.
乔璐璐, 徐继尚, 丁咚, 2022. 海洋地质学概论[M]. 北京：科学出版社.
钱树本, 2014. 海藻学[M]. 青岛：中国海洋大学出版社.
秦瑜, 赵春生, 2003. 大气化学基础[M]. 北京：气象出版社.
沈国英, 2021. 海洋生态学[M]. 北京：科学出版社.
侍茂崇, 2018. 海洋调查方法[M]. 北京：海洋出版社.
苏纪兰, 唐启升, 2002. 中国海洋生态动力学研究Ⅱ：渤海生态系统动力学过程[M]. 北京：科学出版社.
孙军, 2017. 我国沿海经济崛起视阈下的海洋环境污染问题及其治理[J]. 江苏大学学报（社会科学版）, 19(1)：46-51.
孙湘平, 2006. 中国近海区域海洋[M]. 北京：海洋出版社.
索贝尔, 2009. 海洋自然保护区[M]. 北京：海洋出版社.
汤鸿霄, 1986. 环境水化学纲要[J]. 环境科学丛刊, 9(2): 1-74.
唐启升, 苏纪兰, 2000. 中国海洋生态动力学研究Ⅰ：关键种科学问题与研究发展战略[M]. 北京：科学出版社.

唐孝炎, 张远航, 邵敏, 等, 2006. 大气环境化学[M]. 北京：高等教育出版社.
田金, 李超, 宛立, 等, 2009. 海洋重金属污染的研究进展[J]. 水产科学, 28 (7): 413-418.
王晓蓉, 顾雪元, 2019. 环境化学[M]. 南京：南京大学出版社.
吴彩斌, 雷恒毅, 宁平, 2014. 环境科学概论[M]. 北京：中国环境科学出版社.
吴启堂, 陈同斌, 2007. 环境生物修复技术[M]. 北京：化学工业出版社.
吴瑜端, 1982. 海洋环境化学[M]. 北京：科学出版社.
辛仁臣, 刘豪, 关翔宇, 等, 2013. 海洋资源[M]. 北京：中国石化出版社.
徐茂泉, 陈友飞, 2010. 海洋地质学[M]. 厦门：厦门大学出版社.
许战洲, 罗勇, 朱艾嘉, 等, 2009. 海草床生态系统的退化及其恢复[J]. 生态学杂志, 28 (12)：2613-2618.
薛波, 2010. 海洋石油天然气生产环境保护管理[M]. 东营：中国石油大学出版社.
杨子赓, 2009. 海洋地质学[M]. 济南：山东教育出版社.
姚泊, 2007. 海洋环境概论[M]. 北京：化学工业出版社.
叶安乐, 李凤岐, 1992. 物理海洋学[M]. 青岛：青岛海洋大学出版社.
叶龙, 2019. 全球海洋教育的发展新路径与趋势——走向海洋文化教育[J]. 现代教育科学, 8：1-7.
张立敏, 2020. 海洋教育国内研究综述[J]. 岭南师范学院学报, 41(2)：12-18.
张远辉, 王伟强, 陈立奇, 2000. 海洋二氧化碳的研究进展[J]. 地球科学进展, 15 (5)：559-564.
张正斌, 2004. 海洋化学[M]. 青岛：中国海洋大学出版社.
赵景联, 2006. 环境修复原理与技术[M]. 北京：化学工业出版社.
赵淑江, 吕宝强, 王萍, 等, 2011. 海洋环境学[M]. 北京：海洋出版社.
赵烨, 2015. 环境地学 第二版[M]. 北京：高等教育出版社.
郑重, 李少菁, 许振祖, 1984. 海洋浮游生物学[M]. 北京：海洋出版社.
中华人民共和国国家标准, 2002. 海洋生物质量：GB 18421—2001[S]. 北京：中国标准出版社.
中华人民共和国国家标准, 2007. 海洋调查规范：GB/T 12763.1—2007[S]. 北京：中国标准出版社.
中华人民共和国国家标准, 2004. 海水水质标准：GB 3097—1997[S]. 北京：中国环境科学出版社.
中华人民共和国国家标准, 2008. 海洋监测规范：GB 17378.1—2007[S]. 北京：中国标准出版社.
中华人民共和国海洋行业标准, 2008. 近岸海洋生态健康评价指南：HY/T 087—2005[S]. 北京：中国标准出版社.
周广胜, 王玉辉, 2003. 全球生态学[M]. 北京：气象出版社.
朱乾根, 林锦瑞, 寿绍文, 等, 2007. 天气学原理和方法[M]. 北京：气象出版社.
朱庆林, 郭佩芳, 张越美, 2011. 海洋环境保护[M]. 青岛：中国海洋大学出版社.
朱晓东, 李杨帆, 2005. 海洋资源概论[M]. 北京：高等教育出版社.
朱信号, 2020. 中国海洋教育研究述评与展望[J]. 宁波大学学报（教育科学版），42(3)：23-32.
邹景忠, 2004. 海洋环境科学[M]. 济南：山东教育出版社.
左玉辉, 林桂兰, 2008. 海岸带资源环境调控[M]. 北京：科学出版社.
左玉辉, 2010. 环境学[M]. 北京：高等教育出版社.
Clark R.B, 2001. Marine Pollution [M]. New York: Oxford University Press.
Lalli C.M., Parsons T.R, 2000. 生物海洋学导论[M]. 青岛：青岛海洋大学出版社.
Millero F.J, 2013. Chemical Oceanography [M]. New York: CRC Press.
Stumm W., Morgan J.J., 1981. Aquatic Chemistry [M]. New York: John Wiley & Sons. Inc.
Wark K., Warner C.F., 1981. Air Pollution. It's Origin and Control [M]. New York: Harper and Row Publishers.